应用型大学计算机专业系列教材

计算机网络管理与安全

郭 峰 董德宝 主 编
吕广革 王爱祯 副主编

清华大学出版社
北 京

内容简介

本书根据网络管理与安全的特点，按照网络管理的基本过程和操作规律，结合企业网站管理实际，分20个项目介绍计算机网络管理与安全的知识。具体包括：不能联网的网卡故障；不能联网的网线故障；不能联网的网络配置基础；网络配置的查看、修改及验证；模拟软件的选择、安装及应用；双机间的传输配置；局域网的配置；交换机的级联；两个局域网的连接；静态路由的设置；动态路由RIP协议；DHCP配置；DHCP保留；DHCP中继；IIS配置；DNS配置；FTP服务器的安装和配置；无线路由器的安装和配置；网络安全访问策略的应用；网络安全活动目录的应用。

本书知识系统、概念清晰、贴近实际，注重专业技术与实践应用相结合，可以作为应用型大学和高职高专院校计算机应用、网络管理、电子商务等专业的首选教材，也可以作为企事业信息化从业者的培训教材。

图书在版编目(CIP)数据

计算机网络管理与安全/郭峰，董德宝主编. —北京：清华大学出版社，2016(2022.5重印)
(应用型大学计算机专业系列教材)
ISBN 978-7-302-44986-7

Ⅰ. ①计… Ⅱ. ①郭… ②董… Ⅲ. ①计算机网络管理－高等学校－教材 ②计算机网络－网络安全－高等学校－教材 Ⅳ. ①TP393

中国版本图书馆CIP数据核字(2016)第216218号

责任编辑：王剑乔
封面设计：傅瑞学
责任校对：李　梅
责任印制：丛怀宇

出版发行：清华大学出版社
网　　址：http://www.tup.com.cn，http://www.wqbook.com
地　　址：北京清华大学学研大厦A座　　**邮　　编**：100084
社 总 机：010-83470000　　**邮　　购**：010-62786544
投稿与读者服务：010-62776969，c-service@tup.tsinghua.edu.cn
质量反馈：010-62772015，zhiliang@tup.tsinghua.edu.cn
课件下载：http://www.tup.com.cn，010-62770175-4278
印 装 者：三河市龙大印装有限公司
经　　销：全国新华书店
开　　本：185mm×260mm　　**印　　张**：15　　**字　　数**：341千字
版　　次：2016年11月第1版　　**印　　次**：2022年5月第5次印刷
定　　价：49.00元

产品编号：068770-03

编审委员会

序言 PREFACE

微电子技术、计算机技术、网络技术、通信技术、多媒体技术等高新科技日新月异的飞速发展和普及应用，不仅有力地促进了各国经济发展、加速了全球经济一体化的进程，而且推进当今世界迅速跨入信息社会。以计算机为主导的计算机文化，正在深刻地影响人类社会的经济发展与文明建设；以网络为基础的网络经济，正在全面地改变传统的社会生活、工作方式和商务模式。当今社会，计算机应用水平、信息化发展速度与程度，已经成为衡量一个国家经济发展和竞争力的重要指标。

目前我国正处于经济快速发展与社会变革的重要时期，随着经济转型、产业结构调整、传统企业改造，涌现了大批电子商务、新媒体、动漫、艺术设计等新型文化创意产业，而这一切都离不开计算机，都需要网络等现代化信息技术手段的支撑。处于网络时代、信息化社会，今天人们所有工作都已经全面实现了计算机化、网络化，当今更加强调计算机应用与行业、企业的结合，更注重计算机应用与本职工作、具体业务的紧密结合。当前，面对国际市场的激烈竞争和巨大的就业压力，无论是企业还是即将毕业的学生，掌握计算机应用技术已成为求生存、谋发展的关键技能。

没有计算机就没有现代化！没有计算机网络就没有我国经济的大发展！为此，国家出台了一系列关于加强计算机应用和推动国民经济信息化进程的文件及规定，启动了电子商务、电子政务、金税等具有深刻含义的重大工程，加速推进“国防信息化、金融信息化、财税信息化、企业信息化、教育信息化、社会管理信息化”，因而全社会又掀起新一轮计算机应用的学习热潮，此时，本套教材的出版具有特殊意义。

针对我国应用型大学“计算机应用”等专业知识老化、教材陈旧、重理论轻实践、缺乏实际操作技能训练的问题，为了适应我国国民经济信息化发展对计算机应用人才的需要，为了全面贯彻教育部关于“加强职业教育”精神和“强化实践实训、突出技能培养”的要求，根据企业用人与就业岗位的真实需要，结合应用型大学“计算机应用”和“网络管理”等专业的教学计划及课程设置与调整的实际情况，我们组织北京联合大学、陕西理工学院、北方工业大学、华北科技学院、北京财贸职业学院、山东滨州职业学院、山西大学、首钢工学院、包头职业技术学院、北京科技大学、广东理工学院、北京城市学院、郑州大学、北京朝阳社区学院、哈尔滨师范大学、黑龙江工商大学、北京石景山社区学院、海南职业学院、北京西城经济科学大学等全国30多所高校及高职院校的计算机教师和具有丰富实践经验的企业人士共同撰写了此套教材。

本套教材包括《数据库技术应用教程(SQL Server 2012版)》《Web静态网页设计与排版》《ASP.NET动态网站设计与制作》《中小企业网站建设与管理》《计算机英语实用教

程》《多媒体技术应用》《计算机网络管理与安全》《网络系统集成》等。在编写过程中，全体作者严守统一的创新型案例教学格式化设计，采取任务制或项目制写法；注重校企结合，贴近行业企业岗位实际，注重实用性技术与应用能力的训练培养，注重实践技能应用与工作背景紧密结合，同时也注重计算机、网络、通信、多媒体等现代化信息技术的新发展，具有集成性、系统性、针对性、实用性、易于实施教学等特点。

本套教材不仅适合应用型大学及高职高专院校计算机应用、网络、电子商务等专业学生的学历教育，同时也适合工商、外贸、流通等企事业单位从业人员的职业教育和在职培训，对于广大社会自学者也是有益的参考学习读物。

系列教材编委会

2016年10月

前言

FOREWORD

随着计算机技术与网络通信技术的飞速发展，计算机网络应用已经渗透到社会经济领域各个方面。网络经济不仅在促进生产、促进外贸、开拓国际市场、拉动就业、支持大学生创业、推动国家经济发展、改善民生、丰富社会文化生活、构建和谐社会等方面发挥巨大作用，也在彻底改造着企业的经营管理模式，并在深刻地改变企业商务活动的运作模式，因此越来越受到我国各级政府部门和企业的高度重视。

计算机网络管理与安全既是信息化推进的基础保障，也是信息系统正常运行的关键环节。管理信息系统是企事业单位计算机应用的灵魂，而网络管理系统及安全则是管理信息系统最重要的安全防护保障支撑，并在国家机密安全防护、有效保护企业商业秘密和公民个人隐私等方面发挥越来越重要的作用。

当前，我国正处于经济改革与社会发展的关键时期，随着国民经济信息化，企业信息技术应用的迅猛发展，面对 IT 市场的激烈竞争和就业上岗的巨大压力，无论是即将毕业的计算机应用、网络管理专业的大学生，还是从业在岗的 IT 工作者，努力学好并真正掌握现代化计算机网络管理与安全知识技能，已经成为各类网站就业工作的先决和必要条件，并对今后的发展具有特殊意义。

计算机网络管理与安全是应用型大学计算机网络管理专业非常重要的核心课程，也是学生就业、从事相关工作必须掌握的关键知识技能。本书注重以学习者应用能力的培养和提高为主线，坚持科学发展观，严格按照教育部关于"加强职业教育、突出实践技能培养"的要求，根据计算机网络管理与安全技术设备的发展，结合专业教学改革的需要，力求使读者在做中学、在学中做，真正能够利用所学知识解决实际问题。

本书作为高等教育应用型大学计算机应用和网络管理专业的特色教材，采取项目制、任务驱动式、案例教学的编写方法。全书共设计 20 个项目模块，根据网络管理与安全的特点，按照网络管理的基本过程和操作规律，结合企业网站管理实际，具体介绍网络配置、IP 地址规划、局域网、企业内部网络、Web 服务器、DHCP 服务器、DNS 服务器、访问控制列表、活动目录、网络安全、网站维护与升级等基础理论知识，并通过实践模拟项目加强技能训练，提高应用能力。

本书融入计算机网络安全管理最新的实践教学理念，力求严谨，注重与时俱进，具有知识系统、概念清晰、贴近实际等特点，并注重职业技术与实践应用相结合。因此，本书既可以作为应用型大学本科及高职高专院校计算机应用、网络管理、电子商务等专业的首选教材，也可以作为企业信息化培训教材，并为广大IT企事业单位和中小企业网站建设从业及管理者提供有益的学习指导。

本书由李大军统筹策划并组织编写，郭峰和董德宝任主编，由郭峰统稿，吕广革、王爱赪任副主编，由网络技术专家赵立群教授审定。作者写作分工如下：牟惟仲编写序言，郭峰编写项目一至项目六，董德宝编写项目七至项目九，吕广革编写项目十和项目十一，李妍编写项目十二至项目十五，陈默编写项目十六和项目十七，王爱赪编写项目十八至项目二十，华燕萍、李晓新负责文字修改、版式整理及制作课件。

在本书编著过程中，参阅了中外有关计算机网络管理与安全的最新书刊和网站资料，并得到计算机行业协会及业界专家教授的具体指导，在此一并致谢。为方便教学，本书配有电子课件，读者可以从清华大学出版社网站（www.tup.com.cn）免费下载使用。

因作者水平有限，书中难免存在疏漏和不足，恳请同行和读者批评指正。

编　者

2016年10月

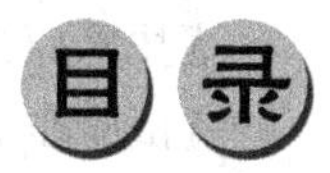

CONTENTS

项目一

不能联网的网卡故障

内容提示

本项目主要讲述因网卡故障导致的网络问题，并讲解了网卡的基本概念、工作方式和在 Windows 环境下的表现形式。

学习目标

1. 了解 Windows 系统下网卡的工作形式。
2. 理解网卡类型。
3. 领悟处理网络故障的流程和基本方法。

技能要求

1. 在 Windows 环境下准确找到网卡。
2. 熟练运用控制面板等工具查看网卡是否正常工作。

【情景导入】

办公室一名员工报告计算机不能上网，而同一办公室的其他员工上网正常。此员工向网络技术部门申请处理故障，请求协助解决问题。

【解决方案】

网络故障检查的原则为先从终端开始，再逐级向上检查网络设备。

在此实例中，只有一名员工报告不能上网，首先检查客户端计算机，逐项排查。

在客户端计算机中则按照先易后难的顺序排查。首先检查连接问题，再检查系统问题，最后检查网络设备问题，以此来判断此故障的规模及其重要程度。

通过简单问询得知同一个办公室内其他员工上网正常，判断此网络故障为“单点故障”。单点故障(Single Point of Failure)，从字面可知是单个点发生的故障，并非整体网络问题,因此此故障属于简单问题。

(1) 判断是否为连接此计算机的网线故障。

(2) 如果网线等物理连接没有问题,进一步检查系统配置问题。

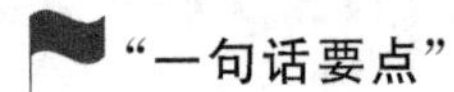

"一句话要点"

网络故障的排查原则为:先易后难;先硬件,后软件;先底层,后上层。

【技术原理】

在客户端系统中,经常使用的系统为 Windows 系统,其中包含 Windows XP、Window 7 及 Windows 8 系统,服务器包括 Windows 2003、Windows 2008、Windows 2012 等。如果是网线或网口松动造成的,在系统端表现为不能连接外部网络,而系统本身使用没有问题。当然造成不能连接外部网络的原因还有很多,后面一一论述。

首先介绍网卡,它是网络设备的最小和必需设备。在检查不能连接网络时,首先应检查最小配置单元,即网卡,然后再排查其他问题。

根据网卡支持的物理层标准与主机接口的不同分类,网卡可以分为以太网卡和令牌环网卡等。根据网卡与主板上总线的连接方式、网卡的传输速率和网卡与传输介质连接接口分类,网卡可分为以下类型。

(1) 按照网卡支持的计算机种类分类,主要分为标准以太网卡和 PCMCIA 网卡。

标准以太网卡用于台式计算机联网,而 PCMCIA 网卡用于笔记本计算机。

(2) 按照网卡支持的传输速率分类,主要分为 10Mb/s 网卡、100Mb/s 网卡、10/100Mb/s自适应网卡和 1000Mb/s 网卡。

(3) 按网卡所支持的总线类型分类,主要分为 ISA、EISA、PCI 等。

由于计算机技术的飞速发展,ISA 总线接口网卡的使用越来越少。EISA 总线接口的网卡能够并行传输 32 位数据,数据传输速度快,但价格较贵。PCI 总线接口网卡的 CPU 占用率较低,常用的 32 位 PCI 网卡的理论传输速率为 133Mb/s,因此支持的数据传输速率可达 100Mb/s。

现在每台计算机都有网卡,台式机的叫板载网卡,而可以无线连接的称为无线网卡,笔记本都配置了无线网卡,只有具备了网卡,才有了连接网络的可能性。所以说,网卡是网络设备的最小和必需设备。

无线网卡的工作原理是微波射频技术,笔记本有 Wi-Fi、GPRS、CDMA 等几种无线数据传输模式上网,后两者由中国移动和中国电信(中国联通将 CDMA 出售给中国电信)实现,前者电信或网通有所参与,但大多主要是自己拥有接入互联网的 Wi-Fi 基站(其实就是 Wi-Fi 路由器等)和笔记本用的 Wi-Fi 网卡。其实它们的基本概念是相似的,都是通过无线形式进行数据传输。无线上网遵循 IEEE 802.1q 标准,通过无线传输,由无线接入点发出信号,用无线网卡接收和发送数据。

"一句话要点"

网卡是网络设备的最小和必需设备,每台上网设备都需要具备网卡。

【试验步骤】

(1) 在 Windows 中查看“本地连接”,即检查网卡。以 Windows 7 为例,单击“开始”→“控制面板”命令,如图 1-1 所示。如果找不到控制面板,可以在“开始”搜索栏中输入“控制”,出现所有与“控制”相关的程序,如图 1-2 所示。

图 1-1 “开始”菜单中的“控制面板”命令

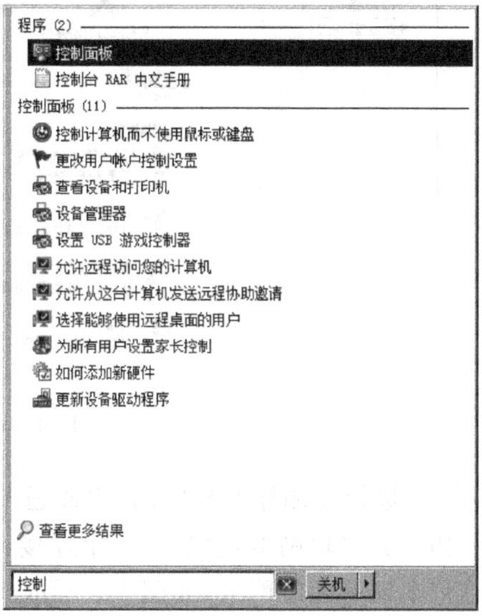

图 1-2 搜索命令

选择“控制面板”并单击进入,如图 1-3 所示。

图 1-3 控制面板

(2) 查看网络连接。在“控制面板”中,所有计算机中相关设置都在其中,包括程序卸载、桌面个性化等,选择“网络和共享中心”,可以看到计算机没有连接任何网络,如图 1-4 所示。

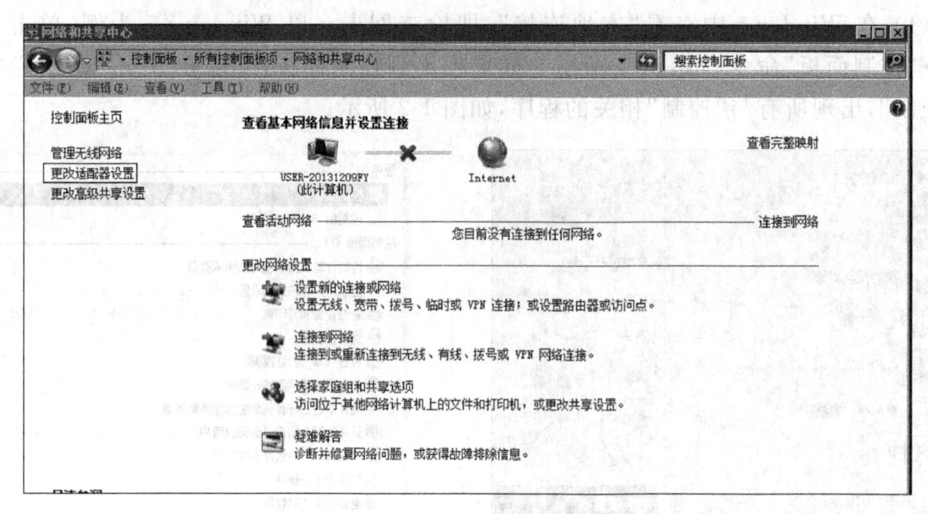

图 1-4 网络和共享中心

(3) 选择左侧导航栏中的“更改适配器设置”项,其中的适配器指的就是本机网卡。

如果有多块网卡,会显示多个连接,如“本地连接 1”“本地连接 2”。除了物理网卡外,如笔记本还有无线网卡,如图 1-5 所示。

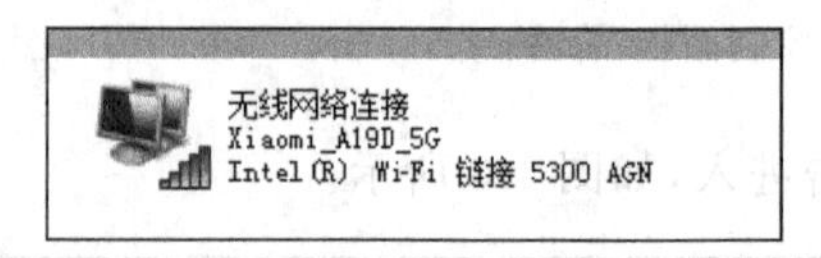

图 1-5 无线网络连接

如图 1-6 所示,提示“网络电缆被拔出”,说明是物理网络的故障导致终端计算机不能上网,包括网线松动、网线损坏和网卡损坏等。

(4) 将网线重新插拔,如图 1-7 所示,问题解决。

图 1-6 本地连接

图 1-7 本地连接正常

(5) 如果出现图 1-8 所示界面,提示“本地连接已禁用”,则属于计算机配置问题,在图标上右击,选择快捷菜单中的“启用”命令即可,如图 1-9 所示。

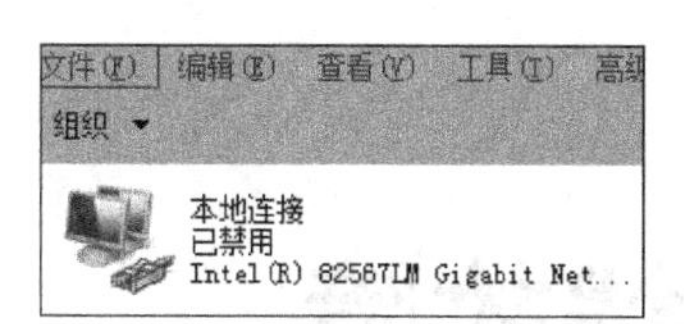

图 1-8 本地连接禁用

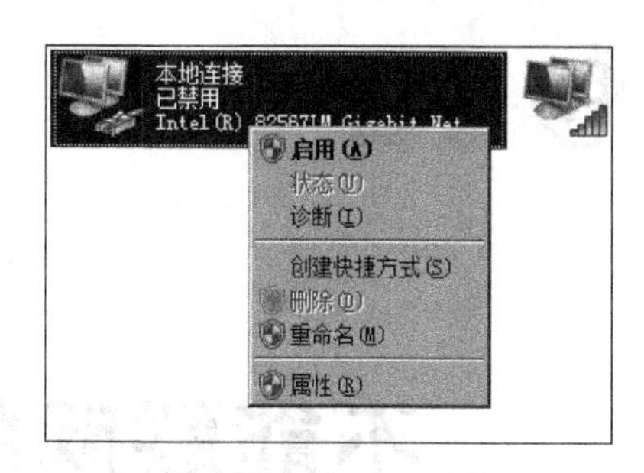

图 1-9 启用本地连接

【验证方法】

(1) 如果终端计算机可以正常上网,问题解决。

(2) 如果仍然不能上网,不是网线和网卡的问题,需继续排查。

【思考与练习】

1. 网卡的主要功能是什么?
2. 网卡参数中 10/100Mb/s 的含义是什么?
3. 无线网卡的标准有哪些?

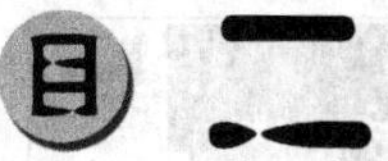

项目二 不能联网的网线故障

内容提示

本项目主要讲述了因网线故障导致的网络问题，并深入讲解了网线的国际标准及制作方法。

学习目标

1. 掌握 Windows 系统下网线故障的表现形式。
2. 掌握网线的布线标准。
3. 熟悉网线的制作方法。

技能要求

1. 在 Windows 环境下判断网线故障的表现形式。
2. 熟练掌握网线的标准制作方法。

【情景导入】

办公室一名员工报告计算机不能上网，而同一办公室的其他员工上网正常。此员工向网络技术部门申请处理，已通过项目一的检查排除网卡故障，请协助解决问题。

【解决方案】

在项目一中，通过检查发现计算机的本地连接如图 2-1 所示，经过网线的重新插拔，仍然显示“网络电缆被拔出”，而使用办公室其他网线则故障消失，判断为网线损坏（网卡损坏的概率很小）。

制作网线需要有：5 类非屏蔽双绞线 2 根、水晶头 4 个、压线钳 1 把、测线仪 1 部。

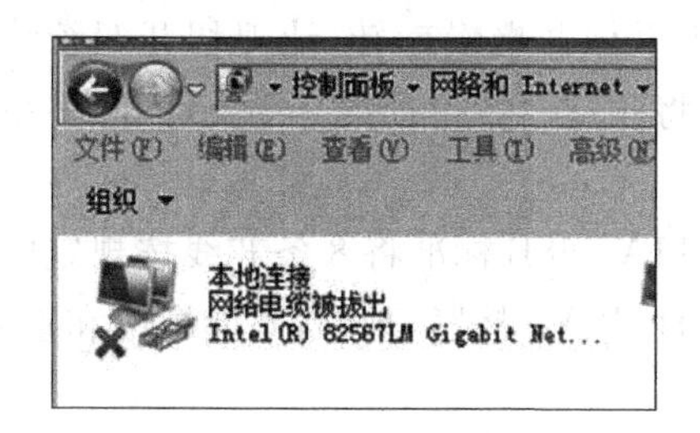

图 2-1　网络电缆被拔出

【技术原理】

目前在 10BaseT、100BaseT 及 1000BaseT 网络中，常用的布线标准有两个，即 EIA/TIA 568A 标准和 EIA/TIA 568B 标准。EIA/TIA 568A 标准描述的线序从左到右依次为白绿、绿、白橙、蓝、白蓝、橙、白棕、棕；EIA/TIA 568B 标准描述的线序从左到右依次为白橙、橙、白绿、蓝、白蓝、绿、白棕、棕，如表 2-1 所示。

表 2-1　EIA/TIA 568A 和 EIA/TIA 568B 标准

标　　准	1	2	3	4	5	6	7	8
EIA/TIA 568A	白绿	绿	白橙	蓝	白蓝	橙	白棕	棕
EIA/TIA 568B	白橙	橙	白绿	蓝	白蓝	绿	白棕	棕
绕对	同一绕对		与 6 同一绕对	同一绕对		与 3 同一绕对	同一绕对	

EIA/TIA 568A 标准的 1、3 对调，2、6 对调后就变成了 EIA/TIA 568B 标准。

一条网线两端 RJ-45 头中的线序排列完全相同的网线，称为直连线(Straight Cable)或直通线，业内直连线一般均采用 EIA/TIA 568B 标准，通常只适用于不同设备间的互联(如计算机与交换机之间的连接)。当使用双绞线直接连接两台相同设备时(如计算机互联)，用交叉线，即网线两端分别采用两种标准，一端用 EIA/TIA 568B 标准；另一端采用 EIA/TIA 568A 标准。

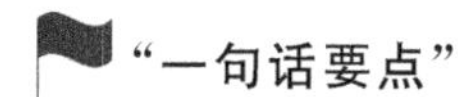

网线顺序为橙、蓝、绿、棕，白色在前，3、5 调换，即 EIA/TIA 568B 标准(白的在前，第 3 和第 5 调换，即 568B 标准)。

【试验步骤】

试验一　直连线的制作

(1) 用压线钳剪线刀口将双绞线端口剪齐。

(2) 剥线。将双绞线放入压线钳的剥线刀处，前端顶住压线钳的限制板，刀口距端头约1.5cm。稍微握紧压线钳手柄并慢慢旋转，让刀切开双绞线的保护胶皮，然后拔下胶皮。将胶皮向后拉扯约0.5cm，剪除多余的尼龙绳，如图2-2所示。

(3) 理线。按照EIA/TIA 568B标准将8条芯线按规定的顺序从左到右排好，将芯线伸直、压平、挤紧、理顺，不能缠绕和重叠，要朝一个方向紧靠。

(4) 剪线。用压线钳剪线刀口将8条芯线端口剪齐，保留约1.4cm。

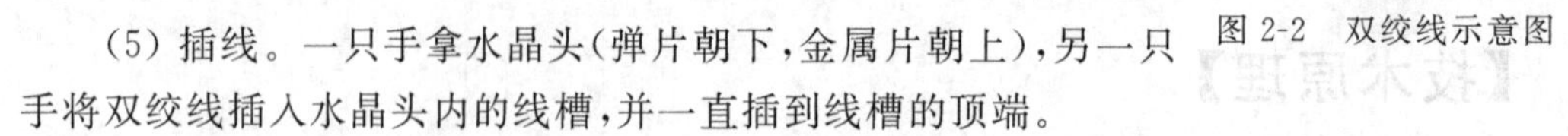

图2-2 双绞线示意图

(5) 插线。一只手拿水晶头(弹片朝下，金属片朝上)，另一只手将双绞线插入水晶头内的线槽，并一直插到线槽的顶端。

(6) 压线。将水晶头插入压线钳的压线口，握紧手柄，将突出在外的针脚压入水晶头内。

(7) 用同样的方法制作另一端接口(线序相同)。

(8) 测试。将网线的两端分别接入测线仪的主机和子机中的RJ-45接口，打开测线仪开关，观察主机和子机的测试指示灯，如果按照同样顺序亮灯则表明直连线制作成功。

试验二　交叉线的制作

交叉线的制作步骤与直连线的制作步骤相同，只是双绞线的一端应采用EIA/TIA 568A标准，另一端则采用EIA/TIA 568B标准。

检测方法：测线仪中主机测试指示灯按照12345678顺序亮灯，而子机中的测试指示灯按照36145278顺序亮灯，表明交叉线制作成功。

【注意】 随着网络技术的不断发展，目前很多设备已经能够自适应网线类别了。也就是说，不管使用交叉线还是直连线，设备有一个开关自动切换，从而省去了选线的步骤。但一些旧型号的设备仍然需要遵循上面介绍的原则，特别是PC之间的连接。

【验证方法】

(1) 重新制作网线后，如果终端计算机可以正常上网，则问题解决。

(2) 如果仍然不能上网，则不是网线和网卡的问题，需继续排查。

【思考与练习】

1. 简述双绞线的两种制作标准。
2. 什么是五类线、超五类线、六类线？它们的区别是什么？
3. 常说的“百兆到桌面”和“千兆到桌面 ”是什么意思？

不能联网的网络配置基础

内容提示

本项目主要讲述因 IP 地址配置错误导致的网络问题，并深入讲解 IP 地址的概念、构成、计算方法及 Windows 环境下的配置方法。

学习目标

1. 掌握 IP 地址的概念及构成。
2. 掌握 IP 地址的计算方法。
3. 领悟 IP 地址的管理和分配方法。

技能要求

1. 在 Windows 环境下配置 IP 地址。
2. 通过 IP 地址和子网掩码计算网络地址和主机地址。

【情景导入】

办公室一名员工报告计算机不能上网，而同一办公室的其他员工上网正常。此员工向网络技术部门申请处理故障，已通过项目一和项目二的检查，请协助解决问题。

【解决方案】

技术人员经过项目一和项目二的步骤没有发现问题，则说明硬件环境没有问题，按照先硬件、后软件的检查原则，继续检查系统配置是否有错误（一般此 3 项检查几乎同时进行，熟练的工程师一般花费 2～3min，而终端用户 90％的网络故障均为此 3 项内容）。

(1) 查看本机 IP 地址配置是否正确；

原来的配置为：IP 地址　　192.168.1.10

　　　　　　　子网掩码　255.255.255.0

(2) 检查是否错误。

【技术原理】

1. IP 地址概念

IP 地址(Internet Protocol Address)是指互联网协议地址。IP 地址是 IP 协议提供的一种统一的地址格式,它为互联网上的每一个网络和每一台主机分配一个逻辑地址,以此屏蔽物理地址的差异。

2. IP 地址形式

IP 地址是一个 32 位的二进制数,通常被分割为 4 个“8 位二进制数”(也就是 4 个字节)。IP 地址通常用“点分十进制”表示成 a. b. c. d 的形式,其中,a. b. c. d 都是 0～255 之间的十进制整数。点分十进 IP 地址,实际上是 32 位二进制数共同组成的,每一段都是由 8 位二进制数字组成,中间使用符号“.”间隔。比如:IP 地址为 1.2.3.4,其中 1、2、3、4 分别转换为二进制数,中间使用“.”连接,则为 00000001.00000010.00000011.00000100。

为什么 IP 地址中的数字在 0～255 之间呢?详细看它的结构。

每个 IP 地址的一段由 8 位二进制数字组成,最小的数字为 8 个“0”,即“00000000”,换算为十进制即为 0。最大的数字则为 8 个“1”,即“11111111”,换算为十进制为 255,所以 IP 地址的范围为 0～255,如 1.1.1.1、255.255.255.255,而类似 300.200.2.10、1.3.49.256 则为无效 IP 地址。

3. IP 地址中网络地址的计算

一个 IP 地址其实是由两部分组成,第一部分称为网络位,或网络段,或网络号,用来表示网络地址,第二部分称为主机位,或主机段,或主机号,用来表示主机地址。这二者使用子网掩码区分。

“一句话要点”

网络位是子网掩码中“1”对应的位置,主机位是子网掩码中“0”对应的位置(变长子网掩码例外)。网络地址是网络位后面全部补“0”的地址。

例 1

IP 地址:192.168.0.254　　子网掩码:255.255.255.0,计算网络地址。

第一步:转换为二进制;

IP 地址	**11000000**	.	**10101000**	.	**00000000**	.	00000001
子网掩码	**11111111**	.	**11111111**	.	**11111111**	.	00000000

第二步:进行合并(子网掩码是“1”对应的 IP 地址不变,后面补“0”);

11000000.10101000.00000000.00000000

第三步:转化为十进制;

192.168.0.0

例 2

IP 地址：192.168.0.1　　子网掩码：255.255.255.0，计算网络地址。

第一步：转换为二进制；

IP 地址	**11000000**	.	**10101000**	.	**00000000**	.	11111110
子网掩码	**11111111**	.	**11111111**	.	**11111111**	.	00000000

第二步：进行合并（子网掩码是“1”对应的 IP 地址不变，后面补“0”）；

11000000. 10101000. 00000000. 00000000

第三步：转化为十进制；

192.168.0.0

例 3

IP 地址：192.168.1.4　　子网掩码：255.255.255.0，计算网络地址。

第一步：转换为二进制；

IP 地址	**11000000**	.	**10101000**	.	**00000001**	.	00000100
子网掩码	**11111111**	.	**11111111**	.	**11111111**	.	00000000

第二步：进行合并（子网掩码是“1”对应的 IP 地址不变，后面补“0”）；

11000000. 10101000. 00000000. 00000000

第三步：转化为十进制；

192.168.1.0

上面 3 个例子中，前两个网络地址均为 192.168.0.0，计算机就会把这两台计算机视为同一子网络，然后进行通信。

在上述 3 个例子中，子网掩码都只包含 255 和 0，这样的 IP 网络地址比较好计算，还有一种子网掩码，如 IP 为 192.168.1.10、子网掩码为 255.255.255.192，这类 IP 地址计算会稍复杂些，称为变长子网掩码，后面会进一步学习。

“一句话要点”

网络地址一样的 IP 地址在同一个局域网中可以互相连通，不同网络地址的 IP 地址需要路由设备才能互相连通。

4. IP 地址中主机地址的计算

在实际应用中，一般将一个物理空间或一个部门划分为一个局域网，便于管理。如将开发部门划分为一个局域网，分配 IP 网络地址为 192.168.1.0，子网掩码为 255.255.255.0，那么这个局域网能容纳多少主机呢？

第一步：依据网络地址和子网掩码计算所有地址。子网掩码为“0”的部分为主机位，这里子网掩码为 255.255.255.0，那么主机地址只是最后一段，为 0～255，那么具体的 IP 地址为 192.168.1.0～192.168.1.255。

第二步：确认两个特殊地址，即网络地址和广播地址。最小的为网络地址，即 192.168.1.0，最大的为广播地址，即 192.168.1.255。

在一个局域网中，有两个 IP 地址比较特殊：一个是网络号，一个是广播地址。网络号是用于三层寻址的地址，它代表整个网络本身；另一个是广播地址，它代表了网络全部的主机。网络号是网段中的第一个地址，广播地址是网段中的最后一个地址，这两个地址是不能配置在计算机主机上的。

例如，在 192.168.1.0、255.255.255.0 这样的网段中，网络号是 192.168.1.0，广播地址是 192.168.1.255。因此，在一个局域网中，能配置在计算机中的地址比网段内的地址要少两个（网络号、广播地址），这些地址称为主机地址。在上面的例子中，主机地址只有 192.168.0.1～192.168.0.254 可以配置在计算机上。

第三步：主机地址确认。去除掉网络地址和广播地址后所有地址都为主机地址，也就是可以为主机分配的地址，即 192.168.1.1～192.168.1.254，共计 254 个主机地址。

“一句话要点”

主机个数为 2^n-2，其中 n 为子网掩码二进制中“0”的位数，减去的两个即为网络号（网络本身）和广播地址（全部主机）。

5. IP 地址的划分

IP 地址依据四段号码的范围分为 A、B、C、D 等几类，因其应用性不是很强，所以这里只简单描述一下。

一个 A 类 IP 地址是指，在 IP 地址的四段号码中，第一段号码为网络号码，剩下的三段号码为本地计算机的号码。如果用二进制表示 IP 地址，A 类 IP 地址就由 1 字节的网络地址和 3 字节主机地址组成，网络地址的最高位必须是“0”。A 类 IP 地址中网络的标识长度为 8 位，主机标识的长度为 24 位，A 类网络地址数量较少，有 126 个网络，每个网络可以容纳主机数达 1600 多万台。

A 类 IP 地址的地址范围 1.0.0.0～127.255.255.255（二进制表示为 00000001 00000000 00000000 00000000～01111110 11111111 11111111 11111111）。最后一个是广播地址。

A 类 IP 地址的子网掩码为 255.0.0.0，每个网络支持的最大主机数为 $256^3-2=16777214$ 台。

一个 B 类 IP 地址是指，在 IP 地址的四段号码中，前两段号码为网络号码。如果用二进制表示 IP 地址，B 类 IP 地址就由 2 字节的网络地址和 2 字节主机地址组成，网络地址的最高位必须是“10”。B 类 IP 地址中网络的标识长度为16 位，主机标识的长度为 16 位，B 类网络地址适用于中等规模的网络，有 16384 个网络，每个网络所能容纳的计算机数为 6 万多台。

B 类 IP 地址的地址范围 128.0.0.0～191.255.255.255（二进制表示为 10000000 00000000 00000000 00000000～10111111 11111111 11111111 11111111）。最后一个是广播地址。

B 类 IP 地址的子网掩码为 255.255.0.0，每个网络支持的最大主机数为 $256^2-2=65534$ 台。

一个 C 类 IP 地址是指，在 IP 地址的四段号码中，前三段号码为网络号码，剩下的一段号码为本地计算机的号码。如果用二进制表示 IP 地址，C 类 IP 地址就由 3 字节的网络地址和 1 字节主机地址组成，网络地址的最高位必须是“110”。C 类 IP 地址中网络的标识长度为 24 位,主机标识的长度为 8 位,C 类网络地址数量较多,有 209 万余个网络。适用于小规模的局域网络,每个网络最多只能包含 254 台计算机。

C 类 IP 地址的地址范围 192.0.0.0~23.255.255.255[3](二进制表示为 11000000 00000000 00000000 00000000~11011111 11111111 11111111 11111111)。

C 类 IP 地址的子网掩码为 255.255.255.0,每个网络支持的最大主机数为 256－2＝254 台。

D 类 IP 地址在历史上被称为多播地址(Multicast Address),即组播地址。在以太网中,多播地址命名了一组应该在这个网络中应用接收到一个分组的站点。多播地址的最高位必须是“1110”,范围为 224.0.0.0~239.255.255.255。

【注意】 有一部分为特殊 IP 地址:

(1) IP 地址中凡是以“11110”开头的 E 类 IP 地址都保留用于将来和试验使用。

(2) IP 地址中不能以十进制“127”作为开头,该类地址中数字 127.0.0.1 用于回路测试,如 127.0.0.1 可以代表本机 IP 地址,用“http://127.0.0.1”就可以测试本机中配置的 Web 服务器。

(3) 网络 ID 的第一个 8 位组也不能全置为“0”,全“0”表示本地网络。

【试验步骤】

(1) 在 Windows 中查看“网络连接”,找到网卡。

以 Windows 7 为例,单击“开始”→“控制面板”命令,如图 3-1 所示。如果找不到控制面板,可以在“开始”搜索栏中输入“控制”,出现所有与“控制”相关的程序,如图 3-2 所示。选择控制面板,依次单击进入“网络和 Internet”→“网络连接”,如图 3-3 所示,其中“以太网”即是网卡。

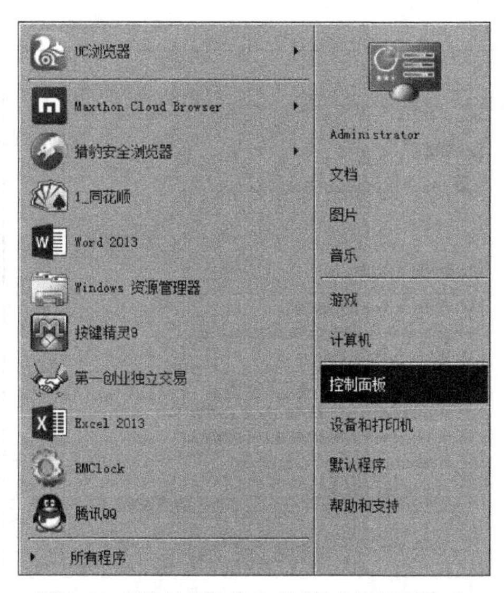

图 3-1 “开始”菜单中的“控制面板”命令

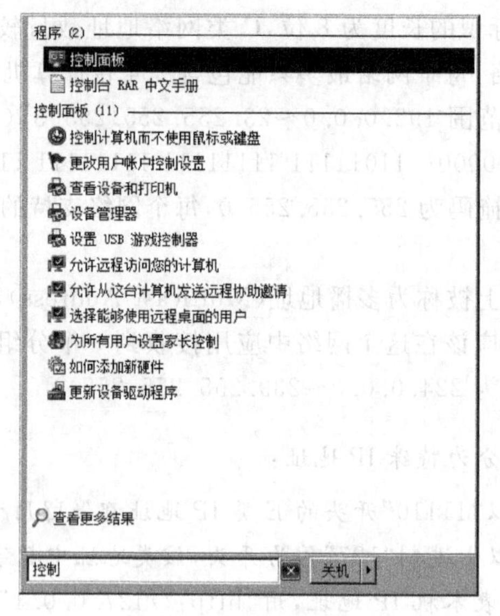

图 3-2 搜索命令

图 3-3 网络连接

(2) 双击“以太网”图标，单击“属性”，或者右击“以太网”，选择快捷菜单中的“属性”命令，如图 3-4 所示。继续单击“Internet 协议版本 4(TCP/IPv4)”选项，弹出如图 3-5 所示对话框。

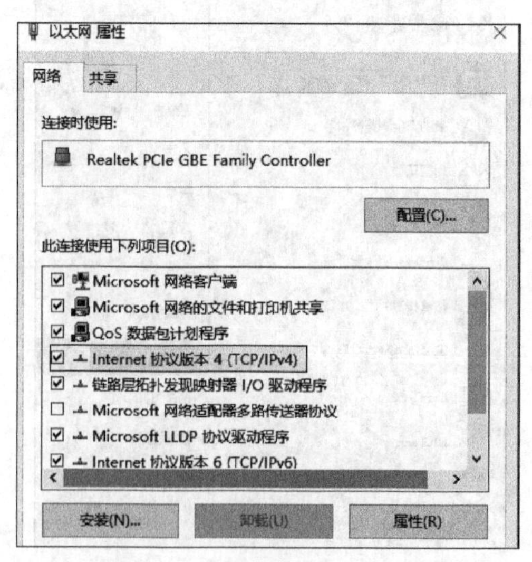

图 3-4 选择“Internet 协议版本 4(TCP/IPv4)”选项

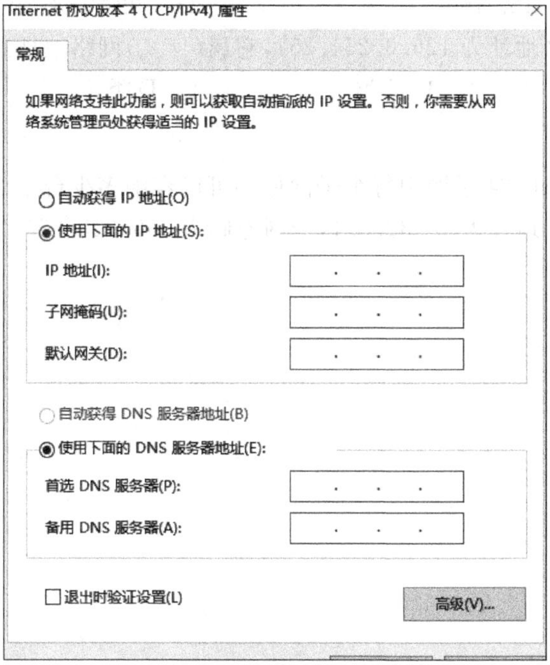

Internet 协议版本 4 (TCP/IPv4) 属性

常规

如果网络支持此功能，则可以获取自动指派的 IP 设置。否则，你需要从网络系统管理员处获得适当的 IP 设置。

○自动获得 IP 地址(O)

◉使用下面的 IP 地址(S):

IP 地址(I):

子网掩码(U):

默认网关(D):

○自动获得 DNS 服务器地址(B)

◉使用下面的 DNS 服务器地址(E):

首选 DNS 服务器(P):

备用 DNS 服务器(A):

☐退出时验证设置(L)

高级(V)...

图 3-5　搜索命令

(3) 在图 3-5 中，如果选中“自动获得 IP 地址”单选按钮，操作系统则在网络中寻找 DHCP 服务器，无须手动分配，这里选中“使用下面的 IP 地址”单选按钮，手工输入 IP 地址 192.168.1.10，子网掩码 255.255.255.0。

【验证方法】

输入正确的 IP 地址后，看能否正常上网。

【思考与练习】

1. 选择题

(1) 学校计算机房中某台计算机的 IP 地址为“192. 168. 0. 27”，此地址为(　　)地址。

A. A 类　　B. B 类　　C. C 类　　D. D 类

(2) 为了解决现有 IP 地址资源短缺、分配严重不均衡的局面，我国协同世界各国正在开发下一代 IP 地址技术，此 IP 地址简称为(　　)。

A. IPv3　　B. IPv4　　C. IPv5　　D. IPv6

(3) 下列(　　)IP 地址是不合法的。

A. 202. 100. 199. 8　　B. 202. 172. 16. 35

C. 172. 16. 16. 16　　D. 192. 168. 258. 1

(4) 有一主机 IP 地址为 126.0.254.251，它属(　　)网络地址。

A. B类　　B. C类　　C. D类　　D. A类

2. 简答题

(1) 192.168.2.16/24 子网中每个子网最多可以容纳多少台主机？

(2) 一个子网 IP 地址为 10.32.0.1，子网掩码为 255.225.255.0 的网络，它允许的最大主机地址是什么？

项目四

网络配置的查看、修改及验证

内容提示

本项目主要讲述了使用命令行准确查看本机 IP 地址的方法及使用 ping 命令测试网络连通性的方法。

学习目标

1. 掌握 Windows 环境下 ipconfig 命令的使用方法。
2. 掌握 ping 命令的使用方法。

技能要求

1. 在 Windows 环境下查看本机 IP 地址。
2. 熟练运用 ping 命令测试网络连通性,并掌握返回信息的含义。

【情景导入】

办公室一名员工向网络中心报告计算机不能上网,询问后发现该员工自行修改过 IP 地址,技术人员需要改回原来的 IP 地址,并测试验证。IP 地址为 192.168.1.10,子网掩码为 255.255.255.0。

【解决方案】

技术人员需要通过查看其他正常的计算机配置确定此台计算机的配置,也可查看原始配置记录。其中,查看配置的命令为 ipconfig(Windows 环境下),测试连通的命令为 ping。

【技术原理】

1. ipconfig 命令

功能：查看、释放 IP 地址。

IPConfig 可用于显示当前的 TCP/IP 配置的设置值。这些信息一般用来检验人工配置的 TCP/IP 设置是否正确。但是，如果计算机和所在的局域网使用了动态主机配置协议(Dynamic Host Configuration Protocol，DHCP——一种把较少的 IP 地址分配给较多主机使用的协议，类似于拨号上网的动态 IP 分配)，这个程序显示的信息也许更加实用。

ipconfig——当使用 IPConfig 时不带任何参数选项，它为每个已经配置了的接口显示 IP 地址、子网掩码和默认网关值。

ipconfig /all——当使用 all 选项时，IPConfig 能为 DNS 和 WINS 服务器显示它已配置且所要使用的附加信息(如 IP 地址等)，并且显示内置于本地网卡中的物理地址(MAC)。如果 IP 地址是从 DHCP 服务器租用的，IPConfig 将显示 DHCP 服务器的 IP 地址和租用地址预计失效的日期。

ipconfig /release 和 ipconfig /renew——这是两个附加选项，只能在向 DHCP 服务器租用其 IP 地址的计算机上起作用。如果输入 ipconfig /release，那么所有接口的租用 IP 地址便重新交付给 DHCP 服务器(归还 IP 地址)。如果输入 ipconfig /renew，那么本地计算机便设法与 DHCP 服务器取得联系，并租用一个 IP 地址。

【注意】 大多数情况下网卡将被重新赋予和以前所赋予的相同的 IP 地址。

总的参数简介(也可以在 DOS 方式下输入 ipconfig/? 进行参数查询)。

ipconfig /all：显示本机 TCP/IP 配置的详细信息。

ipconfig /release：DHCP 客户端手工释放 IP 地址。

ipconfig /renew：DHCP 客户端手工向服务器刷新请求。

ipconfig /flushdns：清除本地 DNS 缓存内容。

ipconfig /displaydns：显示本地 DNS 内容。

2. ping 命令

功能：测试连通性。

ping 命令是 Windows 下的一个命令，在 UNIX 和 Linux 下也有这个命令。ping 也属于一个通信协议，是 TCP/IP 协议的一部分。利用 ping 命令可以检查网络是否连通，可以很好地帮助我们分析和判定网络故障。应用格式：ping 空格 IP 地址。该命令还可以加许多参数使用，具体是输入 ping 按回车键即可看到详细说明。

Ping(Packet Internet Groper)用于测试网络连接量的程序。Ping 发送一个 ICMP (Internet Control Messages Protocol)即因特网信报控制协议；回声请求消息给目的地并报告是否收到所希望的 ICMP echo (ICMP 回声应答)。它是用来检查网络是否通畅或者网络连接速度的命令。作为网络管理员或者黑客，ping 命令是第一个必须掌握的 DOS 命令。它的原理是这样的：利用网络上机器 IP 地址的唯一性，给目标 IP 地址发送一个数据包，再要求对方返回一个同样大小的数据包确定两台网络机器是否连接相通、时延是多少。

ping 指的是端对端连通，通常用来作为可用性的检查，但是某些木马病毒会强行大量远程执行 ping 命令抢占网络资源，导致系统拥塞，网速变慢。严禁 ping 入侵是大多数防火墙的一个基本功能提供给用户进行选择。通常情况下，如果不用作服务器或者进行网络测试，可以放心地选中它，以保护你的计算机。

ping 就是对一个网址发送测试数据包，看对方网址是否有响应并统计响应时间，以此测试网络。

具体方式是，单击"开始"→"运行"→cmd，在弹出的 DOS 窗口下输入 ping 空格＋你要 ping 的网址，按回车键。

比如 ping www.sohu.com 之后屏幕会显示类似信息：

```
正在 Ping fdxtjxq.a.sohu.com [118.244.253.88] 具有 32 字节的数据：
来自 118.244.253.88 的回复：字节=32 时间=4ms TTL=58
来自 118.244.253.88 的回复：字节=32 时间=2ms TTL=58
来自 118.244.253.88 的回复：字节=32 时间=2ms TTL=58
来自 118.244.253.88 的回复：字节=32 时间=2ms TTL=58
```

118.244.253.88 的 ping 统计信息：

```
数据包：已发送=4，已接收=4，丢失=0（0%丢失），
往返行程的估计时间（以毫秒为单位）：
最短=2ms，最长=4ms，平均=2ms
```

后面的"时间＝2ms"是响应时间，这个时间越小说明连接这个地址速度越快。

【试验步骤】

试验一　查看本机 IP 地址

（1）单击"开始"→"运行"菜单命令，如图 4-1 所示。

（2）在弹出的对话框中输入 cmd 命令，按"确定"按钮进入界面，如图 4-2 所示。

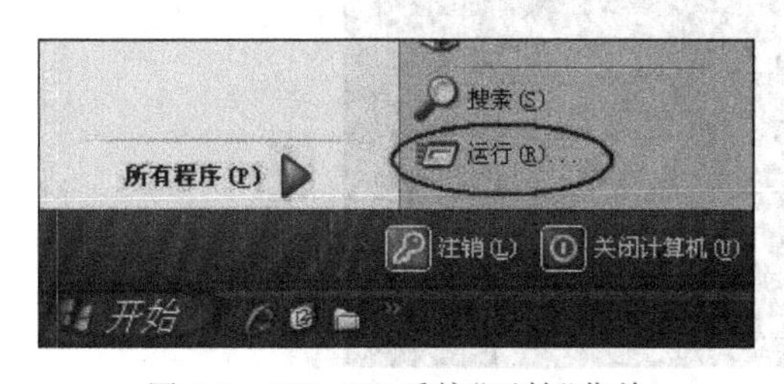

图 4-1　Win XP 系统"开始"菜单

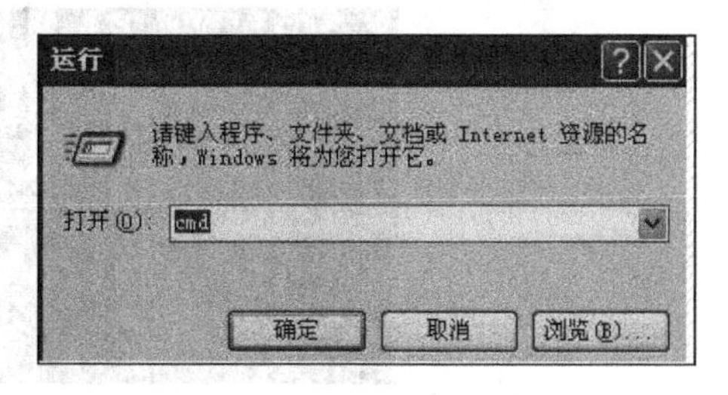

图 4-2　"运行"对话框

（3）在 cmd 界面中输入：ipconfig 命令，IP 地址显示，如图 4-3 所示。可以看到有 IP 地址、子网掩码、默认网关等信息。

```
无线局域网适配器 本地连接* 1:

   媒体状态  . . . . . . . . . . . . : 媒体已断开连接
   连接特定的 DNS 后缀 . . . . . . . :

以太网适配器 本地连接* 4:

   媒体状态  . . . . . . . . . . . . : 媒体已断开连接
   连接特定的 DNS 后缀 . . . . . . . :

无线局域网适配器 WLAN:

   连接特定的 DNS 后缀 . . . . . . . :
   本地链接 IPv6 地址. . . . . . . . : fe80::b981:7444:8496:6682%5
   IPv4 地址 . . . . . . . . . . . . : 192.168.31.150
   子网掩码  . . . . . . . . . . . . : 255.255.255.0
   默认网关. . . . . . . . . . . . . : 192.168.31.1
```

图 4-3　ipconfig 命令

试验二　测试 ping 命令

（1）单击“开始”→“运行”菜单命令。

（2）在弹出对话框中输入 cmd 命令，按“确定”按钮进入界面。

（3）在 cmd 界面中输入：ping www. sohu. com，如果出现图 4-4 所示界面，说明此台计算机与 www. sohu. com 网站是能够访问的。

```
C:\Users\gf>ping www.sohu.com

正在 Ping fdxtjxq.a.sohu.com [118.244.253.88] 具有 32 字节的数据:
来自 118.244.253.88 的回复: 字节=32 时间=3ms TTL=58
来自 118.244.253.88 的回复: 字节=32 时间=3ms TTL=58
来自 118.244.253.88 的回复: 字节=32 时间=5ms TTL=58
来自 118.244.253.88 的回复: 字节=32 时间=12ms TTL=58

118.244.253.88 的 Ping 统计信息:
    数据包: 已发送 = 4，已接收 = 4，丢失 = 0 (0% 丢失)，
往返行程的估计时间(以毫秒为单位):
    最短 = 3ms，最长 = 12ms，平均 = 5ms
```

图 4-4　测试与 sohu 网站的连通性

（4）继续测试看能否与本机网关通信，输入 ping 192. 168. 31. 1，结果如图 4-5 所示，说明通信正常。

```
C:\Users\gf>ping 192.168.31.1

正在 Ping 192.168.31.1 具有 32 字节的数据:
来自 192.168.31.1 的回复: 字节=32 时间=1ms TTL=64
来自 192.168.31.1 的回复: 字节=32 时间=1ms TTL=64
来自 192.168.31.1 的回复: 字节=32 时间=1ms TTL=64
来自 192.168.31.1 的回复: 字节=32 时间=1ms TTL=64

192.168.31.1 的 Ping 统计信息:
    数据包: 已发送 = 4，已接收 = 4，丢失 = 0 (0% 丢失)，
往返行程的估计时间(以毫秒为单位):
    最短 = 1ms，最长 = 1ms，平均 = 1ms
```

图 4-5　测试与网关的连通性

(5) 输入 ping 192.168.31.2,结果如图 4-6 所示,显示“无法访问目标主机”,说明与 IP 地址为 192.168.31.2 的计算机是不能互相通信的。

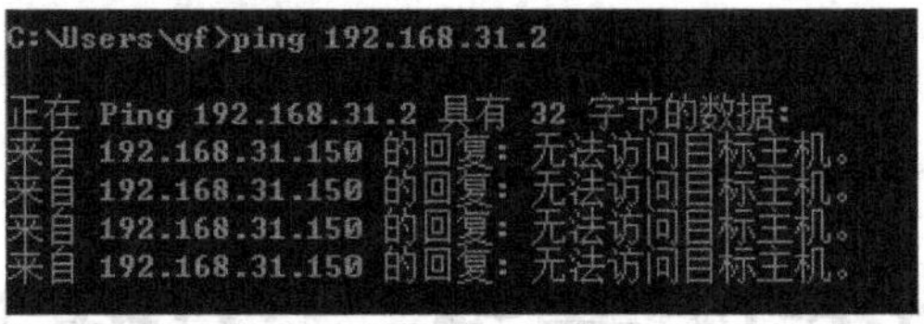

```
C:\Users\gf>ping 192.168.31.2

正在 Ping 192.168.31.2 具有 32 字节的数据:
来自 192.168.31.150 的回复: 无法访问目标主机。
来自 192.168.31.150 的回复: 无法访问目标主机。
来自 192.168.31.150 的回复: 无法访问目标主机。
来自 192.168.31.150 的回复: 无法访问目标主机。
```

图 4-6　ipconfig 命令一

(6) 输入 ping 192.168.32.1,结果如图 4-7 所示,显示“请求超时”,说明与 IP 地址为 192.168.32.1 的计算机也是不能互相通信的。

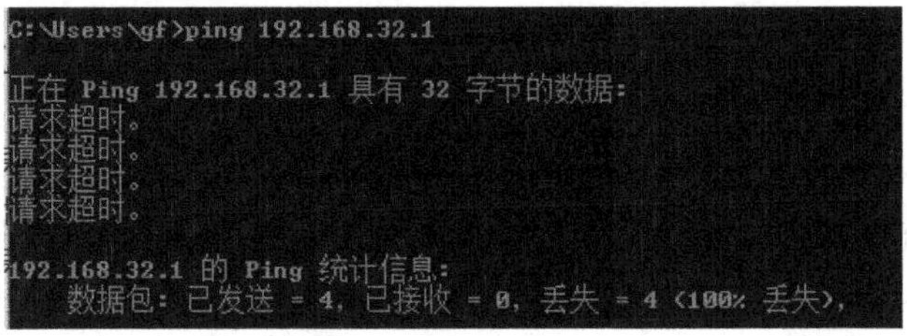

```
C:\Users\gf>ping 192.168.32.1

正在 Ping 192.168.32.1 具有 32 字节的数据:
请求超时。
请求超时。
请求超时。
请求超时。

192.168.32.1 的 Ping 统计信息:
    数据包: 已发送 = 4, 已接收 = 0, 丢失 = 4 (100% 丢失),
```

图 4-7　ipconfig 命令二

【思考与练习】

1. 简述 ping 命令的工作原理。

2. 命令 ping 127.0.0.1 的作用是什么? 如果返回信息为 Request Timed Out,代表什么?

3. 输入 ping 命令,返回信息为 Request Timed Out,代表什么?

4. 输入 ping 命令,返回信息为 Destination Host Unreachable,代表什么?

项目五

模拟软件的选择、安装及应用

内容提示

本项目主要讲述模拟网络设备的流行模拟软件及其区别，可依据不同功能和学习内容选择适合自己的模拟软件，并详细讲解 Packet Tracer 的安装。

学习目标

1. 了解模拟软件的作用。
2. 可依据个人情况选择适合的模拟软件。

技能要求

1. 掌握 Packet Tracer 的安装。
2. 熟练掌握软件的工作流程和各个工具面板的作用。

【情景导入】

在个人学习环境中，不可能全部使用真实的硬件操作和配置，所以出现了很多模拟软件实现部分硬件环境，方便学习相关技术。

【解决方案】

依据个人学习能力和需求安装适合自己的模拟软件。

【技术原理】

现在常用的模拟软件有 Packet Tracer、Boson Netsim，还有基于真实 IOS 的 Dynamips 以及其他的衍生版本，如小凡、GNS3 及工大瑞普试验台等。

Cisco 公司发布的 Packet Tracer 最大的优点在于简单的界面、形象的拓扑完全展示在我们的眼前。但它最大的缺点也是最致命的缺点,就是它是用软件模拟的设备操作,命令不全,无法完成复杂的试验。Packet Tracer 是一个辅助学习工具,为学习网络课程的初学者设计、配置、排除网络故障提供了网络模拟环境。用户可以在软件的图形用户界面上直接使用拖曳方法建立网络拓扑,并可提供数据包在网络中进行详细处理,观察网络实时运行情况。可以学习 IOS 的配置,锻炼故障排查能力。

本书以 6.0 版本为例。

Boson Netsim 也是模拟软件,模拟的是设备的命令,支持的命令要比 Packet Tracer 多,同时提供完整的试验过程和拓扑,适合于自学能力强和具备一定英文基础的人群,分 CCNA、CCNP 版。

Dynamips 的模拟不同于上述两种软件,它使用真实的设备 IOS,模拟的是物理设备,所以它的命令与真实设备没有区别,可以做几乎所有的路由试验,但此软件安装和配置复杂,适合于专业人员。

【试验步骤】

试验一　Packet Tracer 软件的下载

(1) 官方网站为 https://www.netacad.com/about-networking-academy/packet-tracer,可以从中下载。该网站还包括一些专业课程和教程,但需要注册。

(2) 也可以从其他网站下载,比较方便。

(3) Packet Tracer 是一个免费的共享软件,不需要注册和破解。

试验二　Packet Tracer 软件安装

(1) Packet Tracer 6.0 安装非常方便,在安装向导帮助下一步步很容易完成,单击安装文件后,如图 5-1 所示,选中同意许可协议单选按钮,单击 Next 按钮。

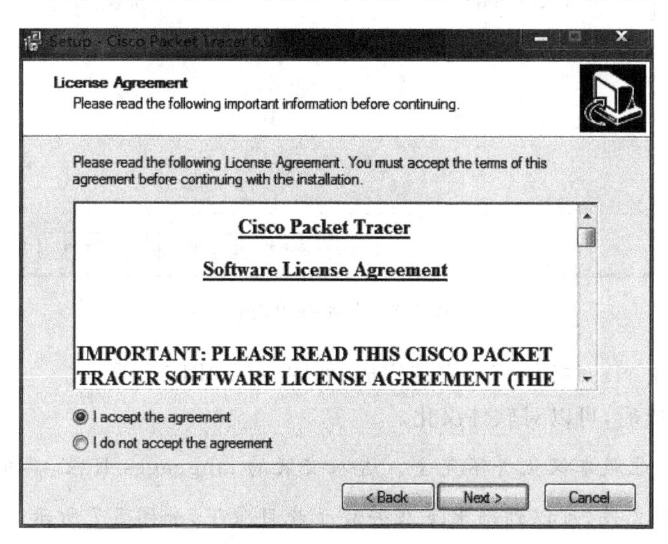

图 5-1　许可协议

（2）出现安装目录选项，可以自行选择安装目录，默认为 program files 文件夹，如图 5-2 所示。

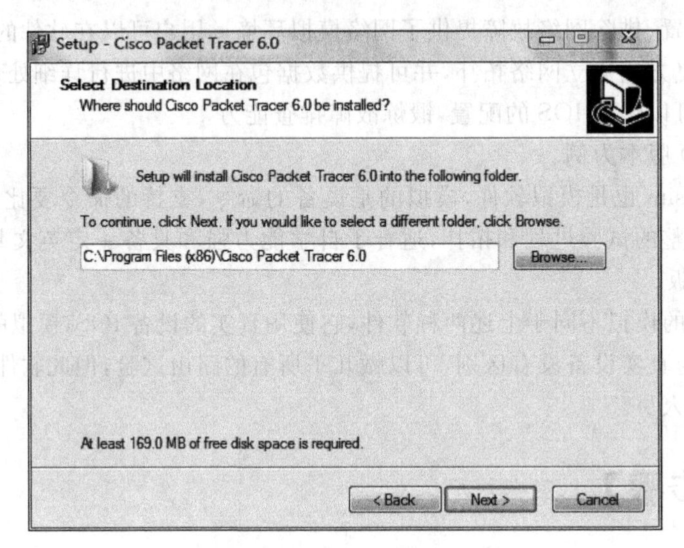

图 5-2 安装目录选择

（3）选择开始菜单显示内容，默认为 Cisco Packet Tracer，如图 5-3 所示，单击 Next 按钮，选择是否创建桌面图标和快捷方式，如图 5-4 所示。

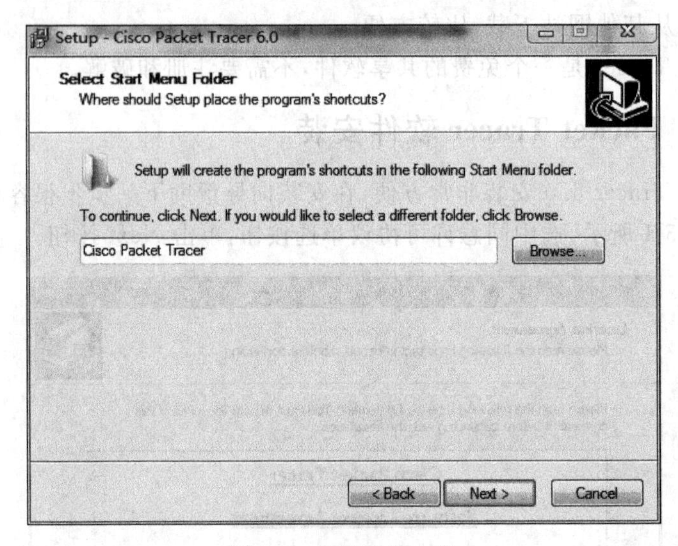

图 5-3 开始菜单内容

（4）继续单击 Next 按钮直至安装完成，如图 5-5 和图 5-6 所示。

（5）安装完成后，可以对软件汉化。

【注意】 此版本汉化并不完全。进入安装的 languages 目录，其中有 Chinese. ptl 文件，如果没有此文件，可以到网上下载并放于此目录下，如图 5-7 所示。

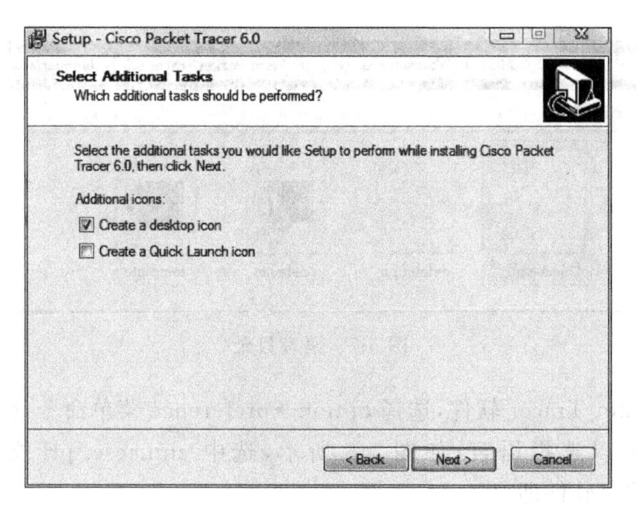

图 5-4 桌面图标

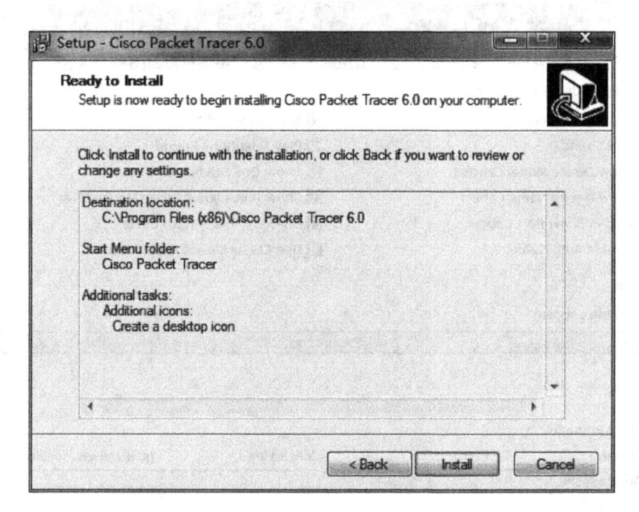

图 5-5 准备安装界面

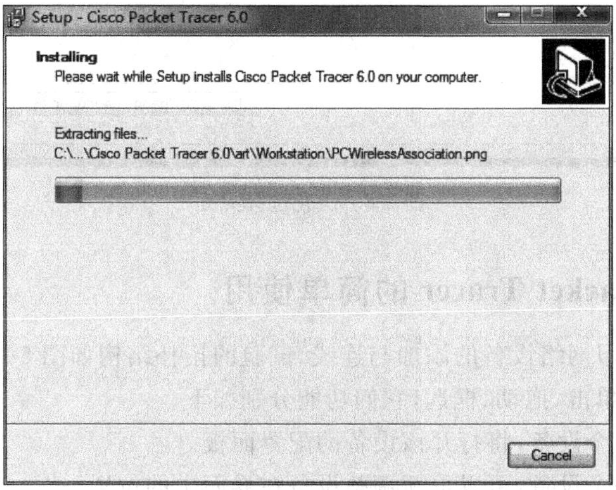

图 5-6 安装过程

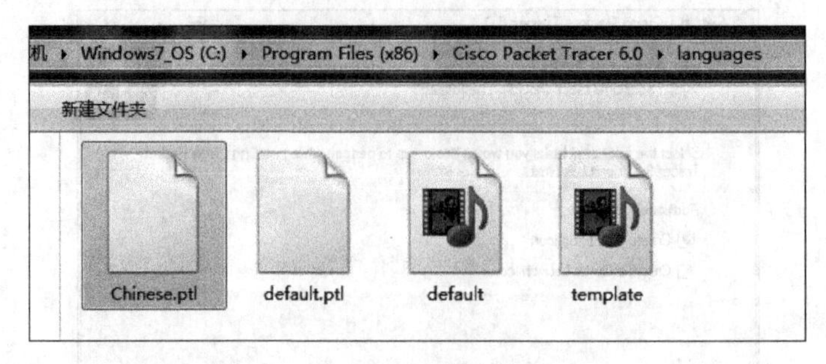

图 5-7　语言目录

（6）启动 Packet Tracer 软件，选择 option→preference 菜单命令，弹出软件属性配置对话框，在下方可以选择语言，如图 5-8 所示，选中 chinaese. ptl 文件，单击 Change Language 按钮，重启软件即可。

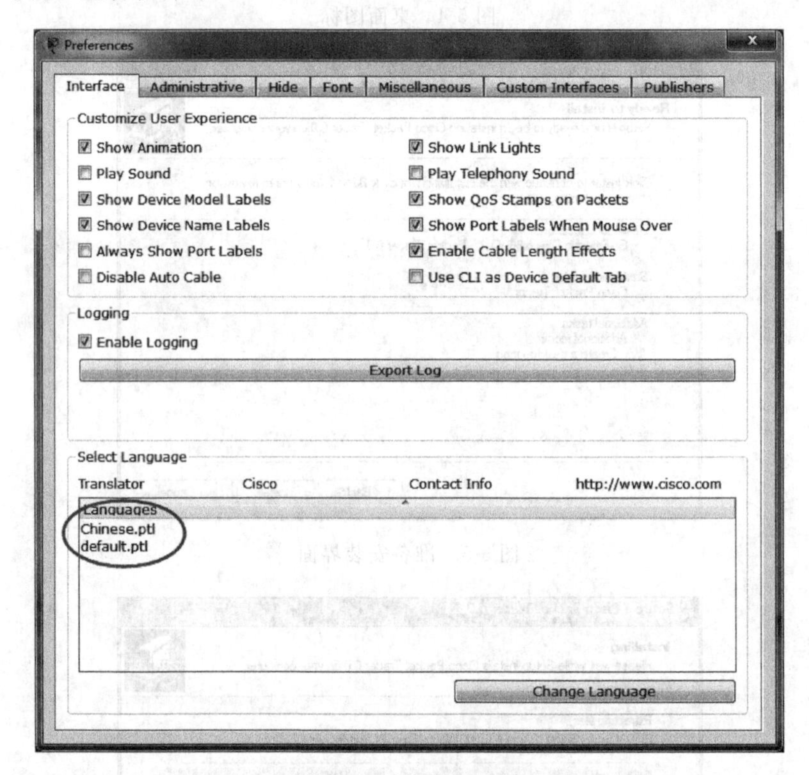

图 5-8　汉化选择界面

试验三　Packet Tracer 的简单使用

此试验重点学习网络设备的添加与连线，试验的拓扑结构如图 5-9 所示。

鼠标操作分为单击、拖动、框选，它们功能分别如下。

- 单击任何一个设备，将打开该设备的配置面板。
- 拖动任何一个设备，可以重新调整设备在界面中的位置。

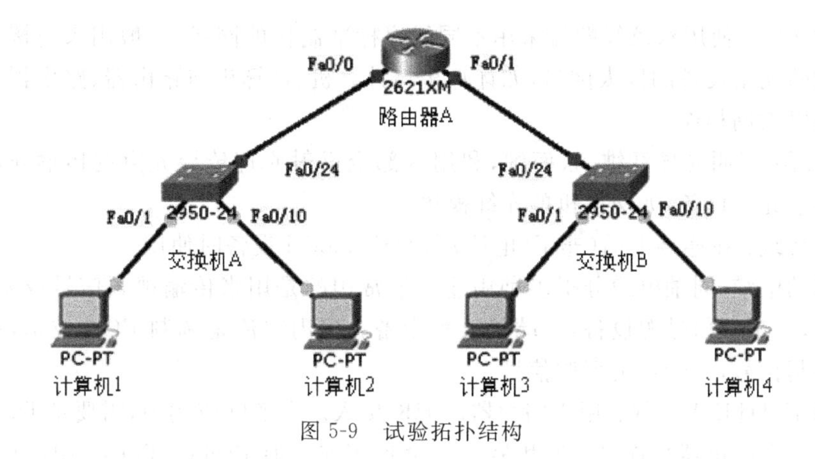

图 5-9 试验拓扑结构

- 框选可以选中多个设备,结合拖动可以同时移动多个选中的设备,从而调整设备的位置。

1)添加网络设备

在操作过程中,首先在设备选择栏内先找到要添加的网络设备的大类别,然后从该类别的设备型号中找到自己想要的设备,最后拖动到工作区,就完成了添加设备的操作。首先选中"路由器"大类,然后在右侧选中 2621XM 路由器,如图 5-10 所示,将设备添加至工作区域。

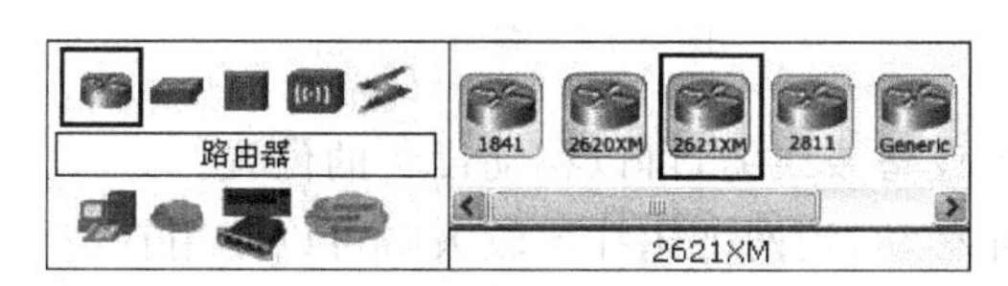

图 5-10 路由器选择面板

2)网络连接的线缆

在 Packet Tracer 中对设备的连线是非常严格的,不同的设备、不同的接口之间采用不同的线缆进行连接;否则不能通过。因此,连接设备时要非常注意。

当在设备选择栏中选中线缆时,如图 5-11 所示,从右边栏中可以看到有许多不同的线缆类型,具体如图 5-11 所示。依次为自动选择类型、配置线、直通线、交叉线、光纤、电话线、同轴电缆、DCE/DTE 串口线。

图 5-11 线缆选择面板

- 自动选择类型:自动选线,万能的,一般不建议使用。
- 配置线:用来连接计算机的 COM 口和网络设备的 Console 口。
- 直通线:使用双绞线两端采用同一种线序标准制作的网线,一般用来连接不同网络设备的以太网口,如计算机与交换机、交换机与交换机、交换机与路由器的以太网相连。

- 交叉线：使用双绞线两端采用不同线序标准制作的网线，一般用来连接相同或相似的网络设备的以太网口，如计算机与计算机、计算机与路由器、路由器与路由器的以太网相连。
- 光纤：又叫光导纤维，软而细，利用内部全反射原理传导光束的传输介质。用于连接光纤设备，如交换机的光纤模块。
- 电话线：在连接电话(非 IP 电话)和 DSL-model 设备时使用。
- 同轴电缆:同轴电缆分很多种用途。最常用的是用来传输视频信号或是 RGB 信号，一端接信号源设备，一端接显示设备。国内主流是调制 EOC 技术，一端负责调制信号，一端负责解调信号。
- DCE/DTE 串口线：用于路由器广域网接入。在实际应用中，需要把 DCE 串口线和一台路由器相连，DTE 和另一台设备相连。但 Packet Tracer 中，只需选一根即可，若选了 DCE 这根线，则和这根线先连的路由器为 DCE 端，需要配置该路由器的时钟。

3) 编辑工具箱的使用

使用设备编辑工具箱可以对设备进行编辑，如图 5-12 所示，从上到下依次为选择、更改布局、笔记、删除、查看、增加简单协议数据单元、增加复杂协议数据单元。

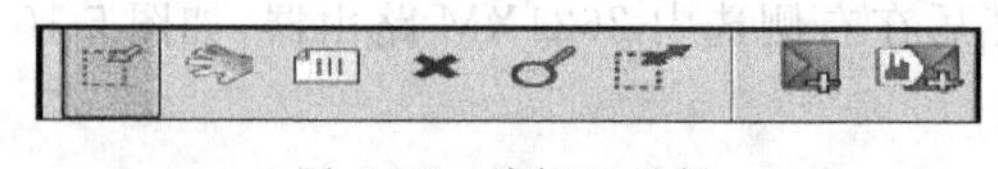

图 5-12　编辑工具箱

- 选择：选中一个设备或线缆，可以移动设备的位置。
- 更改布局：总体移动，当网络拓扑比较大时可以使用它进行移动查看。
- 笔记：用来添加注释，使人看得更清楚。
- 删除：使用此工具可以删除一个或多个设备、线缆、注释等。
- 查看：选中后，在路由器、计算机上可看到各种表，如路由表等。

4) 为设备添加注释

使用设备操作工具栏的注释工具，在工作区单击后直接输入注释文字。图 5-13 所示为交换机添加 VLAN 划分注释。

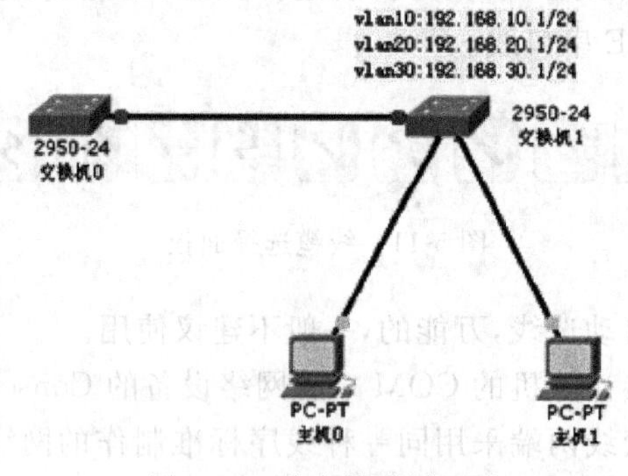

图 5-13　路由器选择面板

5）删除操作

使用设备操作工具栏的删除工具，可以删除添加好的网络设备、线缆、注释等。操作非常简单，使用删除工具直接单击要删除的设备即可；也可以选中多个设备，然后单击删除按钮，一次删除几个设备，如图 5-14 所示。

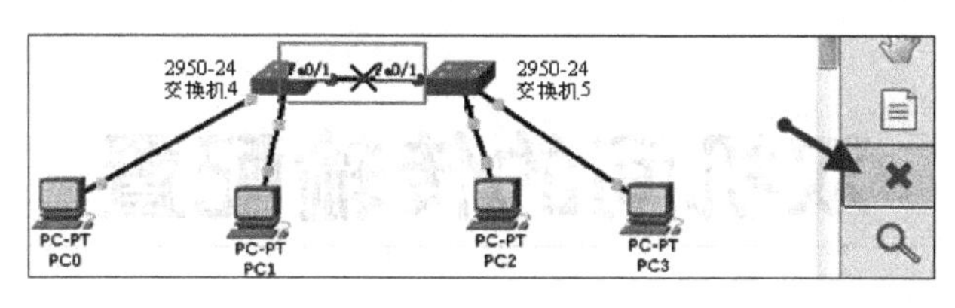

图 5-14　删除操作

6）连接网络设备

添加好网络设备后，选择相应的线缆，然后在要进行连线的网络设备上单击，如图 5-15 所示，为交换机与计算机 1 进行连接。

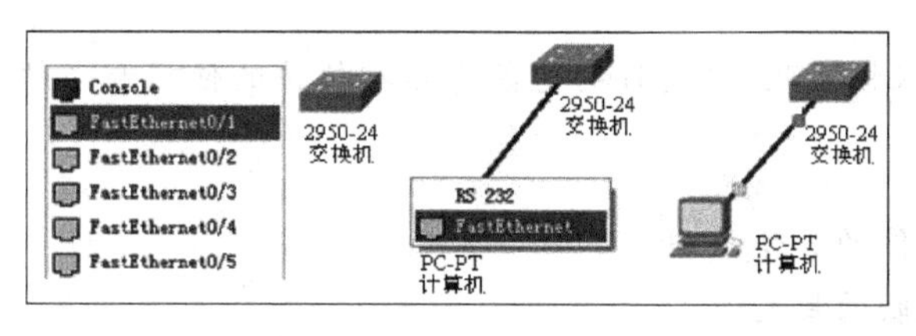

图 5-15　PC 与交换机的连接

完成网络搭建后，检查端口是否连接正确可以使用以下方法：将鼠标指针移到对应的连接线路上，可以看到线缆两端所连接的端口类型和名称，如图 5-16 所示。

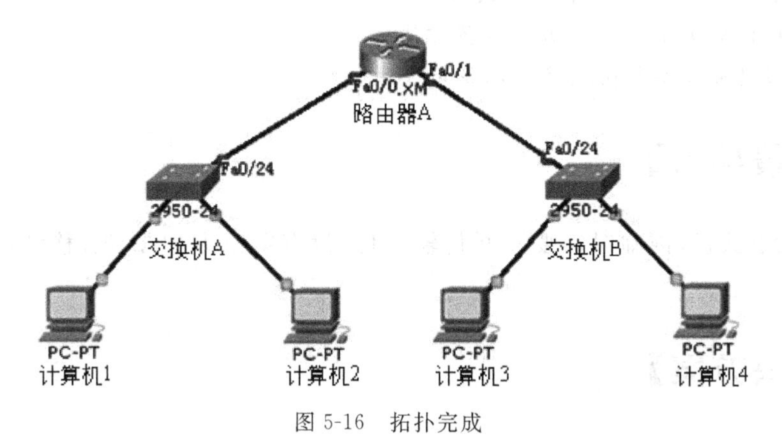

图 5-16　拓扑完成

【思考与练习】

1. 安装试用 Boson Netsim 的 CCNA 版本。
2. 上网查询 Dynamips 软件，了解其作用与其他模拟软件的不同。

双机间的传输配置

内容提示

本项目讲述了双机互联，主要目的为熟悉模拟软件的使用和了解交叉线的应用环境。

学习目标

1. 熟悉模拟软件的具体应用。
2. 掌握双机互联的目的。
3. 领悟一个项目的整体配置流程和验证意义。

技能要求

1. 掌握模拟软件中网络拓扑的使用。
2. 掌握模拟软件中IP地址的配置方法。
3. 掌握模拟软件中ping命令的使用方法。

【情景导入】

有两台台式机，因临时需要互联传输文件，没有第三方如U盘、移动硬盘等传输设备。

【解决方案】

通过用交叉线进行两台计算机的互联。

【技术原理】

虽然计算机串行口和并行口能够实现双机互联，但是由于它们缺乏有效的通信机制，所以用串口或并口连接两台计算机的时候，不仅速度比较慢，而且连接线距离也不能太长。此外,由于计算机的串口和并口的数量十分有限,如果这些端口都让其他设备占用了,那么想要使用直接电缆连接就会十分麻烦。在这种情况下,如果需要比较快的速度以及比较远的距离,就需要使用网卡连接了。

【试验拓扑】

试验拓扑如图 6-1 所示。

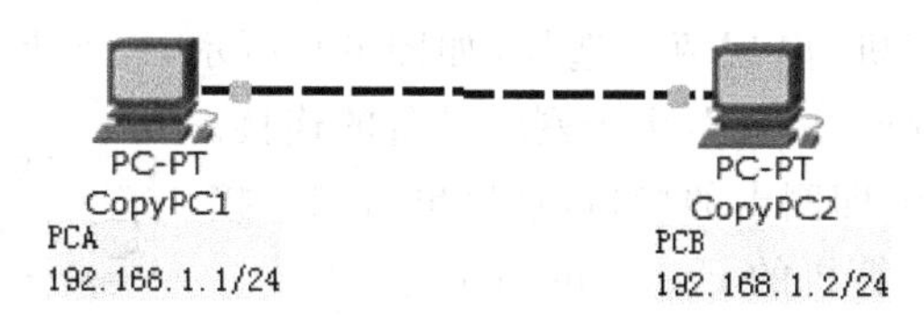

图 6-1 双机互连拓扑

【试验步骤】

1. 添加设备

打开 Cisco Packet Tracer 软件,选择"终端设备"中的 Generic,如图 6-2 所示,可以用鼠标拖动的方法将设备添加进工作区域,也可以单击设备,然后再次单击工作区域,将设备添加进去,如图 6-3 所示。

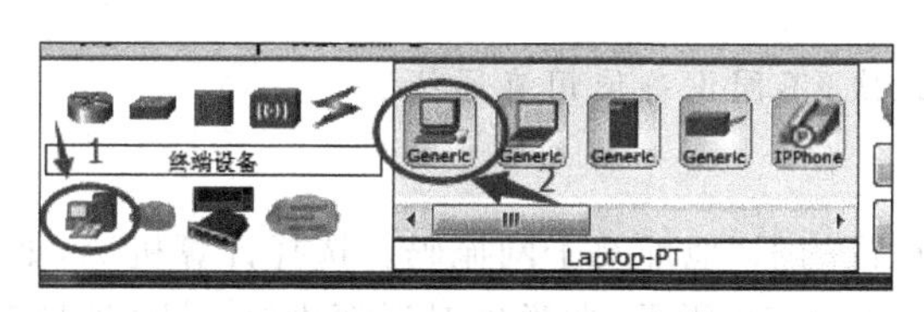

图 6-2 终端设备

2. 设备命名

添加完成设备后软件会自动命名,为更加方便试验,可以将设备重新命名。单击设备下方的名称,可自由更改,如图 6-4 所示。

图 6-3 添加两台计算机设备

图 6-4 为设备命名

3. 连接设备

需要使用双绞线(网线)将两台计算机连接起来,单击工具栏中的线缆工具按钮⚡,然后选择交叉线,如图 6-5 所示。

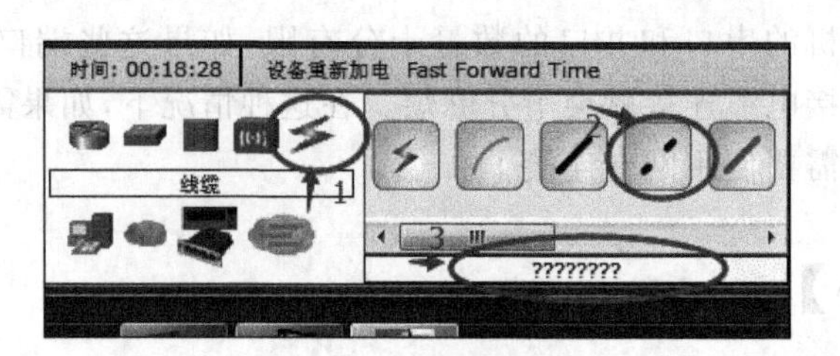

图 6-5　线缆连接

然后单击 PC1 计算机，出现两个选择，如图 6-6 所示，一个是 RS 232，俗称为"com 口"，连接其他设备的"console 口"，用于网络设备的连接。另一个是 FastEthernet0，即网卡的接口，这里单击网卡接口，然后连接至另一台计算机的 FastEthernet0 接口。

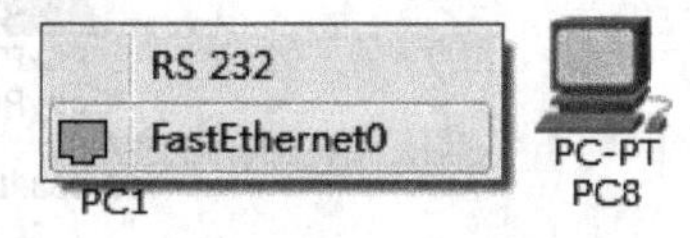

图 6-6　端口名称

如果使用直通线连接，如图 6-7 所示，会出现红色标志，说明线缆使用错误。使用端口为开启，交叉线连接完成后拓扑结构如图 6-8 所示。

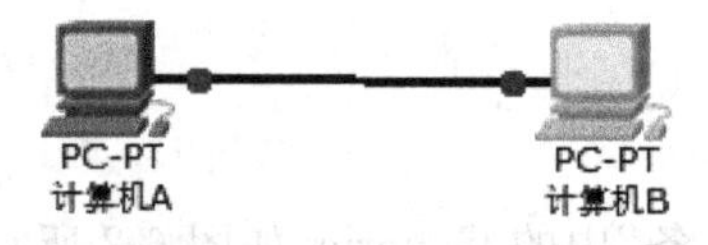

图 6-7　直通线连接

图 6-8　交叉线连接

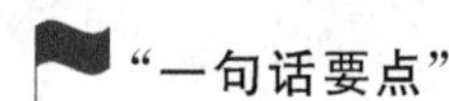"一句话要点"

相同设备使用交叉线；不同设备使用直通线。

4. 计算机配置

分别设置两台计算机的 IP 地址及子网掩码。选择计算机 A，如图 6-9 所示，单击"桌面"→"IP 地址配置"，如图 6-10 所示，在弹出对话框中输入 IP 地址和子网掩码。

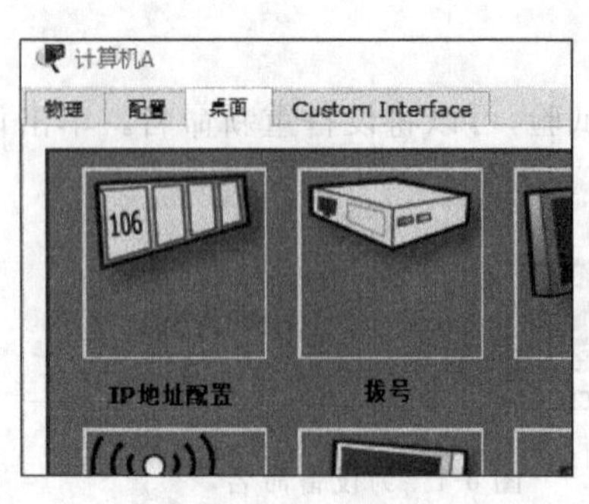

图 6-9　IP 配置

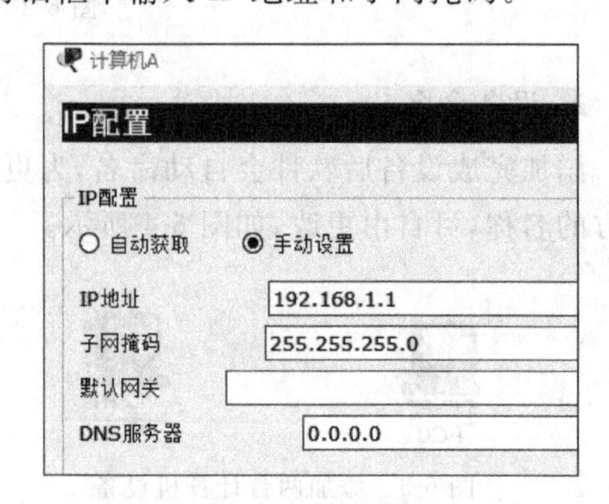

图 6-10　IP 地址和子网掩码

或者单击"配置"→FastEthernet0，出现图 6-11 所示对话框，也可在这里配置 IP 地址和子网掩码。

计算机A
物理
配置
桌面
Custom Interface
全局配置
配置
运算规则配置
Firewall
IPV6 Firewall
接口配置
FastEthernet0
FastEthernet0
端口状态
启用
带宽
自动
10 Mbps
100 Mbps
双工模式
自动
全双工
半双工
MAC地址
000C.8555.1BB5
IP配置
自动获取
手动设置
IP地址
192.168.1.1
子网掩码
255.255.255.0

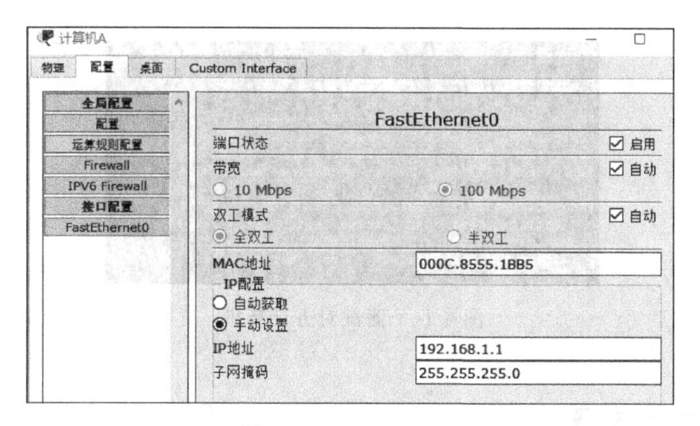

图 6-11 IP 地址配置

【注意】

在真实计算机中,IP 地址配置方法与之不同。

【验证方法】

(1) 选择计算机 A,单击“配置”→“命令提示符”,如图 6-12 所示,进入 cmd 命令行窗口。

计算机A
物理
配置
桌面
Custom Interface
106
run
IP地址配置
拨号
终端
命令提示符
MIB

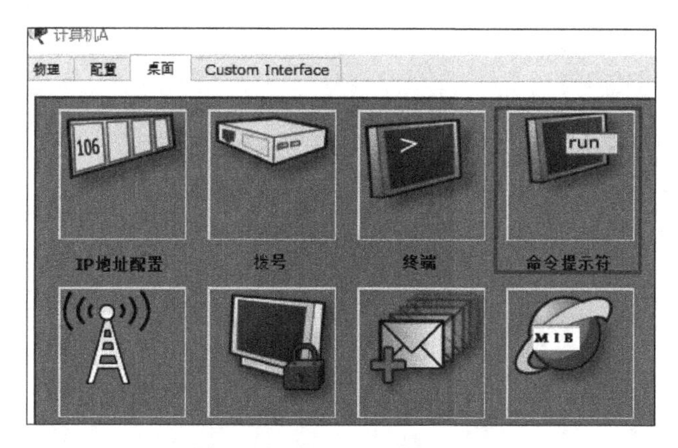

图 6-12 进入 cmd 窗口路径

(2) 进行连通性测试。首先输入 ping 192.168.1.1,测试本机是否正确,如图 6-13 所示,然后输入 ping 192.168.1.2,如图 6-14 所示,测试两台计算机的连通性。

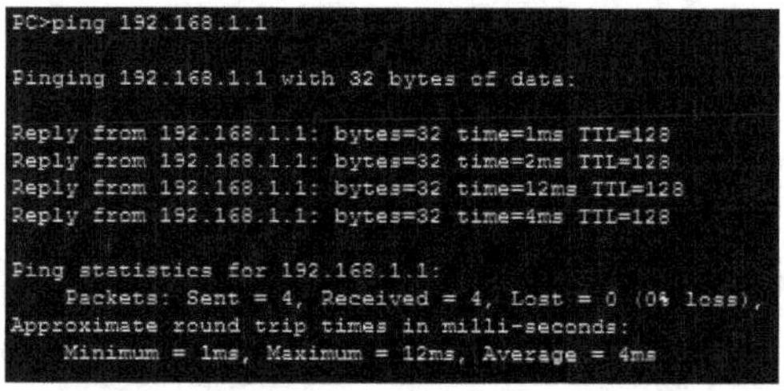

PC>ping 192.168.1.1
Pinging 192.168.1.1 with 32 bytes of data:
Reply from 192.168.1.1: bytes=32 time=1ms TTL=128
Reply from 192.168.1.1: bytes=32 time=2ms TTL=128
Reply from 192.168.1.1: bytes=32 time=12ms TTL=128
Reply from 192.168.1.1: bytes=32 time=4ms TTL=128
Ping statistics for 192.168.1.1:
Packets: Sent = 4, Received = 4, Lost = 0 (0% loss),
Approximate round trip times in milli-seconds:
Minimum = 1ms, Maximum = 12ms, Average = 4ms

图 6-13 测试本机

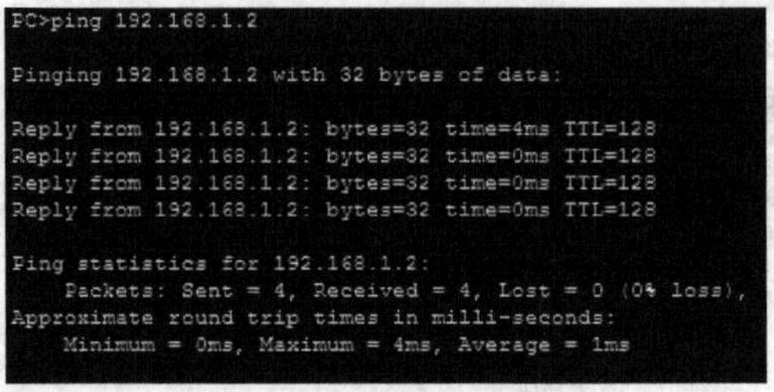

```
PC>ping 192.168.1.2

Pinging 192.168.1.2 with 32 bytes of data:

Reply from 192.168.1.2: bytes=32 time=4ms TTL=128
Reply from 192.168.1.2: bytes=32 time=0ms TTL=128
Reply from 192.168.1.2: bytes=32 time=0ms TTL=128
Reply from 192.168.1.2: bytes=32 time=0ms TTL=128

Ping statistics for 192.168.1.2:
    Packets: Sent = 4, Received = 4, Lost = 0 (0% loss),
Approximate round trip times in milli-seconds:
    Minimum = 0ms, Maximum = 4ms, Average = 1ms
```

图 6-14 测试对方计算机

【思考与练习】

1. 双机互联需要哪种双绞线？
2. 尝试使用 Boson Netsim 软件完成此项目。

局域网的配置

内容提示

本项目主要讲述了局域网的概念、特点及组成方式，并从网络管理的角度进行IP地址的规划到项目实施完成局域网的整体搭建。

学习目标

1. 掌握局域网的概念及结构模型。
2. 掌握IP地址的分配。
3. 熟悉交换机设备

技能要求

1. 熟练局域网IP地址的规划。
2. 熟练掌握交换机与计算机之间的连接及互通。

【情景导入】

某企业刚刚成立，共有10名员工。该企业准备用台式机组建一个局域网，实现互联互通。

【解决方案】

使用交换机组建简单局域网。

【技术原理】

1. 局域网定义

局域网(Local Area Network，LAN)是指范围在几十米到几千米内办公楼群或校园内的计算机相互连接所构成的计算机网络。一个局域网可以容纳几台至几千台计算机。计算机局域网广泛应用于校园、工厂及企事业单位,图7-1是一个典型的局域网。

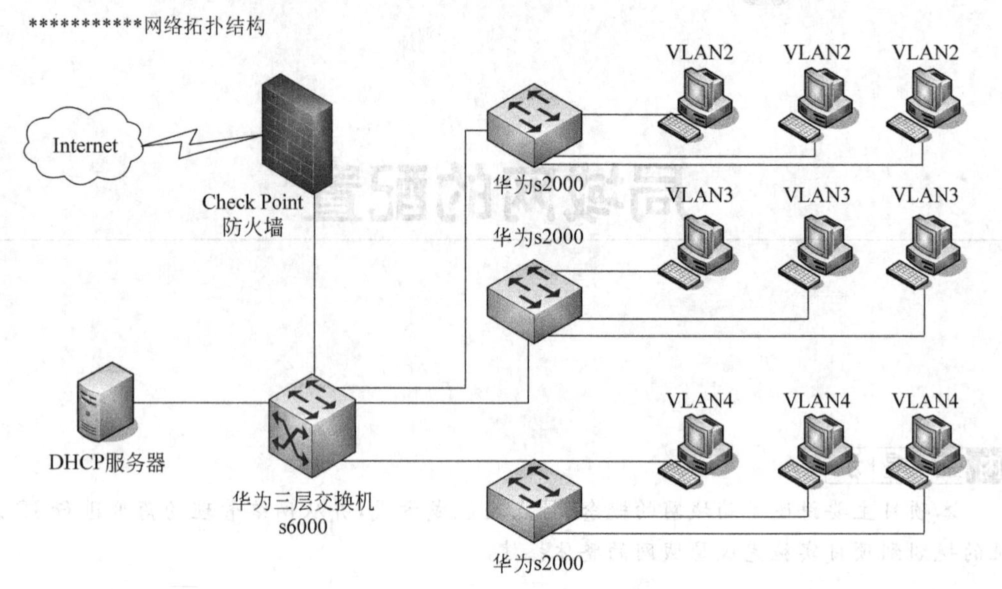

图7-1 局域网示例

目前常见的局域网类型包括以太网(Ethernet)、光纤分布式数据接口(FDDI)、异步传输模式(ATM)、令牌环网(Token Ring)、交换网 Switching 等,它们在拓扑结构、传输介质、传输速率、数据格式等方面都有许多不同应用,其中应用最广泛的当属以太网。其主要网络协议有 TCP/IP 协议、超文本传输协议(HTTP)、文件传输协议(FTP)和远程登录协议(Telnet)。

2. 局域网特点

由于局域网传输距离有限,网络覆盖范围小,因此具有以下主要特点。

(1) 地理分布范围较小,一般为数百米至数公里,可覆盖一幢大楼、一所校园或企业。

(2) 数据传输速率高,可交换各类数字和非数字信息。

(3) 传输质量好,误码率低。

(4) 数据通信处理一般由网卡完成。

(5) 协议简单,结构灵活,组网成本低,周期短,便于管理和扩充。

3. 局域网分类

对局域网进行分类经常采用以下方法,即按拓扑结构分类、按传输介质分类、按访问传输介质的方法分类和按网络操作系统分类。

1) 按拓扑结构分类

局域网常采用总线型、环型、星型和混合型拓扑结构,因此可以把局域网分为总线型局域网、环型局域网、星型局域网和混合型局域网等类型。这种分类方法反映的是网络采用的哪种拓扑结构,是最常用的分类方法。

2) 按传输介质分类

局域网上常用的传输介质有同轴电缆、双绞线、光缆等,因此可以把局域网分为同轴电缆局域网、双绞线局域网和光纤局域网。若采用无线电波、微波,则可以称为无线局域网。

"一句话要点"

随着现代技术的发展,无线网络越来越普及和重要,已成为广泛的应用方式。

3) 按访问传输介质的方法分类

传输介质提供了两台或多台计算机互联并进行信息传输的通道。在局域网上,经常是在一条传输介质上连有多台计算机,如总线型和环型局域网,大家共享使用一条传输介质,而一条传输介质在某一时间内只能被一台计算机所使用,这就需要有一个共同遵守的方法或原则控制、协调各计算机对传输介质的同时访问,这种方法就是协议或称为介质访问控制方法。目前,在局域网中常用的传输介质访问方法有以太(Ethernet)、令牌(Token Ring)、异步传输模式(ATM)方法等。因此,可以把局域网分为以太网(Ethernet)、令牌网(Token Ring)、ATM 网等。

4) 按网络操作系统分类

局域网的工作是在局域网操作系统控制之下进行的。正如微机上的 DOS、UNIX、Windows、OS/2 等不同操作系统一样,局域网上也有多种网络操作系统。网络操作系统决定网络的功能、服务性能等,因此可以把局域网按其所使用的网络操作系统进行分类,如 Novell 公司的 Netware 网、Microsoft 公司的 Windows NT 网、IBM 公司的 LAN Manager 网、BANYAN 公司的 Vines 网等。

5) 其他分类方法

按数据的传输速度分类,可分为 10Mb/s 局域网、100Mb/s 局域网等,按信息的交换方式分类,可分为交换式局域网、共享式局域网等。

4. 局域网参考模型

20 世纪 80 年代初期,美国电气和电子工程师学会 IEEE 802 委员会结合局域网自身的特点,参考 OSI/RM,提出局域网的参考模型(LAN/RM),制定了局域网体系结构。IEEE 802 标准诞生于 1980 年 2 月,故称为 802 标准。

由于计算机网络的体系结构和国际标准化组织(ISO)提出的开放的系统互联参考模型(OSI)已得到广泛认同,并提供了一个便于理解、易于开发和加强标准化的统一的计算机网络体系结构,因此局域网参考模型参考了 OSI 参考模型。根据局域网的特征,局域网的体系结构一般仅包含 OSI 参考模型的最低两层,即物理层和数据链路层,如图 7-2 所示。

1) 物理层

物理层的主要作用是处理机械、电气、功能和规程等方面的特性,确保在通信信道上二进制位信号的正确传输。其主要功能包括信号的编码与解码、同步前导码的生成与去除、二进制位信号的发送与接收、错误校验(CRC 校验),并提供建立、维护和断开物理连

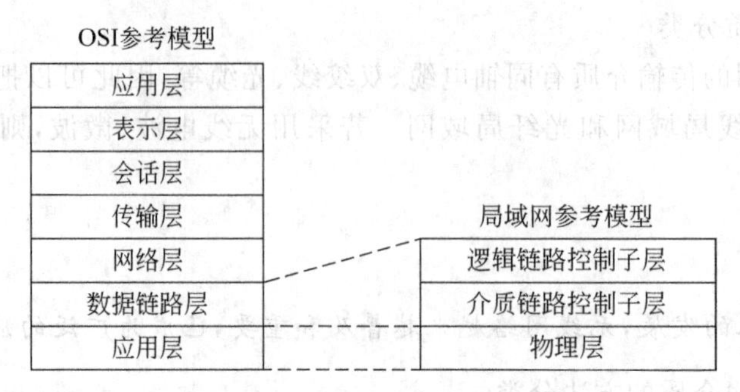

图 7-2 局域网参考模型

接的物理设施等功能。

2) 数据链路层

在 ISO/OSI 参考模型中，数据链路层的功能简单，它只负责把数据从一个结点可靠地传输到相邻的结点。在局域网中，多个站点共享传输介质，在结点间传输数据之前必须首先解决由哪个设备使用传输介质，因此数据链路层要有介质访问控制功能。由于介质的多样性，所以必须提供多种介质访问控制方法。

为此 IEEE 802 标准把数据链路层划分为两个子层，即逻辑链路控制(Logical Link Control，LLC)子层和介质链路控制(Media Access Control，MAC)子层。LLC 子层负责向网际层提供服务，它提供的主要功能是寻址、差错控制和流量控制等；MAC 子层的主要功能是控制对传输介质的访问，不同类型的 LAN 需要采用不同的控制法，并且在发送数据时负责把数据组装成带有地址和差错校验段的帧，在接收数据时负责把帧拆封，执行地址识别和差错校验。

尽管将局域网的数据链路层分成 LLC 和 MAC 两个子层，但这两个子层都要参与数据的封装和拆封过程，而不是只由其中某一个子层完成数据链路层帧的封装及拆封。在发送方，网络层下来的数据分组首先要加上 DSAP(Destination Service Access Point)和 SSAP(Source Service Access Point)等控制信息在 LLC 子层被封装成 LLC 帧，然后由 LLC 子层将其交给 MAC 子层，加上 MAC 子层相关的控制信息后被封装成 MAC 帧，最后由 MAC 子层交局域网的物理层完成物理传输；在接收方，则首先将物理的原始比特流还原成 MAC 帧，在 MAC 子层完成帧检测和拆封后变成 LLC 帧交给 LLC 子层，LLC 子层完成相应的帧检验和拆封工作，将其还原成网络层的分组上交给网络层。

802.11 是 IEEE 最初制定的一个无线局域网标准，主要用于解决办公室局域网和校园网中用户与用户终端的无线接入，业务主要限于数据存取，速率最高只能达到 2Mb/s。目前，3COM 等公司都有基于该标准的无线网卡。由于 802.11 在速率和传输距离上都不能满足人们的需要，因此，IEEE 小组又相继推出了 802.11b 和 802.11a 两个新标准。三者之间技术上的主要差别在于 MAC 子层和物理层。

5. 以太网组网所需的设备

组建不同类型的以太局域网需要不同的部件和设备，如组建 1000Base-SX/LX 千兆位以太网就需要带有光纤口的 10/100/1000M 交换机/集线器、以太网卡(光纤口)、传输介质(光纤(单模或多模))等。而组建10Base-T、100Base-T及1000Base-T的以太局域网就需要带有RJ-45口的10/100/1000M交换机/集线器、带有RJ-45口的10/100/1000M以太网卡、传输介质(双绞线(超5类及以上))等。在这里介绍组建基于双绞线的以太局域网所需的设备。

1) 10/100集线器

集线器处于星型物理拓扑结构的中心,组建的是共享式以太网。现在市场上已经基本见不到集线器。

2) 10/100/1000M交换机

交换机和集线器的外形类型、组网方法基本一样,但功能不同,它工作在OSI参考模型的第二层(数据链路层),组建的是交换式以太网。

3) 10/100/1000M以太网卡

网络接口卡简称网卡,是构成网络的基本部件。计算机通过网卡与局域网中的通信介质相连,从而达到将计算机接入网络的目的。网卡的工作方式有两种,即半双工和全双工。

按照传输速率,以太网卡提供了10Mb/s、100Mb/s、1000Mb/s和10Gb/s等多种速率。数据传输速率是网卡的一个重要指标。

按照总线类型分类,网卡可分为ISA总线网卡、EISA总线网卡、PCI总线网卡及其他总线网卡等。目前PCI网卡最常用。PCI总线网卡常用的为32位的,其带宽从10Mb/s到1000Mb/s都有。

按照所支持的传输介质不同,网卡可分为双绞线网卡、粗缆网卡、细缆网卡、光纤网卡和无线网卡。连接双绞线的网卡带有RJ45接口,连接粗缆的网卡带有AUI接口,连接细缆的网卡带有BNC接口,连接光纤的网卡则带有光纤接口。当然有些网卡同时带有多种接口,如同时具备RJ45口和光纤接口。

"一句话要点"

目前,市场上还有带USB接口的网卡,这种网卡可以用于具备USB接口的各类计算机网络。

【网络规划】

网络地址规划

名称	IP地址	子网掩码
PC	192.168. 1.1～192.168.1.10	255.255.255.0/24

【试验拓扑】

试验拓扑如图7-3所示。

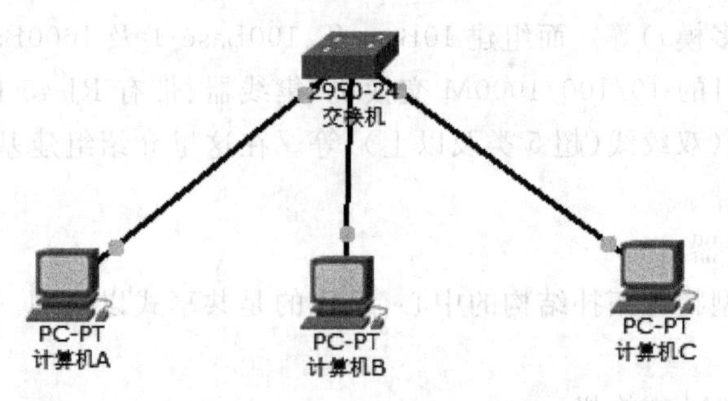

图 7-3 局域网拓扑结构

【试验步骤】

1. 添加设备

打开 Cisco Packet Tracer 软件，选择"交换机"中的 2950-24 交换机，如图 7-4 所示，可以用鼠标拖动的方法将设备添加进入工作区域，也可以单击设备，然后再次单击工作区域，将设备添加进去，然后再添加 3 台计算机，代表局域网中的 10 台计算机。

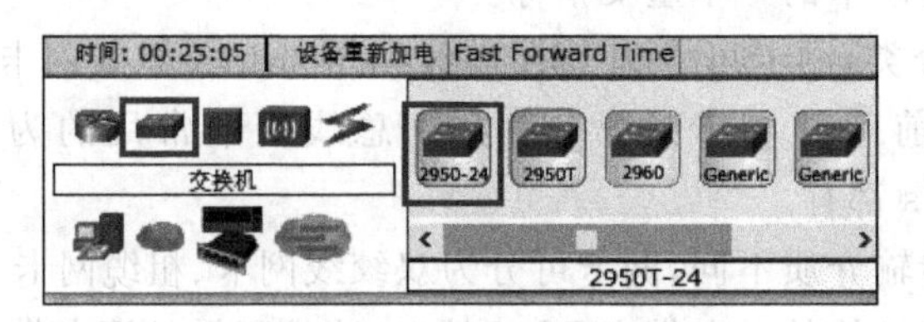

图 7-4 终端设备

2. 设备命名

添加完成设备后，软件会自动命名，为更加方便试验，可以将设备重新命名，单击设备下方的名称，可自由更改，将交换机改为"交换机"，各计算机命名为"计算机 A""计算机 B""计算机 C"，如图 7-5 所示。

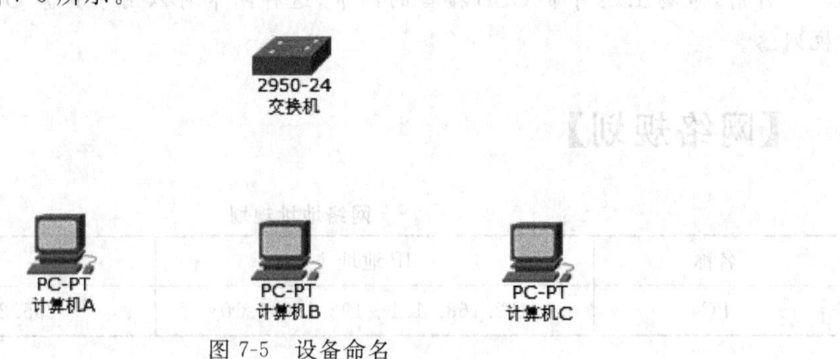

图 7-5 设备命名

3. 连接设备

使用双绞线(网线)将计算机和交换机连接，单击工具栏中的线缆工具，然后选择直通线。

然后单击“计算机”，出现两个选择，如图 6-6 所示，单击 FastEthernet0，即网卡的接口，连接至交换机的 FastEthernet 端口，如图 7-6 所示。

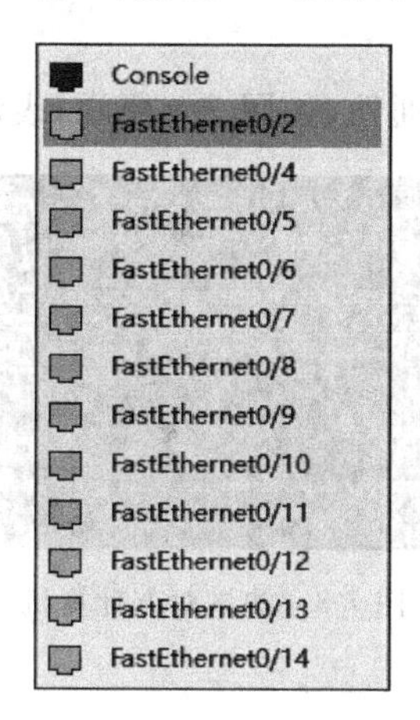

图 7-6　交换机端口

“一句话要点”

因交换机和计算机属于不同设备，因此使用直通线。

4. 计算机配置

分别设置 3 台计算机的 IP 地址及子网掩码。单击“计算机 A”，单击“桌面”→“IP 配置”下的“手动设置”单选按钮，输入 IP 地址和子网掩码，如图 7-7 所示(具体设置方法见项目六：双机间的传输配置)。

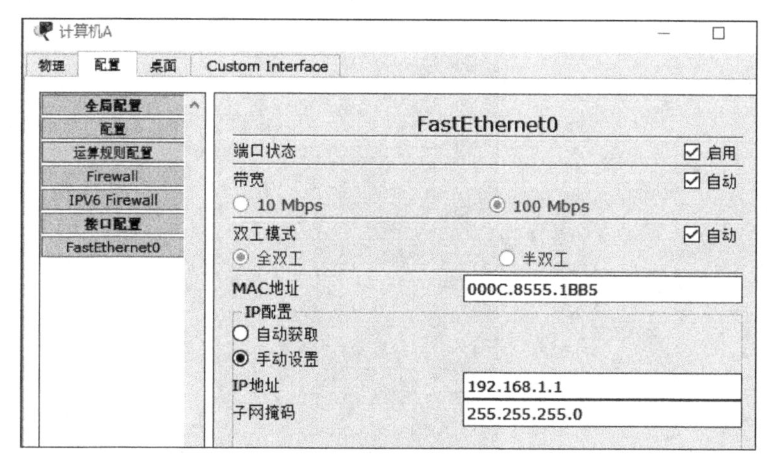

图 7-7　IP 地址配置

5. 保存文件

将配置好的拓扑保存，与大多数软件操作一致，可以单击“保存”按钮或者“另存为”按钮，生成后缀为.pkt 的文件。

【验证方法】

从 3 台计算机中分别测试连通性，如图 7-8 所示，表示成功。

```
PC>ping 192.168.1.2

Pinging 192.168.1.2 with 32 bytes of data:

Reply from 192.168.1.2: bytes=32 time=4ms TTL=128
Reply from 192.168.1.2: bytes=32 time=0ms TTL=128
Reply from 192.168.1.2: bytes=32 time=0ms TTL=128
Reply from 192.168.1.2: bytes=32 time=0ms TTL=128

Ping statistics for 192.168.1.2:
    Packets: Sent = 4, Received = 4, Lost = 0 (0% loss),
Approximate round trip times in milli-seconds:
    Minimum = 0ms, Maximum = 4ms, Average = 1ms
```

图 7-8　测试对方计算机

【思考与练习】

1. 交换机的主要功能是什么？
2. 交换机参数中 10/100Mb/s 的含义是什么？
3. 交换机的传输模式有哪些？

交换机的级联

内容提示

本项目主要讲述了交换机的级联、堆叠方式。

学习目标

1. 了解交换机的工作形式。
2. 理解交换机端口。
3. 领悟交换机在网络中的作用。

技能要求

1. 依据环境购置合适数量和类型的交换机。
2. 针对局域网环境能够对软、硬件进行管理和维护。

【情景导入】

某企业招聘30名员工。该企业组建一个局域网,发现原有的一个24口交换机的端口都使用了,如何简单、经济地解决此问题?

【解决方案】

使用交换机级联技术扩展交换机端口。

【技术原理】

随着计算机数量的增加、网络规模的扩大,在越来越多的局域网环境中,交换机取代了集线器,多台交换机互联取代了单台交换机。

在多台交换机的局域网环境中,交换机的级联、堆叠和集群是3种重要的技术。级联技术可以实现多台交换机之间的互联;堆叠技术可以将多台交换机组成一个单元,从而提高更大的端口密度和更高的性能;集群技术可以将相互连接的多台交换机作为一个逻辑设备进行管理,从而大大降低了网络管理成本,简化管理操作。

级联可以定义为两台或两台以上的交换机通过一定的方式相互连接,根据需要,多台交换机可以以多种方式进行级联。在较大的局域网如园区网(校园网)中,多台交换机按照性能和用途一般形成总线型、树型或星型的级联结构。

城域网是交换机级联的极好例子,目前各地电信部门已经建成了许多市地级的宽带IP城域网。这些宽带城域网自上而下一般分为3个层次,即核心层、汇聚层、接入层。核心层一般采用千兆以太网技术,汇聚层采用1000M/100M以太网技术,接入层采用100M/10M以太网技术,正所谓“千兆到大楼,百兆到楼层,十兆到桌面”。

这种结构的宽带城域网实际上就是由各层次的许多台交换机级联而成的。核心交换机(或路由器)下连若干台汇聚交换机,汇聚交换机下联若干台小区中心交换机,小区中心交换机下连若干台楼宇交换机,楼宇交换机下连若干台楼层(或单元)交换机(或集线器)。

交换机之间一般是通过普通用户端口进行级联,有些交换机则提供了专门的级联端口(Uplink Port)。这两种端口的区别仅在于普通端口符合MDIX标准,而级联端口(或称上行口)符合MDI标准。由此导致两种方式下接线形式不同:当两台交换机都通过普通端口级联时,端口间电缆采用交叉电缆(Crossover Cable);当且仅当其中一台通过级联端口时,采用直通电缆(Straight Through Cable)。

为了方便进行级联,某些交换机上提供一个两用端口,可以通过开关或管理软件将其设置为MDI或MDIX方式。更进一步,某些交换机上全部或部分端口具有MDI/MDIX自校准功能,可以自动区分网线类型,进行级联时更加方便。

用交换机进行级联时要注意以下几个问题。原则上任何厂家、任何型号的以太网交换机均可相互进行级联,但也不排除一些特殊情况下两台交换机无法进行级联。交换机间级联的层数是有一定限度的。成功实现级联的最根本原则,就是任意两结点之间的距离不能超过媒体段的最大跨度。多台交换机级联时,应保证它们都支持生成树(Spanning-Tree)协议,既要防止网内出现环路,又要允许冗余链路存在。

进行级联时,应该尽力保证交换机间中继链路具有足够的带宽,为此可采用全双工技术和链路汇聚技术。交换机端口采用全双工技术后,不但相应端口的吞吐量加倍,而且交换机间中继距离大大增加,使得异地分布、距离较远的多台交换机级联成为可能。链路汇聚也叫端口汇聚、端口捆绑、链路扩容组合,由IEEE 802.3ad标准定义。即两台设备之间通过两个以上的同种类型的端口并行连接,同时传输数据,以便提供更高的带宽、更好的冗余度以及实现负载均衡。链路汇聚技术不但可以提供交换机间的高速连接,还可以为交换机和服务器之间的连接提供高速通道。

【注意】

并非所有类型的交换机都支持这两种技术。

【网络规划】

网络地址规划

名称	IP 地址	子网掩码
局域网	192.168.1.1～192.168.1.30	255.255.255.0/24

【试验拓扑】

此项目拓扑结构如图 8-1 所示。

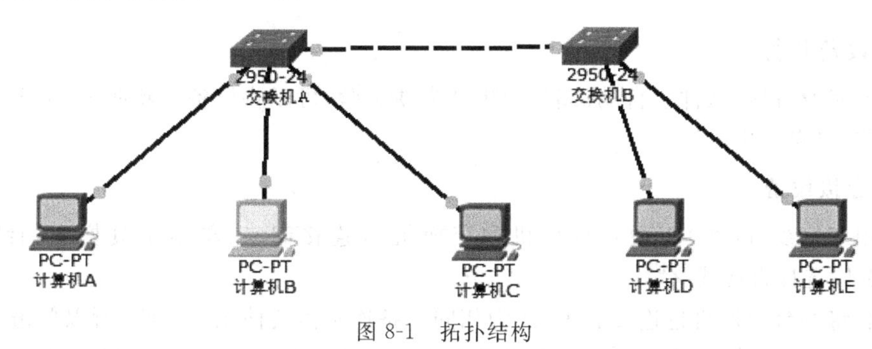

图 8-1 拓扑结构

【试验步骤】

1. 打开文件

打开项目七中保存的 pkt 文件。单击交换机，进入物理设备视图界面，单击“放大”按钮，如图 8-2 所示，可以看到现有交换机端口共有 24 个，而此项目中公司员工有 30 名，也就是说，需要配置 30 台台式计算机，那么至少需要两台交换机才满足需求。

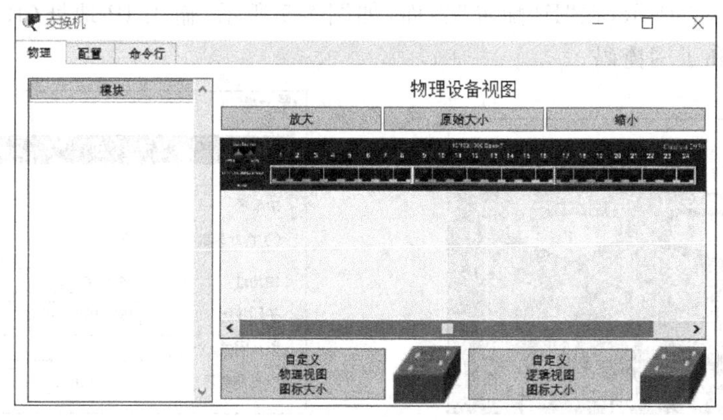

图 8-2 物理设备视图

2. 添加新设备

添加一台交换机和两台计算机并分别命名，如图 8-3 所示。

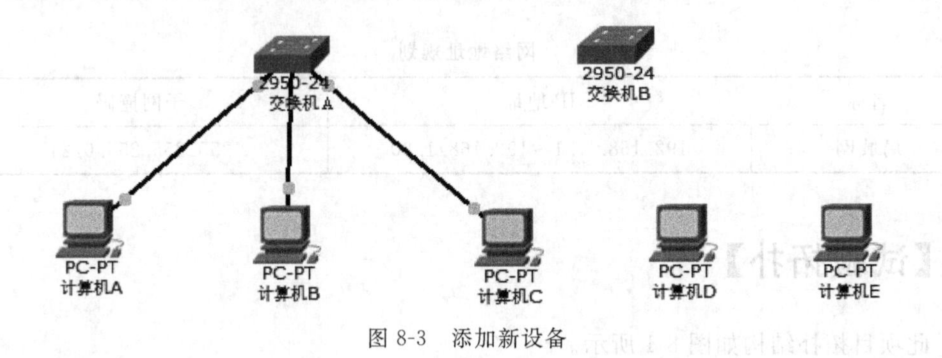

图 8-3 添加新设备

3. 设备命名

添加完设备后，软件会自动命名，为更加方便试验，可以将设备重新命名，单击设备下方的名称，可自由更改。

4. 连接设备

使用双绞线(网线)将两台计算机和交换机 B 连接起来，单击工具栏中的线缆工具，然后选择直通线。

然后将两台交换机也连接起来，因为相同设备连接需要使用交叉线，所以单击工具栏中的线缆工具，然后选择，在级联交换机的时候，为方便排查，一般使用后面的端口，如第 1 台交换机的 23 端口连接第 2 台交换机的 24 端口，第 2 台的 23 端口连接第 3 台的 24 端口。

"一句话要点"

在布线工程的时候，布线越有规律排查越容易。

5. 计算机配置

分别设置两台计算机的 IP 地址及子网掩码。单击计算机 D、E，单击"桌面"→"IP 地址配置"，如图 8-4 所示，在"IP 配置"界面，如图 8-5 所示，输入 IP 地址(192.168.1.4 和 192.168.1.5)和子网掩码。

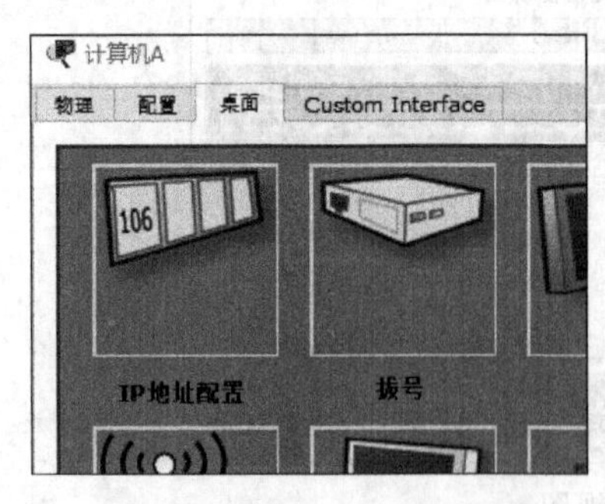

图 8-4 IP 配置

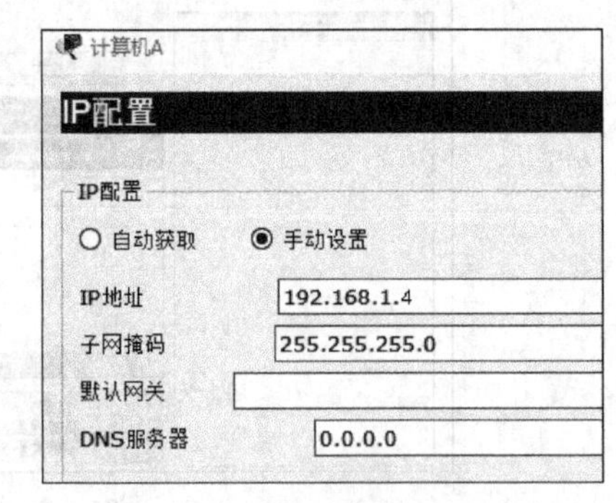

图 8-5 IP 地址和子网掩码

在配置 IP 地址的时候，如果配置重复则不能配置成功，显示错误提示“该 IP 地址已存在于网络”，如图 8-6 所示。

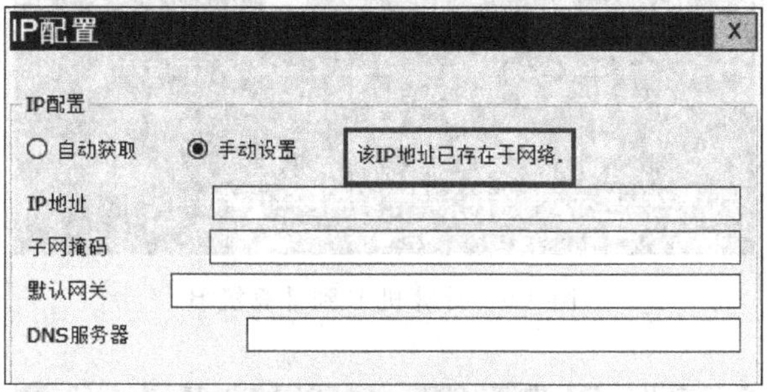

IP配置　X

IP配置

○ 自动获取　◉ 手动设置　该IP地址已存在于网络.

IP地址

子网掩码

默认网关

DNS服务器

图 8-6　重复 IP 地址错误提示

【验证方法】

从两台交换机分别连接的计算机进行连通性测试。

从“计算机 A”分别 ping 的“计算机 D”和“计算机 E”，如图 8-7 和图 8-8 所示，表示计算机间能够正常通行，连接成功。

```
PC>ping 192.168.1.4

Pinging 192.168.1.4 with 32 bytes of data:

Reply from 192.168.1.4: bytes=32 time=2ms TTL=128
Reply from 192.168.1.4: bytes=32 time=0ms TTL=128
Reply from 192.168.1.4: bytes=32 time=0ms TTL=128
Reply from 192.168.1.4: bytes=32 time=1ms TTL=128

Ping statistics for 192.168.1.4:
    Packets: Sent = 4, Received = 4, Lost = 0 (0% loss),
Approximate round trip times in milli-seconds:
    Minimum = 0ms, Maximum = 2ms, Average = 0ms
```

图 8-7　计算机 A 到计算机 D

```
PC>ping 192.168.1.5

Pinging 192.168.1.5 with 32 bytes of data:

Reply from 192.168.1.5: bytes=32 time=0ms TTL=128
Reply from 192.168.1.5: bytes=32 time=2ms TTL=128
Reply from 192.168.1.5: bytes=32 time=1ms TTL=128
Reply from 192.168.1.5: bytes=32 time=0ms TTL=128

Ping statistics for 192.168.1.5:
    Packets: Sent = 4, Received = 4, Lost = 0 (0% loss),
Approximate round trip times in milli-seconds:
    Minimum = 0ms, Maximum = 2ms, Average = 0ms
```

图 8-8　计算机 A 到计算机 E

从“计算机 E”分别 ping 的“计算机 B”和“计算机 C”。如图 8-9 和图 8-10 所示，表示计算机间能够正常通行，连接成功。

```
PC>PING 192.168.1.2

Pinging 192.168.1.2 with 32 bytes of data:

Reply from 192.168.1.2: bytes=32 time=0ms TTL=128
Reply from 192.168.1.2: bytes=32 time=3ms TTL=128
Reply from 192.168.1.2: bytes=32 time=0ms TTL=128
Reply from 192.168.1.2: bytes=32 time=0ms TTL=128

Ping statistics for 192.168.1.2:
    Packets: Sent = 4, Received = 4, Lost = 0 (0% loss),
Approximate round trip times in milli-seconds:
    Minimum = 0ms, Maximum = 3ms, Average = 0ms
```

图 8-9　计算机 E 到计算机 B

```
PC>PING 192.168.1.3

Pinging 192.168.1.3 with 32 bytes of data:

Reply from 192.168.1.3: bytes=32 time=1ms TTL=128
Reply from 192.168.1.3: bytes=32 time=7ms TTL=128
Reply from 192.168.1.3: bytes=32 time=0ms TTL=128
Reply from 192.168.1.3: bytes=32 time=0ms TTL=128

Ping statistics for 192.168.1.3:
    Packets: Sent = 4, Received = 4, Lost = 0 (0% loss),
Approximate round trip times in milli-seconds:
    Minimum = 0ms, Maximum = 7ms, Average = 2ms
```

图 8-10　计算机 E 到计算机 C

【思考与练习】

1. 选择题

(1) 以太网是(　　)标准的具体实现。

A. 802.3　　B. 802.4　　C. 802.5　　D. 802.z

(2) 在以太网中,(　　)可以将网络分成多个冲突域,但不能将网络分成多个广播域。

A. 中继器　　B. 二层交换机　　C. 路由器　　D. 集线器

(3) (　　)设备可以看作一种多端口的网桥设备。

A. 中继器　　B. 交换机　　C. 路由器　　D. 集线器

(4) 交换机(　　)知道将帧转发到哪个端口。

A. 用 MAC 地址表　B. 用 ARP 地址表　C. 读取源 ARP 地址

(5) 在以太网中,是根据(　　)地址区分不同的设备的。

A. IP 地址　　B. IPX 地址　　C. LLC 地址　　D. MAC 地址

(6) 以下关于以太网交换机的说法,正确的是(　　)。

A. 使用以太网交换机可以隔离冲突域

B. 以太网交换机是一种工作在网络层的设备

C. 以太网交换机可以隔离广播域

2. 简答题

(1) 交换机参数中 10/100Mb/s 的含义是什么?

(2) 在学校计算机房中,有 40 台计算机,不考虑上网,只需要所有计算机互联互通,请问至少需要多少台 24 个端口的交换机?

(3) 如果有 4 台 24 口交换机,在局域网环境中最多能够连通多少台计算机?

3. 综合训练题

一个网吧中原有 200 台计算机组成一个局域网,48 口交换机有 4 台,24 口交换机有 1 台,地址规划为 192.168.1.0,子网掩码为 255.255.255.0,因生意较好,老板要求增加计算机数量,问:

(1) 在现有环境下交换机还剩余多少端口?

(2) 如需增加 50 台计算机,需增加多少台交换机?

(3) 如需增加 100 台计算机,IP 地址如何规划?

项目九

两个局域网的连接

内容提示

本项目主要讲述了局域网之间如何使用设备连接，以及互联设备路由器的概念和工作原理。

学习目标

1. 了解局域网的连接。
2. 理解路由器的工作原理。
3. 领悟广域网的组成和结构。

技能要求

1. 熟悉网关的配置及作用。
2. 熟悉路由器端口概念及配置方法。

【情景导入】

某企业成立 1 年，现业务扩展，分为两个部门，一个部门为开发部，30 人；一个部门为市场部，10 人。现在要建立两个局域网，且它们能互相访问。

【解决方案】

两个局域网的连接意味着两个不同网段的局域网能够相互通信，不同网段 IP 地址的互相连接需要路由交换，那么在项目八的基础上需要添加路由器这个新设备，并进行相关设置，以满足上述要求。

【技术原理】

1. 网关的概念

众所周知，从一个房间走到另一个房间，必然要经过一扇门。同样，从一个网络向另一个网络发送信息，也必须经过一道“关口”，这道关口就是网关。顾名思义，网关(Gateway)就是一个网络连接到另一个网络的“关口”，也就是网络关卡。

网关又称网间连接器、协议转换器。默认网关在网络层上以实现网络互联，是最复杂的网络互联设备，仅用于两个高层协议不同的网络互联。网关的结构也和路由器类似，不同的是互联层。网关既可以用于广域网互联，也可以用于局域网互联。

“一句话要点”

由于历史的原因，许多有关 TCP/IP 的文献曾经把网络层使用的路由器称为网关，在今天很多局域网采用都是路由来接入网络，因此通常指的网关就是路由器的 IP。

2. 网关的工作原理

网关实质上是一个网络通向其他网络的 IP 地址，如网络 A 和网络 B，网络 A 的 IP 地址范围为 192.168.1.1～192.168.1.254，子网掩码为 255.255.255.0；网络 B 的 IP 地址范围为 192.168.2.1～192.168.2.254，子网掩码为 255.255.255.0。在没有路由器的情况下，两个网络之间是不能进行 TCP/IP 通信的，即使是两个网络连接在同一台交换机(或集线器)上，TCP/IP 协议也会根据子网掩码(255.255.255.0)判定两个网络中的主机处在不同的网络里。而要实现这两个网络之间的通信，则必须通过网关。

如果网络 A 中的主机发现数据包的目的主机不在本地网络中，就把数据包转发给它自己的网关，再由自己的网关转发给网络 B 的网关，网络 B 的网关再转发给网络 B 的某个主机。

所以说，只有设置好网关的 IP 地址，TCP/IP 协议才能实现不同网络之间的相互通信。那么这个 IP 地址是哪台机器的 IP 地址呢？网关的 IP 地址是具有路由功能设备的 IP 地址，具有路由功能的设备有路由器、启用了路由协议的服务器(实质上相当于一台路由器)、代理服务器(也相当于一台路由器)。

3. 路由器概念

路由器(Router)是连接因特网中各局域网、广域网的设备，它会根据信道的情况自动选择和设定路由，以最佳路径按前后顺序发送信号。路由器是互联网络的枢纽。

路由器和交换机之间的主要区别就是交换机发生在 OSI 参考模型第二层(数据链路层)，而路由器发生在第三层，即网络层。这一区别决定了路由器和交换机在移动信息的过程中需使用不同的控制信息，所以说两者实现各自功能的方式是不同的。

路由器又称网关设备，是用于连接多个逻辑上分开的网络，逻辑网络是代表一个单独的网络或者一个子网。当数据从一个子网传输到另一个子网时，可通过路由器的路由功能来完成。因此，路由器具有判断网络地址和选择 IP 路径的功能，它能在多网络互联环境中建立灵活的连接，可用完全不同的数据分组和介质访问方法连接各种子网，路由器只接受源站或其他路由器的信息，属网络层的一种互联设备。

4. 路由器的启动过程

路由器里也有软件在运行，典型的如 H3C 公司的 Comware 和 Cisco 公司的 IOS，可以等同地认为它就是路由器的操作系统，像 PC 上使用的 Windows 系统一样。路由器的操作系统完成路由表的生成和维护。

同样地，作为路由器来讲，也有一个类似于 PC 系统中 BIOS 一样作用的部分，叫作 MiniIOS。MiniIOS 可以使在路由器的 Flash 中不存在 IOS 时，先引导起来，进入恢复模式，使用 TFTP 或 X-MODEM 等方式给 Flash 中导入 IOS 文件。所以，路由器的启动过程如图 9-1 所示。

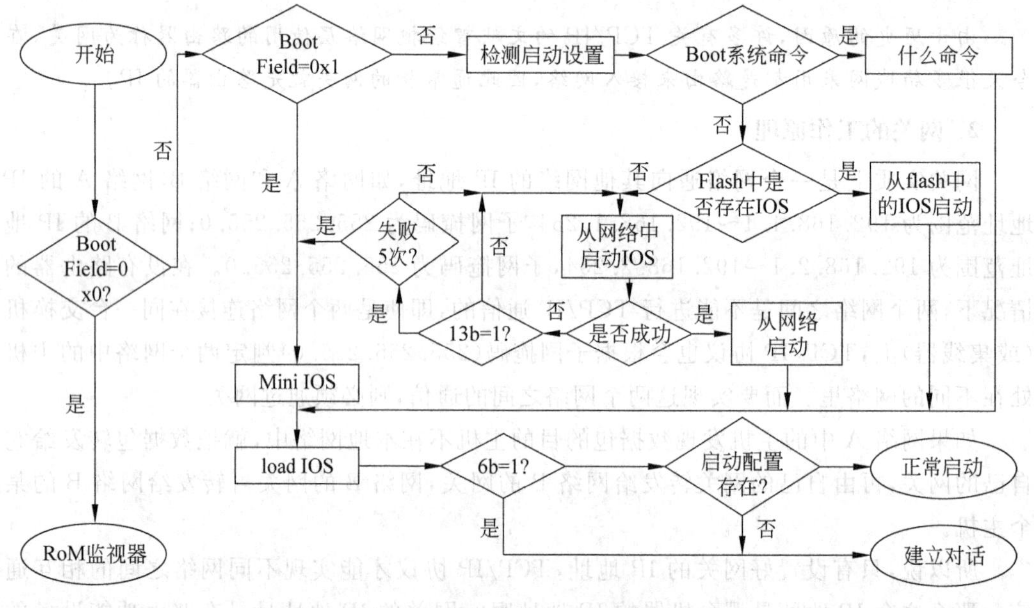

图 9-1　路由器启动过程示意图

(1) 路由器在加电后首先会进行 POST(Power On Self Test，上电自检)，对硬件进行检测。

(2) POST 完成后，首先读取 ROM 里的 BootStrap 程序进行初步引导。

(3) 初步引导完成后，尝试定位并读取完整的 IOS 镜像文件。在这里，路由器将首先在 Flash 中查找 IOS 文件，如果找到 IOS 文件，那么读取 IOS 文件，引导路由器。

(4) 如果在 Flash 中没有找到 IOS 文件，那么路由器将会进入 BOOT 模式，在 BOOT 模式下可以使用 TFTP 上的 IOS 文件。或者使用 TFTP/X-MODEM 来给路由器的 Flash 中传一个 IOS 文件(一般把这个过程叫作灌 IOS)。传输完毕后重新启动路由器，路由器就可以正常启动到 CLI 模式。

(5) 当路由器初始化完成 IOS 文件后，就会开始在 NVRAM 中查找 Startup-Config 文件，Startup-Config 叫作启动配置文件。该文件里保存了对路由器所做的所有的配置和修改。当路由器找到了这个文件后，路由器就会加载该文件里的所有配置，并且根据配置学习、生成、维护路由表，并将所有的配置加载到 RAM(路由器的内存)里后，进入用户模式，最终完成启动过程。

(6) 如果在 NVRAM 里没有 Startup-Config 文件，则路由器会进入询问配置模式，也就是俗称的问答配置模式，在该模式下所有关于路由器的配置都可以以问答的形式进行配置。不过一般情况下基本上是不用这样的模式的。一般都会进入 CLI(Comman Line Interface)模式后对路由器进行配置。

5. 工作原理示例

计算机 A(192.168.1.1)发往计算机 B(192.168.2.1)信息的过程，拓扑结构如图 9-2 所示。

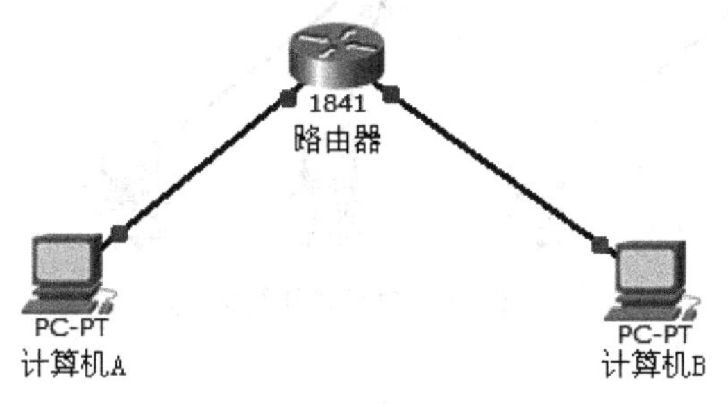

图 9-2　路由器拓扑结构

(1) 计算机 A 将计算机 B 的 IP 地址 192.168.2.1 连同数据信息以数据包的形式发送给路由器。

(2) 路由器收到计算机 A 的数据包后，先从包头中取出地址 192.168.2.1，并根据路径表计算发往计算机 B 的最佳路径。

(3) 路由器发现 192.168.2.1 就在该路由器所连接的网段上，于是将该数据包直接交给计算机 B。

(4) 计算机 B 收到计算机 A 的数据包，一次通信过程宣告结束。

【网络规划】

网络地址规划表

名称	IP 地址	子网掩码	网关	端口
开发部	192.168. 1.1～192.168.1.30	255.255.255.0	192.168.1.254	F0/0
市场部	192.168. 2.1～192.168.2.10	255.255.255.0	192.168.2.254	F0/1

在做地址规划的时候，应该把路由器的连接端口也写入，这样维护和修改的时候就会方便很多。

【试验步骤】

1. 添加设备、命名设备

打开 Cisco Packet Tracer 软件，选择“路由器”中的“1841”，如图 9-3 所示，数字越高则路由器功能越丰富。可以用鼠标拖动的方法将设备添加进入工作区域，也可以单击设备，然后再次单击工作区域，将设备添加进去。为方便维护，将计算机命名为自己的 IP 地址，分别为 192.168.2.1 和 192.168.2.2。

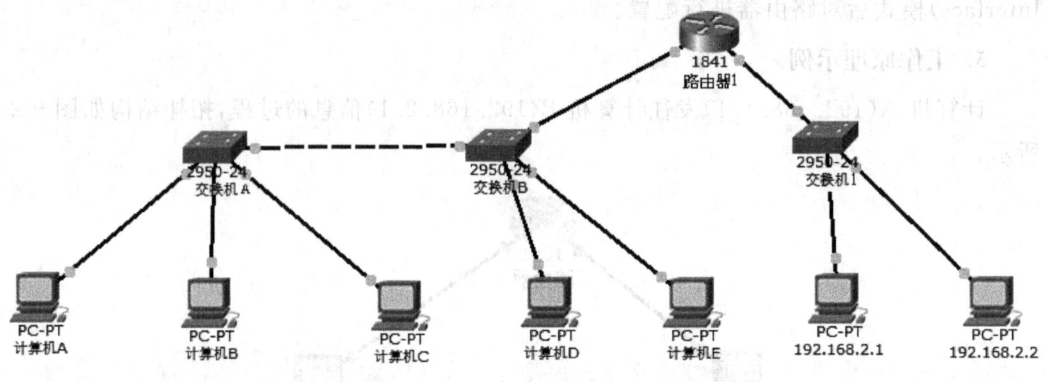

图 9-3　项目拓扑结构

2. 连接设备

需要使用双绞线(网线)将计算机、交换机和路由器连接起来。注意交叉线和直通线的区别，在连接路由器时，注意选择端口，如图 9-4 所示，并记入地址规划表中。

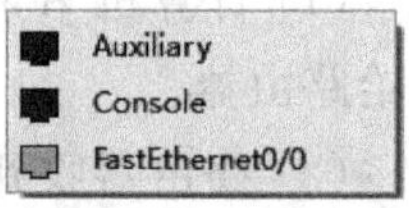

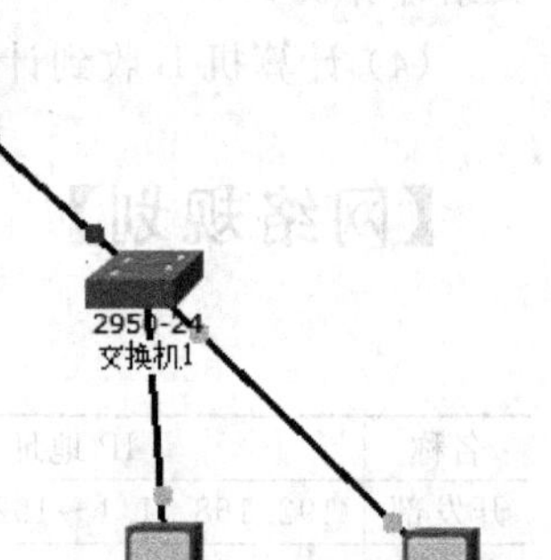

图 9-4　路由器端口

连接完成后，如图 9-5 所示，这里与路由器连接的线显示为红色，是因为还没有对路由器进行配置，两个网络不能互相连通，测试从计算机 A 到 192.168.2.1 的连通性，显示 request time out，如图 9-6 所示，表示不能通信。

图 9-5　路由器显示连接错误

```
PC>ping 192.168.2.1

Pinging 192.168.2.1 with 32 bytes of data:

Request timed out.
Request timed out.
Request timed out.
Request timed out.

Ping statistics for 192.168.2.1:
    Packets: Sent = 4, Received = 0, Lost = 4 (100% loss),
```

图 9-6　路由器端口

"一句话要点"

路由器需要配置后才能对 IP 地址进行路由交换，二层交换机不需要配置，通电即可工作。

3. 软件配置

环境中有两个网络，因此需要配置网关才能互相通信。

首先设置每一个计算机的网关。单击计算机 A，如图 9-7 所示，单击"桌面"→"IP 地址配置"，如图 9-8 所示，输入网关 192.168.1.254。

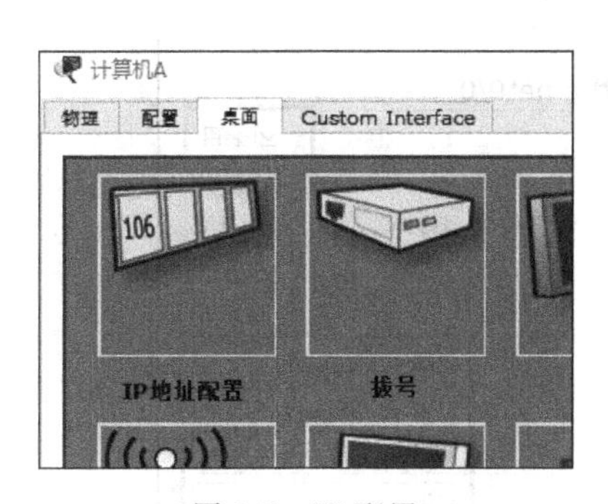

图 9-7　IP 配置

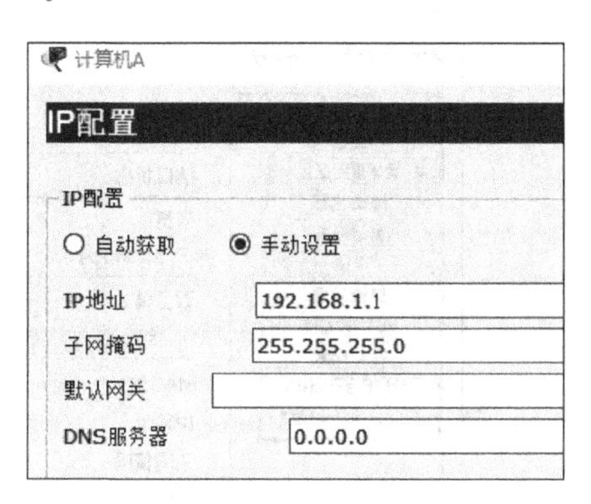

图 9-8　IP 配置网关

如果单击"配置"→FastEthernet0，出现如图 9-9 所示界面，只能在这里配置 IP 地址和子网掩码，而不能配置网关。

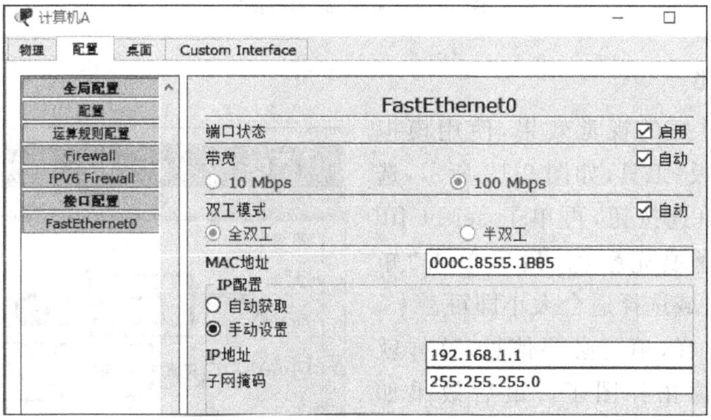

图 9-9　IP 地址配置

然后单击路由器，出现路由器配置界面，如图 9-10 所示，单击“配置”选项卡，选择 FastEthernet0/0 端口，选中“端口状态”的“启用”复选框，然后输入正确的 IP 地址和子网掩码，如图 9-11 所示，设置完成后关闭即可。

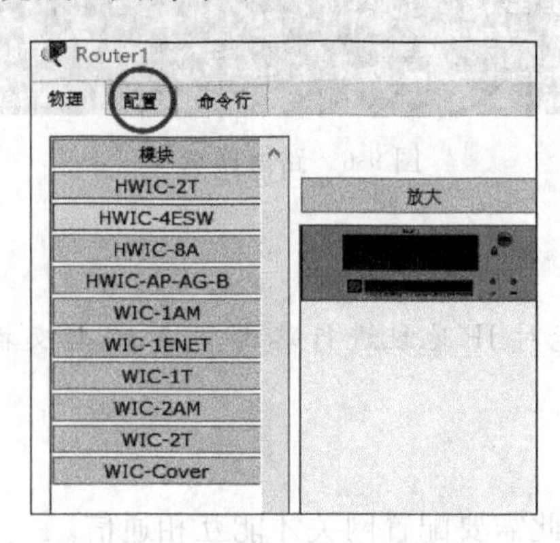

图 9-10　路由器配置界面

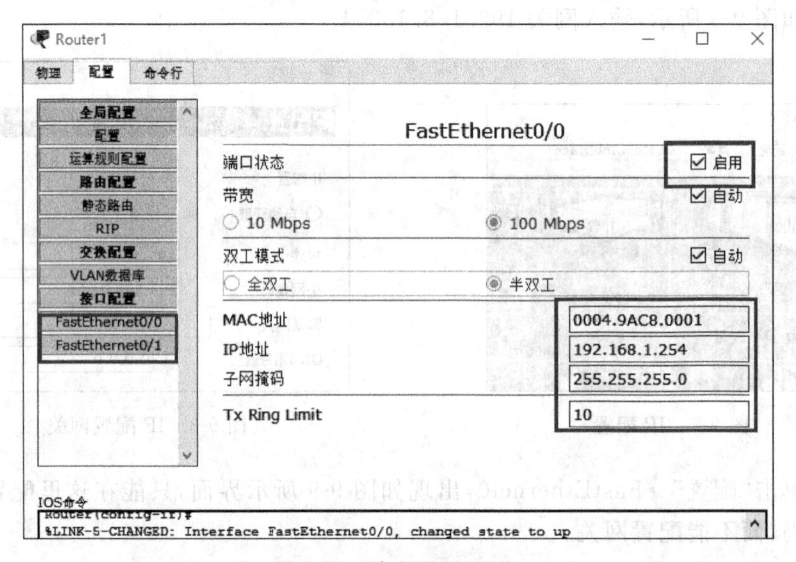

图 9-11　路由器 IP 地址

4. 界面美化

为了获得更好的视觉效果，使用模拟软件中的“调色板”工具，如图 9-12 所示，选中“填充颜色”单选按钮，再单击 select fill color 按钮，选择填充颜色，最后单击“矩形”，并在工作区域选择适合大小即可。

再次选择注释，填写必要信息，这样就能很方便地阅读拓扑图了。最后效果如图 9-13 所示。

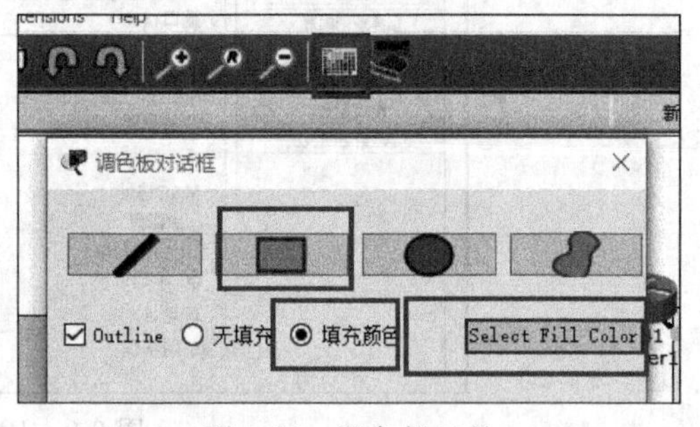

图 9-12　调色板工具

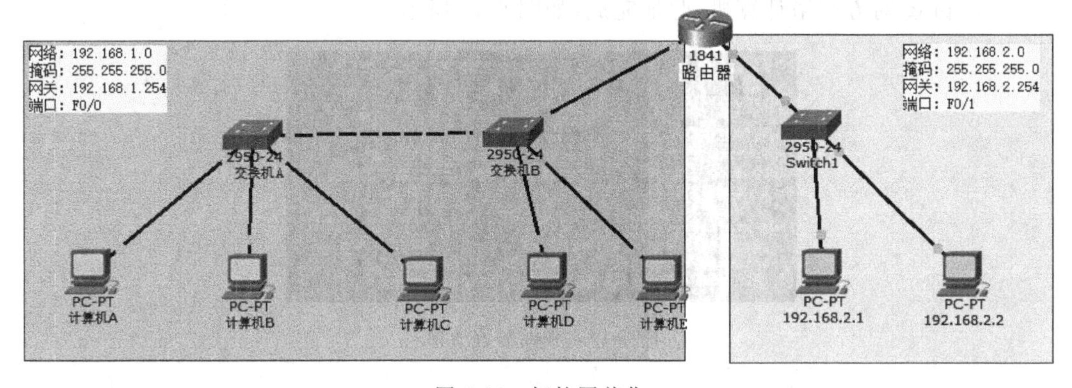

图 9-13　拓扑图美化

【验证方法】

使用 ping 工具验证两个网络能够互相通信。

(1) 进入计算机 A，首先 ping 自身，验证自己这台机器没有问题，如图 9-14 所示。

(2) ping 自己所在网络，ping 局域网中的其他机器，验证局域网没有问题，如图 9-15 所示。

```
PC>ping 192.168.1.1

Pinging 192.168.1.1 with 32 bytes of data:

Reply from 192.168.1.1: bytes=32 time=3ms TTL=128
Reply from 192.168.1.1: bytes=32 time=4ms TTL=128
Reply from 192.168.1.1: bytes=32 time=0ms TTL=128
Reply from 192.168.1.1: bytes=32 time=7ms TTL=128

Ping statistics for 192.168.1.1:
    Packets: Sent = 4, Received = 4, Lost = 0 (0% loss),
Approximate round trip times in milli-seconds:
    Minimum = 0ms, Maximum = 7ms, Average = 3ms
```

图 9-14　验证自身协议

```
PC>ping 192.168.1.4

Pinging 192.168.1.4 with 32 bytes of data:

Reply from 192.168.1.4: bytes=32 time=0ms TTL=128
Reply from 192.168.1.4: bytes=32 time=0ms TTL=128
Reply from 192.168.1.4: bytes=32 time=1ms TTL=128
Reply from 192.168.1.4: bytes=32 time=0ms TTL=128

Ping statistics for 192.168.1.4:
    Packets: Sent = 4, Received = 4, Lost = 0 (0% loss),
Approximate round trip times in milli-seconds:
    Minimum = 0ms, Maximum = 1ms, Average = 0ms
```

图 9-15　验证局域网通信

(3) ping 自己所在网关，验证路由器没有问题，如图 9-16 所示。

(4) ping 对方网络网关，验证对方网关没有问题，如图 9-17 所示。

```
PC>ping 192.168.1.254

Pinging 192.168.1.254 with 32 bytes of data:

Reply from 192.168.1.254: bytes=32 time=10ms TTL=255
Reply from 192.168.1.254: bytes=32 time=1ms TTL=255
Reply from 192.168.1.254: bytes=32 time=0ms TTL=255
Reply from 192.168.1.254: bytes=32 time=0ms TTL=255

Ping statistics for 192.168.1.254:
    Packets: Sent = 4, Received = 4, Lost = 0 (0% loss),
Approximate round trip times in milli-seconds:
    Minimum = 0ms, Maximum = 10ms, Average = 2ms
```

图 9-16　验证自身网关

```
PC>ping 192.168.2.254

Pinging 192.168.2.254 with 32 bytes of data:

Reply from 192.168.2.254: bytes=32 time=1ms TTL=255
Reply from 192.168.2.254: bytes=32 time=0ms TTL=255
Reply from 192.168.2.254: bytes=32 time=0ms TTL=255
Reply from 192.168.2.254: bytes=32 time=0ms TTL=255

Ping statistics for 192.168.2.254:
    Packets: Sent = 4, Received = 4, Lost = 0 (0% loss),
Approximate round trip times in milli-seconds:
    Minimum = 0ms, Maximum = 1ms, Average = 0ms
```

图 9-17　验证对方网关

（5）ping 对方网络计算机，验证完成，如图 9-18 所示。

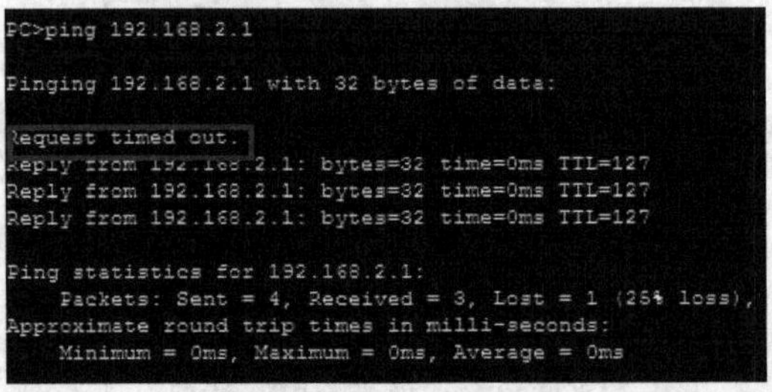

```
PC>ping 192.168.2.1

Pinging 192.168.2.1 with 32 bytes of data:

Request timed out.
Reply from 192.168.2.1: bytes=32 time=0ms TTL=127
Reply from 192.168.2.1: bytes=32 time=0ms TTL=127
Reply from 192.168.2.1: bytes=32 time=0ms TTL=127

Ping statistics for 192.168.2.1:
    Packets: Sent = 4, Received = 3, Lost = 1 (25% loss),
Approximate round trip times in milli-seconds:
    Minimum = 0ms, Maximum = 0ms, Average = 0ms
```

图 9-18　验证对方通信

【注意】　图 9-18 中有个信息包是 time out，说明网络中存在丢包情况。

【思考与练习】

1. 路由器的主要功能是什么？

2. 网关的含义是什么？

3. 使用 ping 命令验证不同局域网之间连通性的时候，常规流程应该如何（ping 命令的对象顺序）？

ping 命令对象：

（1）对方局域网的计算机 IP 地址。

（2）对方局域网的网关。

（3）本身 IP 地址。

（4）本局域网其他 IP 地址。

（5）本局域网的网关。

静态路由的设置

内容提示

本项目主要讲述了通过静态路由的设置使得多个路由器之间互联互通，及其静态路由的概念和配置方法。

学习目标

1. 理解静态路由的概念和作用。
2. 理解静态路由的工作原理。
3. 了解光纤的类型和作用。

技能要求

1. 熟悉路由器的配置模式。
2. 熟悉静态路由的配置方法。

【情景导入】

某企业成立3年，因业务扩展，建立分部，单独成立财务部，成为3个局域网。

【解决方案】

在前面添加的路由器为1841型，只有两个快速以太网口，增加一个路由器，并将原来的路由器更换为具有两个快速以太网口、两个光纤口的路由器。

两个路由器之间使用光纤连接。

通过对路由器配置静态路由，使得3个局域网能够互相通信。

【技术原理】

1. 光纤的概念

微细的光纤封装在塑料护套中，使得它能够弯曲而不致断裂。通常，光纤一端的发射装置使用发光二极管（Light Emitting Diode，LED）或一束激光将光脉冲传送至光纤，光纤的另一端的接收装置使用光敏元件检测脉冲。

在日常生活中，由于光在光导纤维的传导损耗比电在电线传导的损耗低得多，光纤被用作长距离的信息传递。

通常光纤与光缆两个名词会被混淆。多数光纤在使用前必须由几层保护结构包覆，包覆后的缆线即称为光缆。光纤外层的保护层和绝缘层可防止周围环境对光纤的伤害，如水、火、电击等。光缆分为缆皮、芳纶丝、缓冲层和光纤。光纤和同轴电缆相似，只是没有网状屏蔽层。中心是光传播的玻璃芯。

2. 光纤的种类

光纤的种类很多，根据用途不同，所需要的功能和性能也有所差异。但对于有线电视和通信用的光纤，其设计和制造的原则基本相同，如损耗小、有一定带宽且色散小、接线容易、易于系统化、可靠性高、制造比较简单及价廉等。

光纤的分类主要是从工作波长、折射率分布、传输模式、原材料和制造方法上加以归纳的，最主要的分类是按传输模式分类的，有单模光纤（含偏振保持光纤、非偏振保持光纤）和多模光纤两种。

单模光纤是指在工作波长中，只能传输一个传播模式的光纤，通常简称为单模光纤（Single Mode Fiber，SMF）。目前，在有线电视和光通信中，是应用最广泛的光纤。由于光纤的纤芯很细（约 10μm）且折射率呈阶跃状分布，当归一化频率 V 参数小于 2.4 时，理论上只能形成单模传输。

另外，SMF 没有多模色散，不仅传输频带较多模光纤更宽，再加上 SMF 的材料色散和结构色散的相加抵消，其合成特性恰好形成零色散的特性，使传输频带更加拓宽。SMF 中，因掺杂物不同和制造方式的差别而分为许多类型。凹陷形包层光纤（Depressed Clad Fiber）的包层形成两重结构，邻近纤芯的包层较外倒包层的折射率还低。

多模光纤（MUlti Mode Fiber，MMF）是指在给定的工作波长上，传输多个传播模式的光纤。纤芯直径为 50μm，由于传输模式可达几百个，与 SMF 相比，传输带宽主要受模式色散支配。在历史上曾用于有线电视和通信系统的短距离传输。自从出现 SMF 光纤后，似乎形成历史产品。但实际上，由于 MMF 比 SMF 的芯径大且与 LED 等光源结合容易，在众多 LAN 中更有优势。所以，在短距离通信领域中 MMF 又重新受到重视。

MMF 按折射率分布进行分类时，有渐变（GI）型和阶跃（SI）型两种。GI 型的折射率以纤芯中心为最高，沿向包层徐徐降低。由于 SI 型光波在光纤中的反射前进过程中，产生各个光路径的时差，致使射出光波失真，色激较大。其结果是传输带宽变窄。目前 SI 型 MMF 应用较少。

"一句话要点"

单模光纤收发器传输距离为 20～120km，多模光纤收发器传输距离为 2～5km。

3. 静态路由的概念

静态路由是指由用户或网络管理员手工配置的路由信息。当网络的拓扑结构或链路的状态发生变化时，网络管理员需要手工去修改路由表中相关的静态路由信息。静态路由信息在默认情况下是私有的，不会传递给其他的路由器。当然，网管员也可以通过对路由器进行设置使之成为共享的。静态路由一般适用于比较简单的网络环境，在这样的环境中，网络管理员易于清楚地了解网络的拓扑结构，便于设置正确的路由信息。

4. 静态路由的优、缺点

使用静态路由的另一个好处是网络安全保密性高。动态路由因为需要路由器之间频繁地交换各自的路由表，而对路由表的分析可以揭示网络的拓扑结构和网络地址等信息。因此，网络出于安全方面的考虑也可以采用静态路由。不占用网络带宽，因为静态路由不会产生更新流量。

大型和复杂的网络环境通常不宜采用静态路由。一方面，网络管理员难以全面地了解整个网络的拓扑结构；另一方面，当网络的拓扑结构和链路状态发生变化时，路由器中的静态路由信息需要大范围地调整，这一工作的难度和复杂程度非常高。当网络发生变化或网络发生故障时，不能重选路由，很可能使路由失败。

5. 典型的静态路由

基本的静态路由如图 10-1 所示，由两个路由器 R1 和 R2 组成(接口号和 IP 地址在图中给出)，它们分别连接了各自的网络：R1 连接子网 192.168.0.0/24，R2 连接子网 192.168.2.0/24。

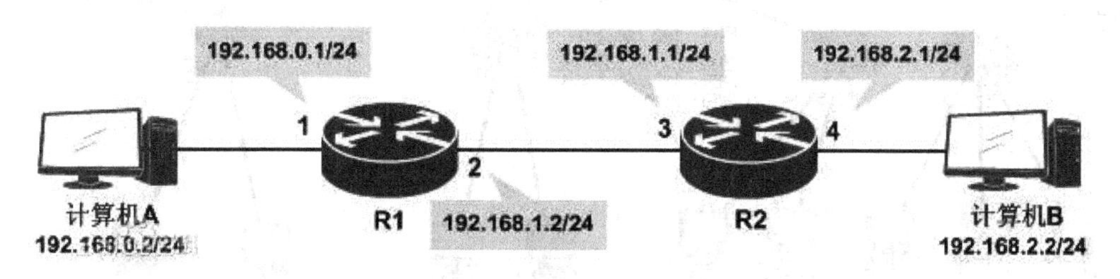

图 10-1 典型静态路由拓扑结构

在没有配置静态路由的情况下，这两个子网中的计算机 A、B 之间是不能通信的。从计算机 A 发往计算机 B 的 IP 包，在到达 R1 后，R1 不知道如何到达计算机 B 所在的网段 192.168.2.0/24(即 R1 上没有去往 192.168.2.0/24 的路由表)，同样 R2 也不知道如何到达计算机 A 所在的网段 192.168.0.0/24，因此通信失败。

此时就需要管理员在 R1 和 R2 上分别配置静态路由使计算机 A、B 成功通信。

在 R1 上执行添加静态路由的命令 ip route 192.168.2.0 255.255.255.0 192.168.1.1。它的意思是告诉 R1，如果有 IP 包想达到网段 192.168.2.0/24，请将此 IP 包发给 192.168.1.1(即和 R1 的 2 号端口相连的对端)。

同时也要在 R2 上执行添加静态路由的命令 ip route 192.168.0.0 255.255.255.0 192.168.1.2。它的意思是告诉 R2，如果有 IP 包想达到网段 192.168.0.0/24，请将此 IP 包发给 192.168.1.2(即和 R2 的 3 号端口相连的对端)。

通过上面的两段配置，从计算机 A 发往计算机 B 的 IP 包，能被 R1 通过 2 号端口转发给 R2，然后 R2 转发给计算机 B。同样地，从计算机 B 返回给计算机 A 的 IP 包，能被 R2 通过 3 号端口转发给 R1，然后 R1 转发给计算机 A，这样就完成了一个完整的通信过程。

【网络规划】

网络地址规划

名称	IP 地址	子网掩码	网　关	端口
开发部	192.168. 1.1～192.168.1.30	255.255.255.0	192.168.1.254	R1-F0/0
市场部	192.168. 2.1～192.168.2.10	255.255.255.0	192.168.2.254	R1-F1/0
财务部	192.168. 3.1～192.168.3.10	255.255.255.0	192.168.3.254	R2-F0/0

【试验拓扑】

此项目网络拓扑如图 10-2 所示。

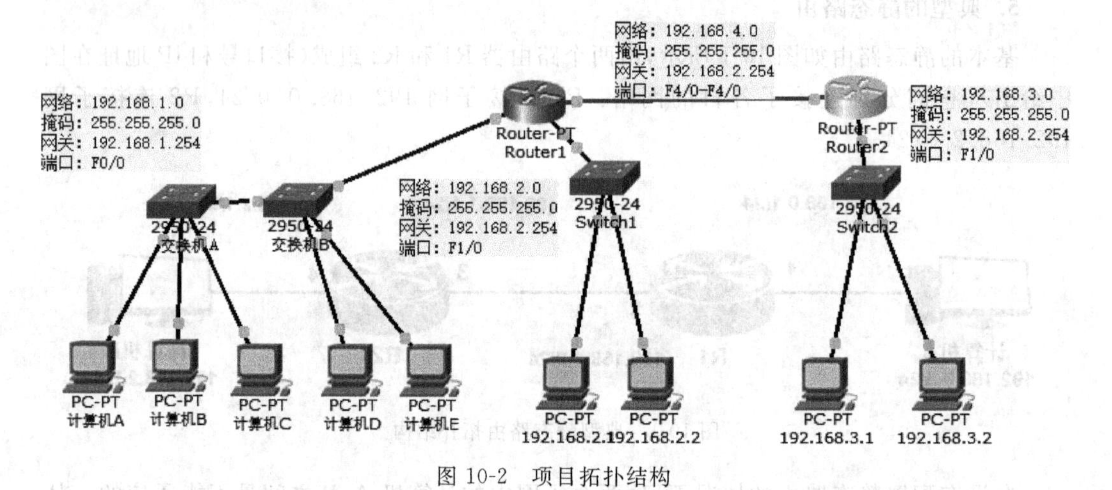

图 10-2　项目拓扑结构

【试验步骤】

1. 添加设备、命名设备

打开 Cisco Packet Tracer 软件，选择“路由器”中的 Generic，如图 10-3 所示，可以用鼠标拖动的方法将设备添加进入工作区域，也可以单击设备，然后再次单击工作区域，将设备添加进去。为方便维护，将路由器命名为 router1 和 router2，计算机命名为自己的 IP 地址。

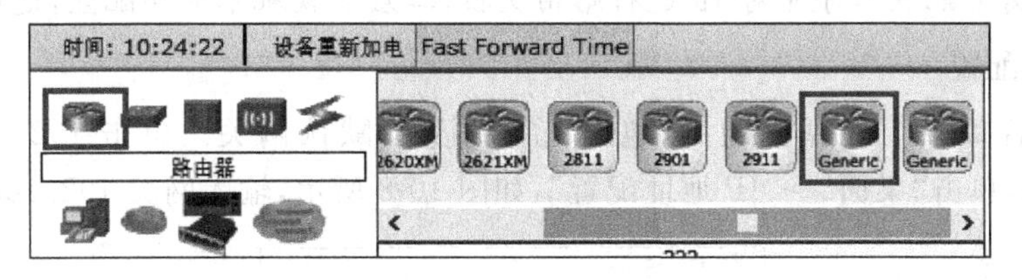

图 10-3 典型静态路由拓扑

2. 连接设备

需要使用双绞线(网线)将计算机、交换机和路由器连接。注意交叉线和直通线的区别。

两个路由器之间连接时，使用光纤连接，如图 10-4 所示。

在连接路由器的时候，注意选择端口，如图 10-5 所示，并记入地址规划表中。

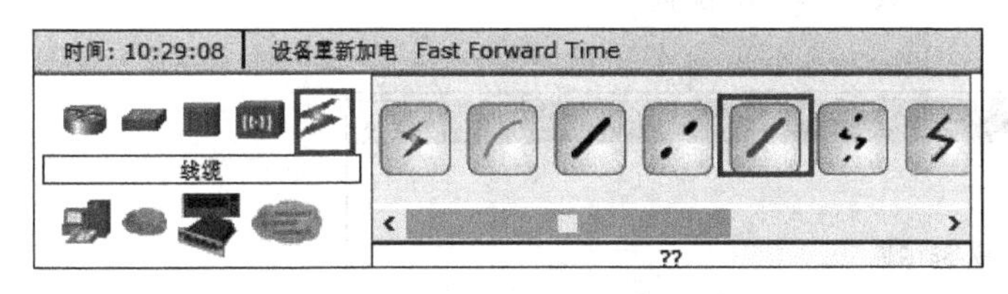

图 10-4 光纤连接线

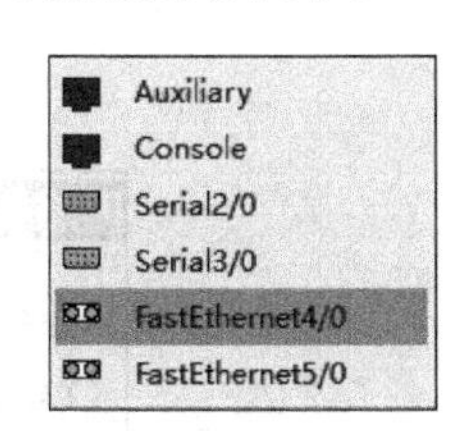

图 10-5 选择路由器光纤端口

连接完成后，如图 10-6 所示，路由器之间的光纤线显示为红色，因为还没有对路由器进行配置，新增加的网络不能互相连通，测试从计算机 A 到 192.168.3.1 的连通性，显示 request time out，表示不能通信。

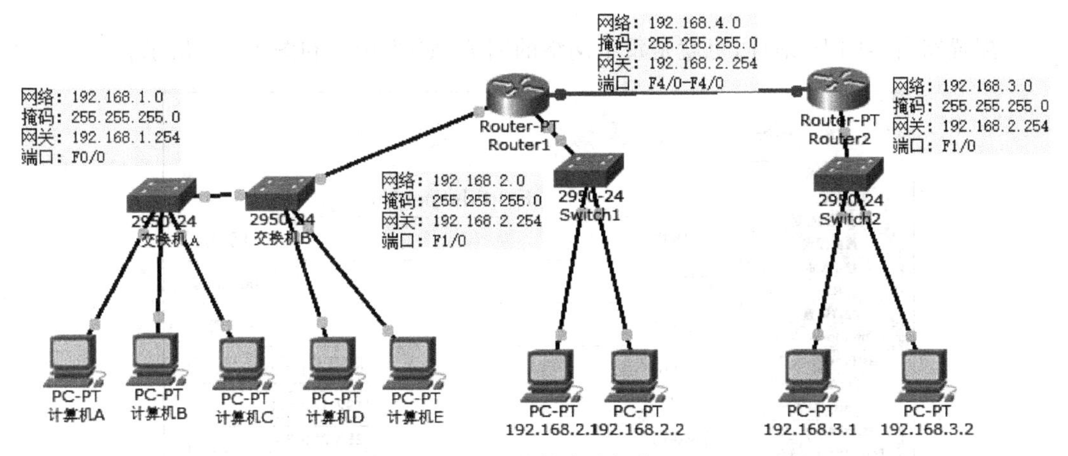

图 10-6 连接完成拓扑

"一句话要点"

路由器需要配置后才能对IP进行路由交换，二层交换机不需要配置，通电即可工作。

3. 软件配置

首先设置每一个计算机的IP地址、子网掩码、默认网关。单击192.168.3.1，如图10-7所示，单击"桌面"→"IP地址配置"，如图10-8所示，输入网关192.168.2.254。

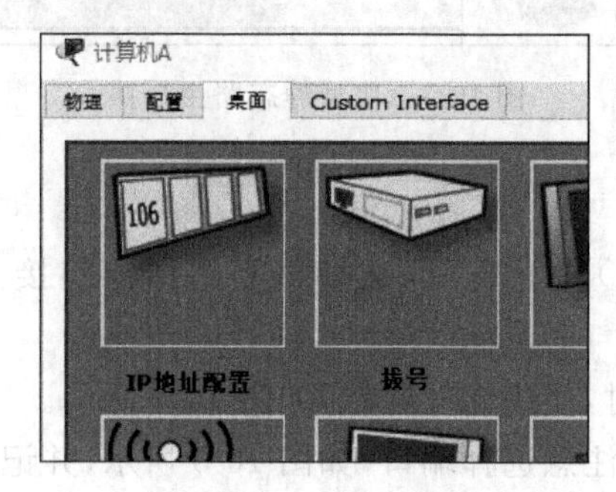

图10-7　IP配置

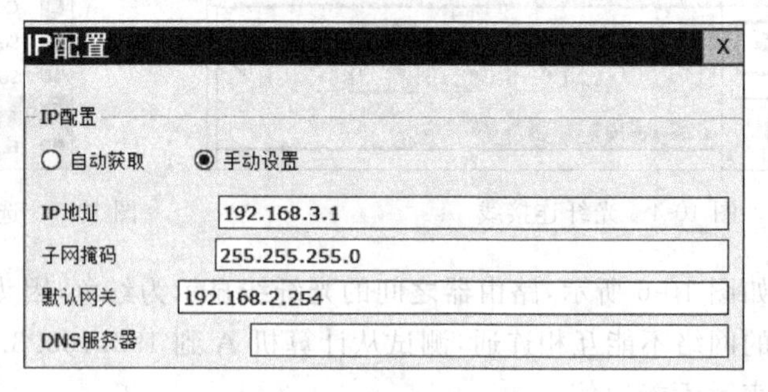

图10-8　设置默认网关

配置路由器的IP地址，也就是每个网络的网关，如图10-9和图10-10所示。

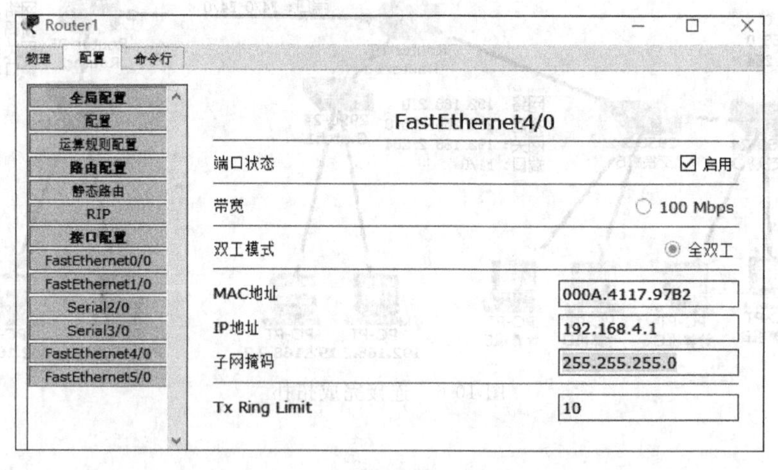

图10-9　R1的F4/0端口

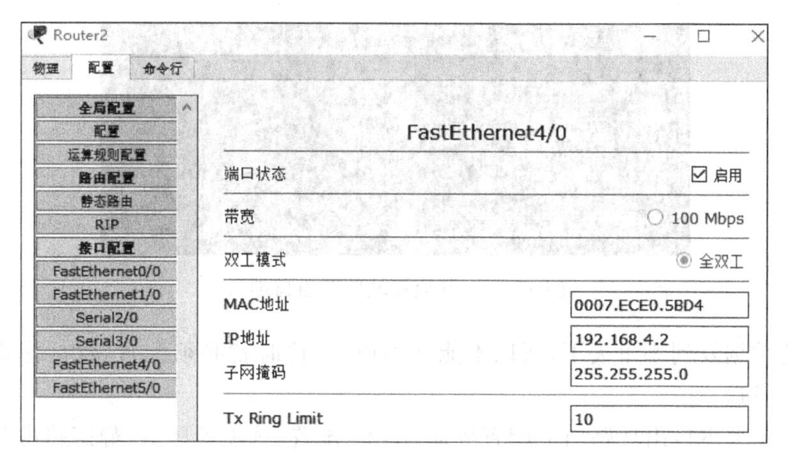

图 10-10　R2 的 F4/0 端口

router1：

F0/0 配置为 192.168.1.254；

F1/0 配置为 192.168.2.254；

F4/0 配置为 192.168.4.1。

router2：

F0/0 配置为 192.168.3.254；

F4/0 配置为 192.168.4.2。

这时发现拓扑图中所有结点都显示正常的绿色，测试连通性，看能否通信。

1）从计算机 A 到 router1

发现不管哪个端口都能够 ping 通，做进一步测试，发现只要是测试，自己局域网内的路由器所有端口都能通信，如图 10-11 所示。

```
PC>ping 192.168.4.1

Pinging 192.168.4.1 with 32 bytes of data:

Reply from 192.168.4.1: bytes=32 time=0ms TTL=255
Reply from 192.168.4.1: bytes=32 time=0ms TTL=255
Reply from 192.168.4.1: bytes=32 time=0ms TTL=255
Reply from 192.168.4.1: bytes=32 time=7ms TTL=255

Ping statistics for 192.168.4.1:
    Packets: Sent = 4, Received = 4, Lost = 0 (0% loss),
Approximate round trip times in milli-seconds:
    Minimum = 0ms, Maximum = 7ms, Average = 1ms
```

图 10-11　所在局域网路由器端口

2）从计算机 A 到 router2 的 F4/0 端口

发现不能 ping 通，做进一步测试，发现只要是测试，不是自己局域网内的路由器均不能通信，如图 10-12 所示。

这是为什么呢？这就涉及路由器的工作原理了。当计算机 A 给自己局域网的路由器 1 发送数据时，不管哪个端口，路由器 1 是明确知道计算机 A 是在哪个局域网中的，而计算机 A 给路由器 R2 发送数据时，路由器 R2 根本不知道计算机 A 所处的网络在哪里，

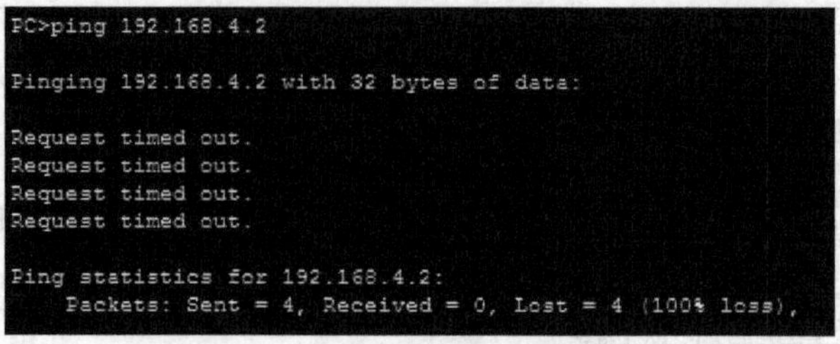

```
PC>ping 192.168.4.2

Pinging 192.168.4.2 with 32 bytes of data:

Request timed out.
Request timed out.
Request timed out.
Request timed out.

Ping statistics for 192.168.4.2:
    Packets: Sent = 4, Received = 0, Lost = 4 (100% loss),
```

图 10-12 其他局域网路由器端口

也就不清楚数据发到哪里去了，所以不能互相通信，这时就必须配置路由，让路由明白数据通过哪里发送。

单击路由器 R1，出现路由器配置界面，单击“配置”选项卡中的“静态路由”，对于路由器 R1 来说，它不知道的网络只是 192.168.3.0 的网络，那么只增加这一条路由就可以了。在“网络”中输入 192.168.3.0，在“掩码”中输入 255.255.255.0。

【注意】 “下一跳”是什么？简单来说，“下一跳”指的是路由器 R1 去 192.168.3.0 的网络，需要把数据给哪个路由器的哪个端口，这里明显是给路由器 R2 的 F4/0 端口，即 192.168.4.2。如图 10-13 所示，填写完成后，单击“增加”按钮，可以看到下面出现一条记录显示 192.168.3.0/24 via 192.168.4.2，关闭此界面完成配置。

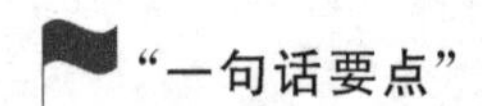

“一句话要点”

“下一跳”指去往此网络需要把数据给谁(哪个端口)。

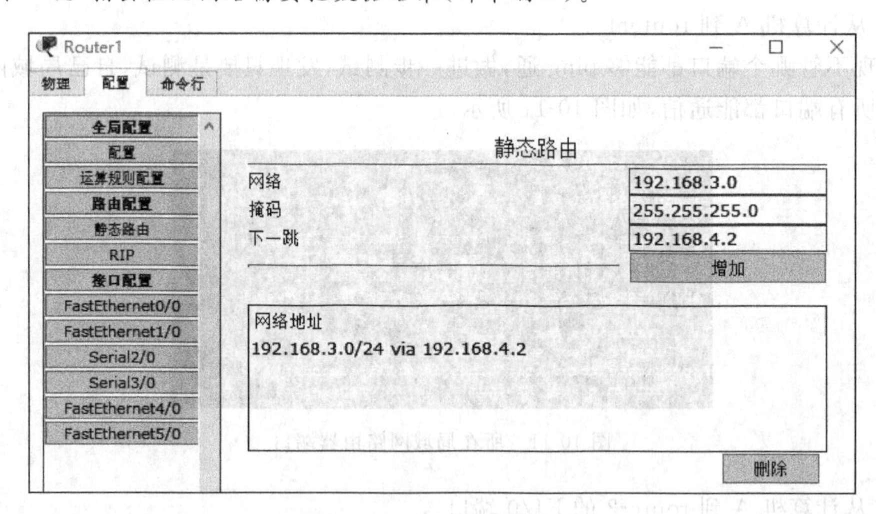

图 10-13 R1 静态路由配置

同样地，单击路由器 R2，出现路由器配置界面，单击“配置”选项卡中的“静态路由”，对于路由器 R2 来说，它不知道的网络是 192.168.1.0 和 192.168.2.0，需要增加两条路由记录，如图 10-14 所示。

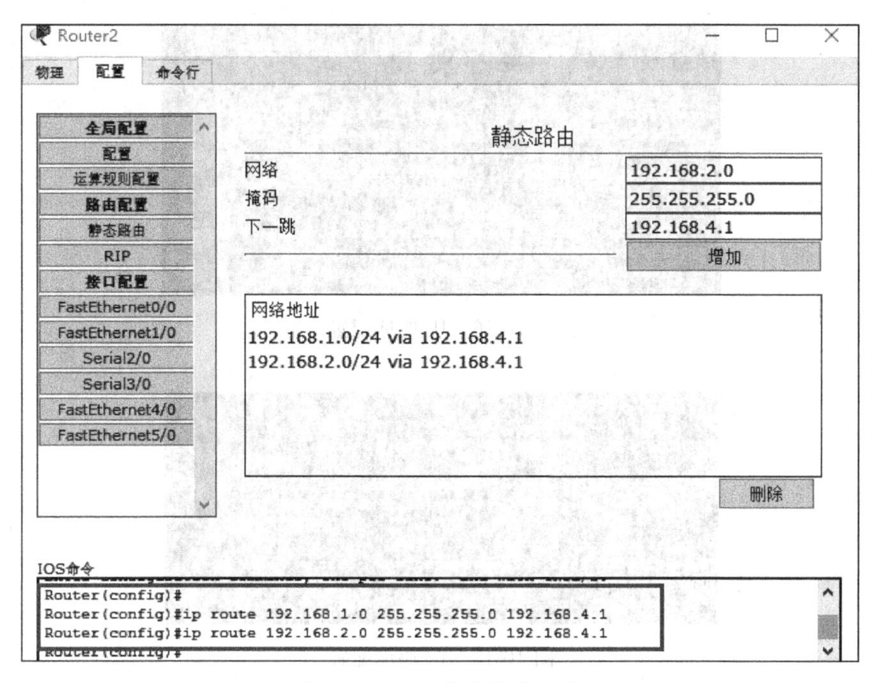

图 10-14　R1 静态路由配置

4. 界面美化

进行拓扑美化，增加注释，填写必要信息，这样就能很方便地阅读拓扑图了。

【验证方法】

使用 ping 工具验证两个网络能够互相通信。

(1) 进入计算机 A，首先 ping 自身，验证自己这台机器没有问题，如图 10-15 所示。

```
PC>PING 192.168.1.1

Pinging 192.168.1.1 with 32 bytes of data:

Reply from 192.168.1.1: bytes=32 time=0ms TTL=128
Reply from 192.168.1.1: bytes=32 time=3ms TTL=128
Reply from 192.168.1.1: bytes=32 time=0ms TTL=128
Reply from 192.168.1.1: bytes=32 time=0ms TTL=128

Ping statistics for 192.168.1.1:
    Packets: Sent = 4, Received = 4, Lost = 0 (0% loss),
Approximate round trip times in milli-seconds:
    Minimum = 0ms, Maximum = 7ms, Average = 3ms
```

图 10-15　IP 地址配置

(2) ping 自己所在网络，ping 局域网中的其他机器，验证局域网没有问题，如图 10-16 所示。

(3) ping 自己所在网关，验证路由器没有问题。

(4) ping 下一跳地址，验证路由器静态路由配置问题，如图 10-17 所示。

```
PC>PING 192.168.1.4

Pinging 192.168.1.4 with 32 bytes of data:

Reply from 192.168.1.4: bytes=32 time=0ms TTL=128
Reply from 192.168.1.4: bytes=32 time=3ms TTL=128
Reply from 192.168.1.4: bytes=32 time=0ms TTL=128
Reply from 192.168.1.4: bytes=32 time=0ms TTL=128

Ping statistics for 192.168.1.4:
    Packets: Sent = 4, Received = 4, Lost = 0 (0% loss),
Approximate round trip times in milli-seconds:
    Minimum = 0ms, Maximum = 1ms, Average = 0ms
```

图 10-16　IP 地址配置

```
PC>ping 192.168.4.2

Pinging 192.168.4.2 with 32 bytes of data:

Reply from 192.168.4.2: bytes=32 time=1ms TTL=254
Reply from 192.168.4.2: bytes=32 time=0ms TTL=254

Ping statistics for 192.168.4.2:
    Packets: Sent = 2, Received = 2, Lost = 0 (0% loss),
Approximate round trip times in milli-seconds:
    Minimum = 0ms, Maximum = 1ms, Average = 0ms
```

图 10-17　IP 地址配置

```
PC>ping 192.168.3.1

Pinging 192.168.3.1 with 32 bytes of data:

Request timed out.
Reply from 192.168.3.1: bytes=32 time=11ms TTL=126
Reply from 192.168.3.1: bytes=32 time=11ms TTL=126
Reply from 192.168.3.1: bytes=32 time=10ms TTL=126

Ping statistics for 192.168.3.1:
    Packets: Sent = 4, Received = 3, Lost = 1 (25% loss),
Approximate round trip times in milli-seconds:
    Minimum = 10ms, Maximum = 11ms, Average = 10ms
```

图 10-18　IP 地址配置

(5) ping 对方网络网关,验证对方网关没有问题。

(6) ping 对方网络计算机,验证完成,如图 10-18 所示。

【注意】 图 10-18 中有个信息包是 time out,说明网络中存在丢包情况。

【思考与练习】

1. 简答题

(1) 静态路由的主要功能是什么?

(2) 静态路由的配置方法是什么?

2. 综合训练题

(1) 配置图 10-19 所示的网络拓扑,使得能够互联互通,并完成网络地址规划表。

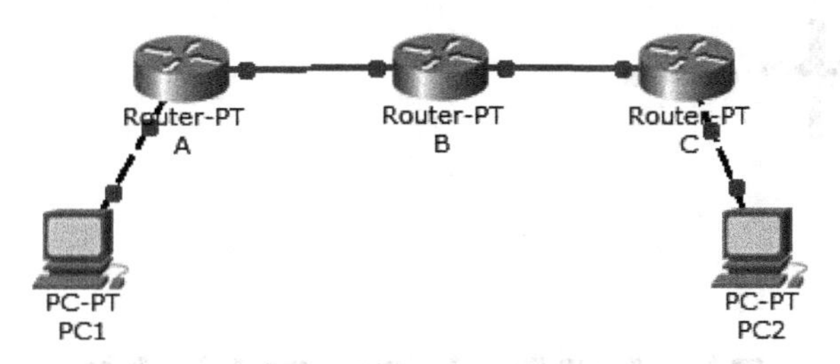

图 10-19 静态路由练习 1

网络地址规划

局域网	IP 地址	子网掩码	网关	端口

（2）配置图 10-20 所示的网络拓扑，使得能够互联互通，并完成网络地址规划表。

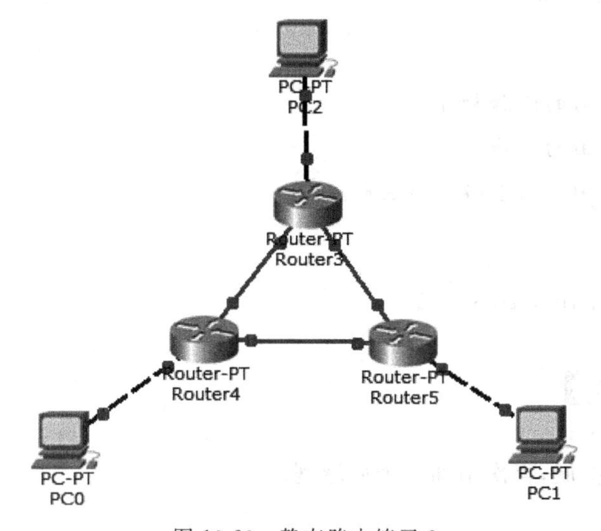

图 10-20 静态路由练习 2

网络地址规划

局域网	IP 地址	子网掩码	网关	端口

动态路由RIP协议

内容提示

本项目主要讲述了通过静态路由RIP的设置使得多个路由器之间互联互通,及其动态路由的概念和配置方法。

学习目标

1. 理解动态路由的概念和作用。
2. 理解动态路由的工作原理。
3. 了解静态路由和动态路由的区别。

技能要求

熟悉动态路由RIP的配置方法。

【情景导入】

某企业因业务扩展,再次增加一个局域网。

【解决方案】

需要增加一个局域网,在路由器R2的一个端口上添加,在配置路由时发现,每增加一个局域网,需要更改企业的所有路由器,比较烦琐。

将静态路由更改为动态路由,这样增加网络,只需要更改局域网所在的路由器就可以了。

【技术原理】

1. 静态路由和动态路由

静态路由是在路由器中设置的固定的路由表。除非网络管理员干预;否则静态路由不会发生变化。由于静态路由不能对网络的改变做出反应,一般用于网络规模不大、拓扑结构固定的网络中。静态路由的优点是简单、高效、可靠。在所有的路由中,静态路由优先级最高。当动态路由与静态路由发生冲突时,以静态路由为准。

动态路由是网络中的路由器之间相互通信,传递路由信息,利用收到的路由信息更新路由器表的过程。它能实时地适应网络结构的变化。如果路由更新信息表明发生了网络变化,路由选择软件就会重新计算路由,并发出新的路由更新信息。这些信息通过各个网络引起各路由器重新启动其路由算法,并更新各自的路由表以动态地反映网络拓扑变化。动态路由适用于网络规模大、网络拓扑复杂的网络。当然,各种动态路由协议会不同程度地占用网络带宽和 CPU 资源。

2. 静态路由和动态路由的适用情形

静态路由和动态路由有各自的特点和适用范围,因此在网络中动态路由通常作为静态路由的补充。当一个分组在路由器中寻径时,路由器首先查找静态路由,如果查到则根据相应的静态路由转发分组;否则再查找动态路由。

3. 动态路由的分类

根据是否在一个自治域内部使用,动态路由协议分为内部网关协议(IGP)和外部网关协议(EGP)。这里的自治域指一个具有统一管理机构、统一路由策略的网络。自治域内部采用的路由选择协议称为内部网关协议,常用的有 RIP、OSPF;外部网关协议主要用于多个自治域之间的路由选择,常用的是 BGP 和 BGP-4。下面分别进行简要介绍。

RIP(Routing Information Protocol,路由协议)是应用较早、使用较普遍的内部网关协议,适用于小型同类网络的一个自治系统(AS)内的路由信息的传递。目前 RIP 有 4 个版本,即 RIPv1、RIPv2、RIPv2、RIPv4。

20 世纪 80 年代中期,RIP 已不能适应大规模异构网络的互联,OSPF 随之产生。它是网间工程任务组织(IETF)的内部网关协议工作组为 IP 网络而开发的一种路由协议。

OSPF 是一种基于链路状态的路由协议,需要每个路由器向其同一管理域的所有其他路由器发送链路状态广播信息。在 OSPF 的链路状态广播中包括所有接口信息、所有的量度和其他一些变量。利用 OSPF 的路由器首先必须收集有关的链路状态信息,并根据一定的算法计算出到每个结点的最短路径。而基于距离向量的路由协议仅向其邻接路由器发送有关路由更新信息。

与 RIP 不同,OSPF 将一个自治域再划分为区,相应地,有两种类型的路由选择方式:当源和目的地在同一区时,采用区内路由选择;当源和目的地在不同区时,则采用区间路由选择。这就大大减少了网络开销,并增加了网络的稳定性。当一个区内的路由器出现故障时并不影响自治域内其他区路由器的正常工作,这也给网络的管理、维护带来方便。

BGP是为TCP/IP互联网设计的外部网关协议，用于多个自治域之间。它既不是基于纯粹的链路状态算法，也不是基于纯粹的距离向量算法。它的主要功能是与其他自治域的BGP交换网络可达信息。各个自治域可以运行不同的内部网关协议。BGP更新信息包括网络号/自治域路径的成对信息。自治域路径包括到达某个特定网络须经过的自治域串，这些更新信息通过TCP传送出去，以保证传输的可靠性。

为了满足Internet日益扩大的需要，BGP还在不断地发展。在最新的BGP-4中，还可以将相似路由合并为一条路由。

4. RIP协议

路由信息协议(Routing Information Protocol，RIP)是一种使用最广泛的内部网关协议(IGP)。IGP是在内部网络上使用的路由协议(在少数情形下，也可以用于连接到因特网的网络)，它可以通过不断地交换信息让路由器动态地适应网络连接的变化，这些信息包括每个路由器可以到达哪些网络、这些网络有多远等。IGP是应用层协议，并使用UDP作为传输协议。

RIP共有3个版本，即RIPv1、RIPv2及RIPng。

其中RIPv1和RIPv2是用在IPv4的网络环境里，RIPng是用在IPv6的网络环境里。

RIPv1使用分类路由，在它的路由更新(Routing Updates)中并不带有子网的资讯，因此它无法支持可变长度子网掩码。这个限制造成在RIPv1的网络中，同级网络无法使用不同的子网掩码。换句话说，在同一个网络中所有的子网络数目都是相同的。另外，它也不支持对路由过程的认证，使得RIPv1有一些轻微的弱点，有被攻击的可能。

因为RIPv1的缺陷，RIPv2在1994年被提出，将子网络的资讯包含在内，透过这样的方式提供无类别域间路由，不过对于最大结点数15的这个限制仍然被保留着。另外，针对安全性的问题，RIPv2也提供一套方法，透过加密来达到认证的效果。

现今的IPv4网络中使用的大多是RIPv2，RIPv2是在RIPv1基础上的改进。

5. RIP的特点

(1) 仅和相邻的路由器交换信息。如果两个路由器之间的通信不经过另外一个路由器，那么这两个路由器是相邻的。RIP协议规定，不相邻的路由器之间不交换信息。

(2) 路由器交换的信息是当前本路由器所知道的全部信息，即自己的路由表。

(3) 按固定时间交换路由信息，如每隔30s，然后路由器根据收到的路由信息更新路由表(也可进行相应配置使其触发更新)。

6. RIP的工作原理

(1) 初始化。RIP初始化时，会从每个参与工作的接口上发送请求数据包。该请求数据包会向所有的RIP路由器请求一份完整的路由表。该请求通过LAN上的广播形式发送LAN或者在点到点链路发送到下一跳地址来完成。这是一个特殊的请求，向相邻设备请求完整的路由更新。

(2) 接收请求。RIP有两种类型的消息，即响应和接收消息。请求数据包中的每个路由条目都会被处理，从而为路由器建立度量以及路径。RIP采用跳数度量，值为1的意味着一个直连的网络,值为 16,意味着网络不可达。路由器会把整个路由表作为接收消息的应答返回。

(3) 接收到响应。路由器接收并处理响应,它会通过对路由表项进行添加、删除或者修改做出更新。

(4) 常规路由更新和定时。路由器以 30s 一次地将整个路由表以应答消息的形式发送到邻居路由器。路由器收到新路由或者现有路由的更新信息时,会设置一个 180s 的超时时间。如果 180s 没有任何更新信息,路由的跳数设为 16。路由器以度量值 16 宣告该路由不可用,直到刷新计时器从路由表中删除该路由。刷新计时器的时间设为 240s,或者比过期计时器时间多 60s。Cisco 还用了第三个计时器,称为抑制计时器。接收到一个度量更高的路由之后的 180s 时间就是抑制计时器的时间,在此期间,路由器不会用它接收到的新信息对路由表进行更新,这样能够为网络的收敛提供一段额外的时间。

(5) 触发路由更新。当某个路由度量发生改变时,路由器只发送与改变有关的路由,并不发送完整的路由表。

7. RIP 的缺点

(1) 过于简单,以跳数为依据计算度量值,经常得出非最优路由。例如,2 跳 64K 专线和 3 跳 1000M 光纤,显然多跳一下没什么不好。

(2) 度量值以 16 为限,不适合大的网络。解决路由环路问题,16 跳在 RIP 中被认为是无穷大,RIP 是一种域内自治路由算法,多用于园区网和企业网。

(3) 安全性差,接受来自任何设备的路由更新。无密码验证机制,默认接受任何地方任何设备的路由更新。不能防止恶意的 RIP 欺骗。

(4) 不支持无类 IP 地址和 VLSM<ripv1>。

(5) 收敛性差,时间经常大于 5min。

(6) 消耗带宽很大。完整地复制路由表,把自己的路由表复制给所有邻居,尤其在低速广域网链路上更以显式的全量更新。

【网络规划】

网络地址规划表

名称	IP 地址	子网掩码	网关	端口
开发部	192.168. 1.1～192.168.1.30	255.255.255.0	192.168.1.254	R1-F0/0
市场部	192.168. 2.1～192.168.2.10	255.255.255.0	192.168.2.254	R1-F1/0
财务部	192.168. 3.1～192.168.3.10	255.255.255.0	192.168.3.254	R2-F0/0
分部	192.168. 5.1～192.168.3.10	255.255.255.0	192.168.5.254	R2-F1/0

【试验拓扑】

此项目的网络拓扑如图 11-1 所示。

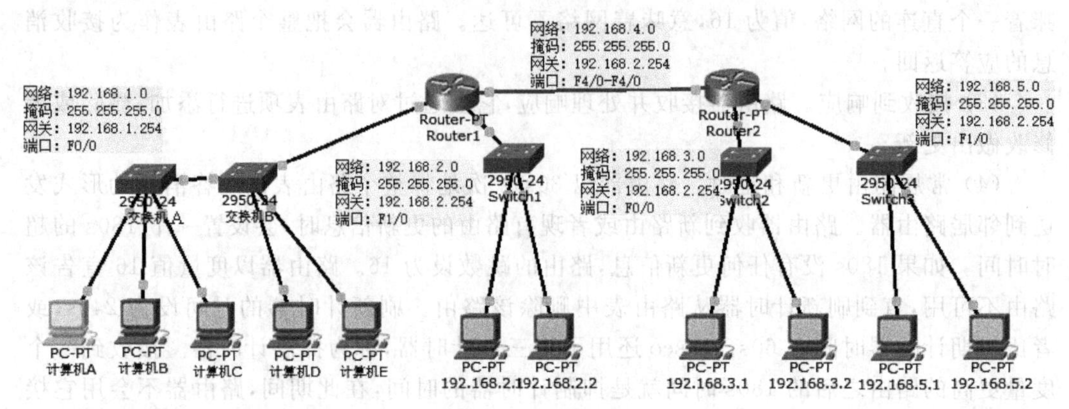

图 11-1 网络拓扑结构

【试验步骤】

1. 添加设备、命名设备

添加新部门的相应设备并命名。

2. 连接设备

需要使用双绞线(网线)将计算机、交换机和路由器连接起来，如图 11-2 所示。

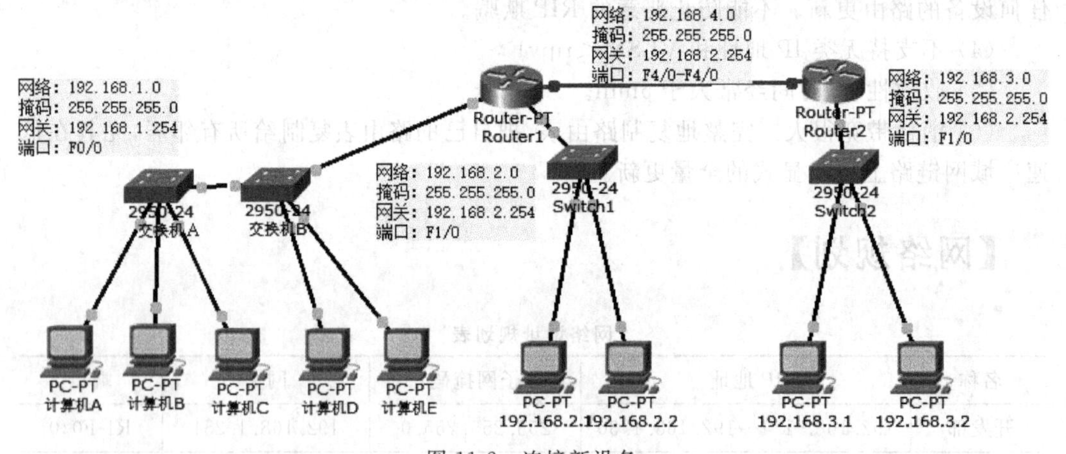

图 11-2 连接新设备

3. 软件配置

首先设置每一个计算机的 IP 地址、子网掩码、默认网关。单击 192.168.5.1，如图 11-3 所示，单击“桌面”→“IP 地址配置”，如图 11-4 所示，输入“默认网关”为 192.168.5.254。

配置路由器的 IP 地址，也就是每个网络的网关，图 11-5 所示。

Router1：F0/0 为 192.168.1.254；F1/0 为 192.168.2.254；F4/0 为 192.168.4.1。

Router2：F0/0 为 192.168.3.254；F1/0 为 192.168.5.254；F4/0 为 192.168.4.2。

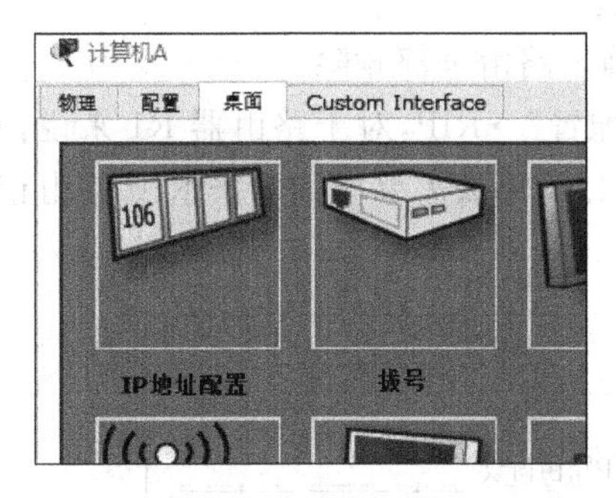

图 11-3　IP 配置

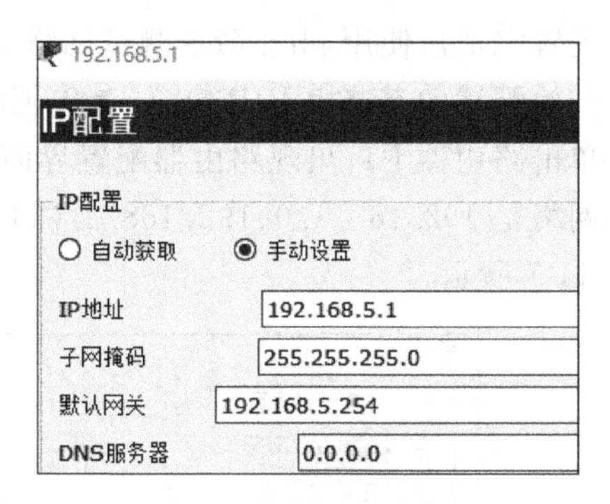

图 11-4　IP 地址和子网掩码

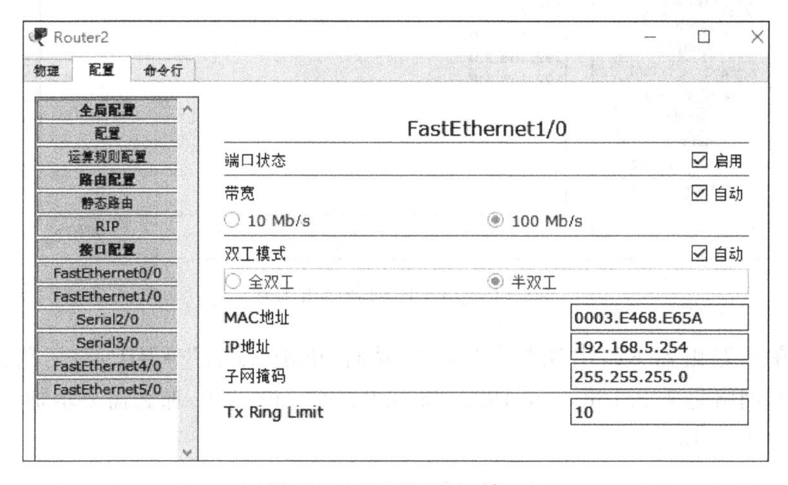

图 11-5　R2 的 F1/0 端口

首先配置静态路由，在每个路由器中因为增加了网络 192.168.5.0，因此需要在路由器 R1 中添加静态路由，如图 11-6 所示。

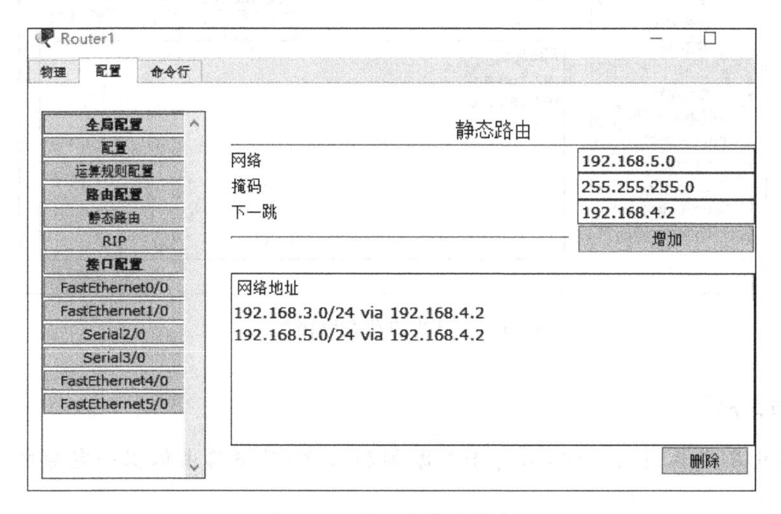

图 11-6　R1 的静态路由

配置完成后使用 ping 命令测试网络的连通性。

开始配置动态路由 RIP 协议，首先把之前的静态路由全部删除。

单击路由器 R1，出现路由器配置界面，单击“配置”→RIP，对于路由器 R1 来说，它连接的网络是 192.168.1.0、192.168.2.0、192.168.4.0，那么需要增加 3 条 RIP 路由记录，如图 11-7 所示。

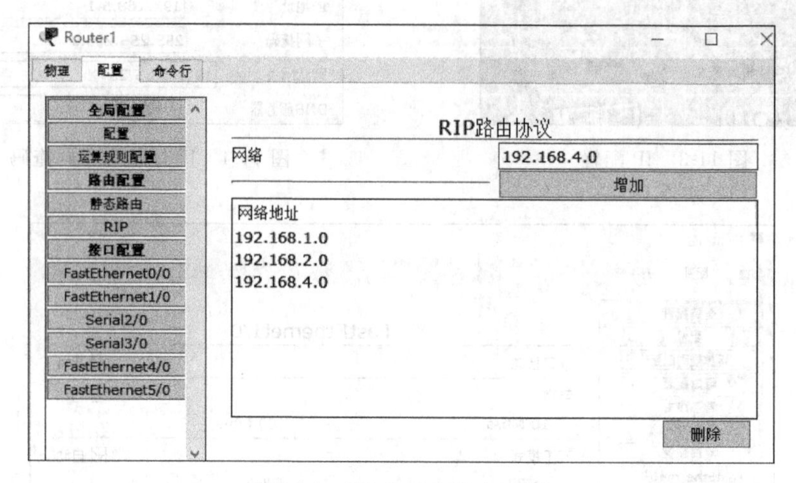

图 11-7　R1 的动态路由配置

同理，单击路由器 R2，出现路由器配置界面，单击“配置”→RIP，对于路由器 R1 来说，它连接的网络是 192.168.3.0、192.168.4.0、192.168.5.0，那么需要增加 3 条 RIP 路由记录，如图 11-8 所示。

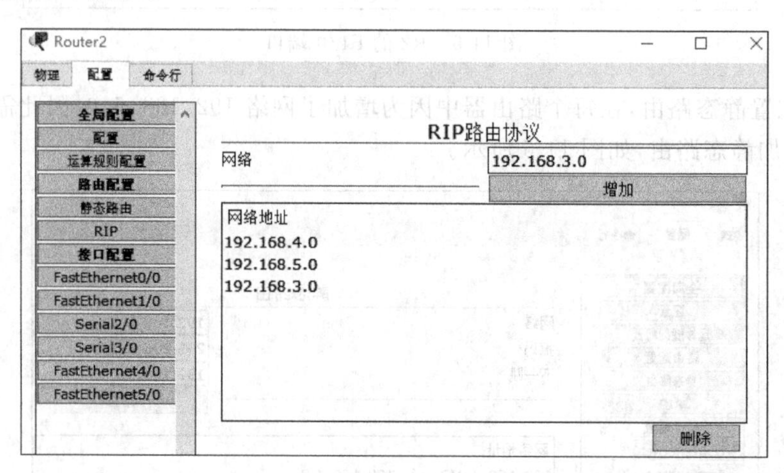

图 11-8　R2 的动态路由配置

“一句话要点”

静态路由不发生自动变化，只有手工添加和修改；动态路由依据一定原则自动由路由器更新变化。

RIP 协议的配置很简单，主要理解它的工作原理和优缺点。

4. 界面美化

进行拓扑美化，增加注释，填写必要信息，这样就能很方便地阅读拓扑图了。

【验证方法】

使用 ping 工具验证两个网络能够互相通信，主要验证新增加的网络。

(1) 进入计算机 A，首先 ping 自身，验证自己这台机器没有问题。

(2) ping 自己所在网络，ping 局域网中的其他机器，验证局域网没有问题。

(3) ping 自己所在网关，验证路由器没有问题。

(4) ping 下一跳地址，验证路由器静态路由配置问题，如图 11-9 所示。

```
PC>ping 192.168.4.2

Pinging 192.168.4.2 with 32 bytes of data:

Reply from 192.168.4.2: bytes=32 time=1ms TTL=254
Reply from 192.168.4.2: bytes=32 time=0ms TTL=254

Ping statistics for 192.168.4.2:
    Packets: Sent = 2, Received = 2, Lost = 0 (0% loss),
Approximate round trip times in milli-seconds:
    Minimum = 0ms, Maximum = 1ms, Average = 0ms
```

图 11-9　检验 192.168.4.2 的连通性

(5) ping 对方网络网关，验证对方网关没有问题。

(6) ping 对方网络计算机，验证完成，如图 11-10 所示。注意其中有个信息包是 time out，说明网络中存在丢包情况。

```
PC>ping 192.168.5.1

Pinging 192.168.5.1 with 32 bytes of data:

Request timed out.
Reply from 192.168.5.1: bytes=32 time=11ms TTL=126
Reply from 192.168.5.1: bytes=32 time=0ms TTL=126
Reply from 192.168.5.1: bytes=32 time=11ms TTL=126

Ping statistics for 192.168.5.1:
    Packets: Sent = 4, Received = 3, Lost = 1 (25% loss),
Approximate round trip times in milli-seconds:
    Minimum = 0ms, Maximum = 11ms, Average = 7ms
```

图 11-10　检验 192.168.5.1 的连通性

【思考与练习】

1. 简答题

(1) 动态路由的主要功能是什么？

(2) 动态路由 RIP 协议的工作原理是什么？

(3) 动态路由 RIP 和静态路由有何区别？

2. 综合训练题

将项目十中综合训练题中的静态路由更改为动态路由。

项目十二

DHCP 配置

内容提示

本项目主要讲述了通过 DHCP 服务使得客户机自动获取 IP 地址，并深入讲解了 DHCP 服务的原理机制及其配置方法。

学习目标

1. 理解 DHCP 服务的概念和作用。
2. 理解 DHCP 服务的工作原理。
3. 理解 DHCP 服务应用场景。

技能要求

1. 熟悉 Windows 环境下的 DHCP 服务安装过程。
2. 掌握 DHCP 服务的配置过程。

【情景导入】

此企业开发部门人数较多，而且因为开发工作导致计算机重新安装操作系统较多，每次需要手动设置 IP 地址，比较烦琐，并容易出错，能否使用一种方法使计算机自动获得 IP 地址。

【解决方案】

在企业内部安装 DHCP 服务器可以解决此问题。DHCP（Dynamic Host Configuration Protocol，动态主机配置协议）通常被应用在大型的局域网络环境中，主要作用是集中管理、分配 IP 地址，使网络环境中的主机动态地获得 IP 地址、默认网关地址、DNS 服务器地址等信息，并能够提升地址的使用率。

【技术原理】

1. DHCP 的基本概念

DHCP 是一个局域网的网络协议，使用 UDP 协议工作，主要有两个用途，即给内部网络或网络服务供应商自动分配 IP 地址；给用户或者内部网络管理员作为对所有计算机作中央管理的手段，在 RFC 2131 中有详细的描述。DHCP 有 3 个端口，其中 UDP67 和 UDP68 为正常的 DHCP 服务端口，分别作为 DHCP Server 和 DHCP Client 的服务端口。

2. DHCP 的功能

DHCP 协议采用客户端/服务器模型，主机地址的动态分配任务由网络主机驱动。当 DHCP 服务器接收到来自网络主机申请地址的信息时，才会向网络主机发送相关的地址配置等信息，以实现网络主机地址信息的动态配置。DHCP 具有以下功能。

(1) 保证任何 IP 地址在同一时刻只能由一台 DHCP 客户机所使用。

(2) DHCP 应当可以给用户分配永久固定的 IP 地址。

(3) DHCP 应当可以同用其他方法获得 IP 地址的主机共存，如手工配置 IP 地址的主机。

(4) DHCP 服务器应当向现有的 BOOTP 客户端提供服务。

3. DHCP 的 3 种分配 IP 地址机制

(1) 自动分配方式(Automatic Allocation)，DHCP 服务器为主机指定一个永久性的 IP 地址，一旦 DHCP 客户端第一次成功从 DHCP 服务器端租用到 IP 地址后，就可以永久性地使用该地址。

(2) 动态分配方式(Dynamic Allocation)，DHCP 服务器给主机指定一个具有时间限制的 IP 地址，时间到期或主机明确表示放弃该地址时，该地址可以被其他主机使用。

(3) 手工分配方式(Manual Allocation)，客户端的 IP 地址是由网络管理员指定的，DHCP 服务器只是将指定的 IP 地址告诉客户端主机。

3 种地址分配方式中，只有动态分配可以重复使用客户端不再需要的地址。

4. DHCP 的工作原理

DHCP 协议采用 UDP 作为传输协议，主机发送请求消息到 DHCP 服务器的 67 号端口，DHCP 服务器回应应答消息给主机的 68 号端口。详细的交互过程如图 12-1 所示。

(1) DHCP Client 以广播的方式发出 DHCP Discover 报文。

(2) 所有的 DHCP Server 都能够接收到 DHCP Client 发送的 DHCP Discover 报文，所有的 DHCP Server 都会给出响应，向 DHCP Client 发送一个 DHCP Offer 报文。DHCP Offer 报文中"Your(Client) IP Address"字段就是 DHCP Server 能够提供给 DHCP Client 使用的 IP 地址，且 DHCP Server 会将自己的 IP 地址放在"option"字段中以便 DHCP Client 区分不同的 DHCP Server。DHCP Server 在发出此报文后会存在一个已分配 IP 地址的记录。

(3) DHCP Client 只能处理其中的一个 DHCP Offer 报文，一般的原则是 DHCP

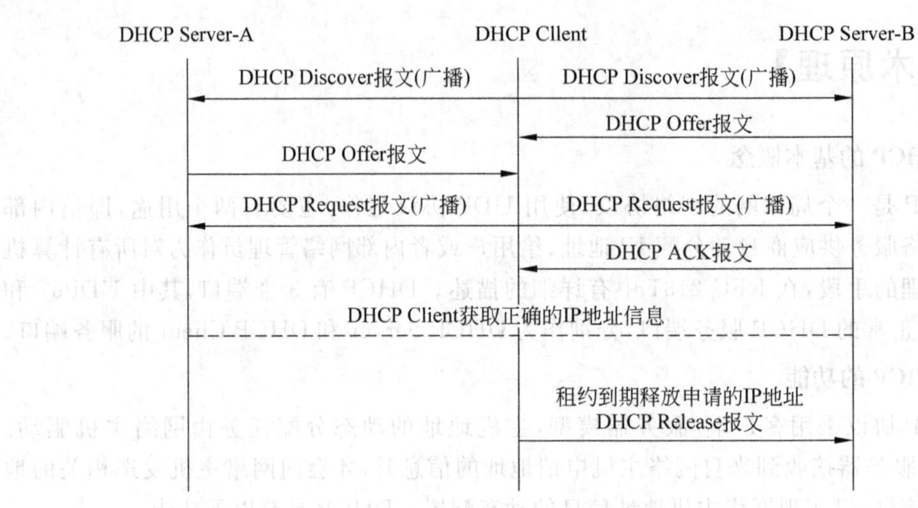

图 12-1 DHCP 交互过程

Client 处理最先收到的 DHCP Offer 报文。DHCP Client 会发出一个广播的 DHCP Request 报文,在选项字段中会加入选中的 DHCP Server 的 IP 地址和需要的 IP 地址。

(4) DHCP Server 收到 DHCP Request 报文后,判断选项字段中的 IP 地址是否与自己的地址相同。如果不相同,DHCP Server 不做任何处理,只清除相应 IP 地址分配记录;如果相同,DHCP Server 就会向 DHCP Client 响应一个 DHCP ACK 报文,并在选项字段中增加 IP 地址的使用租期信息。

(5) DHCP Client 接收到 DHCP ACK 报文后,检查 DHCP Server 分配的 IP 地址是否能够使用。如果可以使用,则 DHCP Client 成功获得 IP 地址并根据 IP 地址使用租期自动启动续延过程;如果 DHCP Client 发现分配的 IP 地址已经被使用,则 DHCP Client 向 DHCP Server 发出 DHCP Decline 报文,通知 DHCP Server 禁用这个 IP 地址,然后 DHCP Client 开始新的地址申请过程。

(6) DHCP Client 在成功获取 IP 地址后,随时可以通过发送 DHCP Release 报文释放自己的 IP 地址,DHCP Server 收到 DHCP Release 报文后,会回收相应的 IP 地址并重新分配。

5. 客户端申请 IP 条件

在以下 3 种情况下,DHCP 客户机将申请一个新的 IP 地址。

(1) 计算机第一次以 DHCP 客户机将申请一个新的 IP 地址。

(2) DHCP 客户机的 IP 地址因某种原因(如租约到期或者连接断开)已经被服务器收回,并提供给其他 DHCP 客户机。

(3) DHCP 客户机自行释放已经租用的 IP 地址,要求使用一个新的 IP 地址。

6. DHCP 的租期时间

在使用租期超过 50%时刻处,DHCP Client 会以单播形式向 DHCP Server 发送 DHCP Request 报文来续租 IP 地址。如果 DHCP Client 成功收到 DHCP Server 发送的 DHCP ACK 报文,则按相应时间延长 IP 地址租期;如果没有收到 DHCP Server 发送的

DHCP ACK 报文，则 DHCP Client 继续使用这个 IP 地址。

在使用租期超过 87.5%时刻处，DHCP Client 会以广播形式向 DHCP Server 发送 DHCP Request 报文来续租 IP 地址。如果 DHCP Client 成功收到 DHCP Server 发送的 DHCP ACK 报文，则按相应时间延长 IP 地址租期；如果没有收到 DHCP Server 发送的 DHCP ACK 报文，则 DHCP Client 继续使用这个 IP 地址，直到 IP 地址使用租期到期时，DHCP Client 才会向 DHCP Server 发送 DHCP Release 报文来释放这个 IP 地址，并开始新的 IP 地址申请过程。

需要说明的是，DHCP 客户端可以接收到多个 DHCP 服务器的 DHCPOFFER 数据包，然后可能接受任何一个 DHCPOFFER 数据包，但客户端通常只接受收到的第一个 DHCPOFFER 数据包。另外，DHCP 服务器 DHCPOFFER 中指定的地址不一定为最终分配的地址，通常情况下，DHCP 服务器会保留该地址直到客户端发出正式请求。

7. 客户机获取 IP 过程

DHCP 客户机申请一个新的 IP 地址的总体过程如下。

(1) DHCP 客户机设置为“自动获得 IP 地址”后，因为还没有 IP 地址与其绑定，此时称为处于“未绑定状态”。这时的 DHCP 客户机只能提供有限的通信能力，如客运发送和广播信息，但因为没有自己的 IP 地址，客户机无法发送单播的消息。

(2) DHCP 客户机试图从 DHCP 服务器那里“租借”到一个 IP 地址，这时 DHCP 客户机进入“初始化状态”。这个未绑定 IP 地址的 DHCP 客户机会向网络上发出一个源 IP 地址作为广播地址 0.0.0.0 的 DHCP 探索消息，寻找看哪个 DHCP 服务器可以为它分配一个 IP 地址。

(3) 子网络上的所有 DHCP 服务器收到这个探索消息。各 DHCP 服务器确定自己是否有权为该客户机分配一个 IP 地址。

(4) 确定有权为对应客户机提供 DHCP 服务后，DHCP 服务器开始响应，并向网络广播一个 DHCP 提供消息，包含了未租借的 IP 地址信息以及相关的配置参数。

(5) DHCP 客户机会评价收到的 DHCP 服务器提供的消息并进行两种选择。一是认为该服务器提供的对 IP 地址的使用约定(称为“租约”)可以接受，就发送一个请求信息，该消息中指定了自己选定的 IP 地址并请求服务器提供该租约。还有一种选择是拒绝服务器的条件，发送一个拒绝消息，然后继续从第(1)步开始执行。

(6) DHCP 服务器在收到确认消息后，根据当前 IP 地址的使用情况以及相关配置选项，对允许提供 DHCP 服务的客户机发送一个确认消息，其中包含所分配的 IP 地址及相关的 DHCP 配置选项。

(7) 客户机在收到 DHCP 服务器的消息后，绑定该 IP 地址，进入“绑定状态”。这样，客户机就有了自己的 IP 地址，就可以在网络上进行通信了。

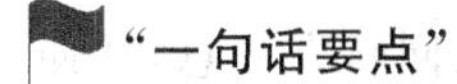

“一句话要点”

DHCP 服务器给客户端自动分配 IP 地址、子网掩码、网关、DNS 等信息，方便快捷。

【网络规划】

DHCP网络规划至少需要考虑两个问题：一是要确定准备使用的DHCP服务器的数目；二是对其他子网的支持。

1. 如何确定要使用的DHCP服务器的数目

由于对DHCP服务器可以服务的客户端最大数量或可以在DHCP服务器上创建的作用域数量没有固定限制，因此在确定要使用的DHCP服务器数目时，最主要的考虑因素是网络体系结构和服务器硬件。比如，在单一子网环境中仅需要一台DHCP服务器，但用户可能希望使用两台服务器或多台DHCP服务器来增强容错能力。在多子网环境中，由于路由器必须在子网间转发DHCP消息，路由器性能可能影响DHCP服务。DHCP服务器的硬件将会影响对客户端的服务。

在确定要使用的DHCP服务器的数目时，需要考虑以下事项。

(1) 路由器的位置以及是否希望每个子网都有DHCP服务器。

在跨越多个网络扩展DHCP服务器的使用范围时，经常需要配置额外的DHCP中继代理，而且在某些情况下，还需要使用超级作用域。

(2) 网段之间的传输速度。

如果有较慢的WAN链路或拨号链路，可能在这些链路两端都需要配备DHCP服务器来为客户端提供本地服务。

(3) 磁盘驱动器的速度和RAM数量。

为获得最优的DHCP服务器性能，请尽可能使用最快的磁盘驱动器和最多的随机存取内存(RAM)。在规划DHCP服务器的硬件需求时，请仔细评估磁盘的访问时间和磁盘读写操作的平均次数。

(4) 在选择使用的IP地址类和其他服务器配置细节方面的实际限制。

在组织网络中部署DHCP服务器前，可以先对它进行测试以确定硬件的限制和性能，并了解网络体系结构、通信和其他因素是否影响DHCP服务器的性能。通过硬件和配置测试，还可以确定每台服务器要配置的作用域数量。

2. 支持其他子网

为了使DHCP服务支持网络上的其他子网，必须首先确定用来连接邻近子网的路由器是否支持BOOTP和DHCP消息的中继。如果路由器不能用于DHCP和BOOTP中继，可以为每个子网设置以下任一方案。

(1) 配置运行Windows Server 2003或Windows Server 2008操作系统的计算机使用DHCP中继代理组件。

这台计算机只是在本地子网的客户端与远程DHCP服务器之间来回转发消息，并使用远程服务器的IP地址。

(2) 将运行Windows Server 2008操作系统的计算机配置成本地子网的DHCP服务器。

此服务器计算机必须包含和管理它所服务的本地子网的作用域和其他可配置地址的信息。

网络地址规划表

名　　称	IP 地址	子 网 掩 码	网　　关
DHCP 服务器	192.168. 1.101	255.255.255.0	192.168.1.254

【试验拓扑】

此项目网络拓扑如图 12-2 所示。

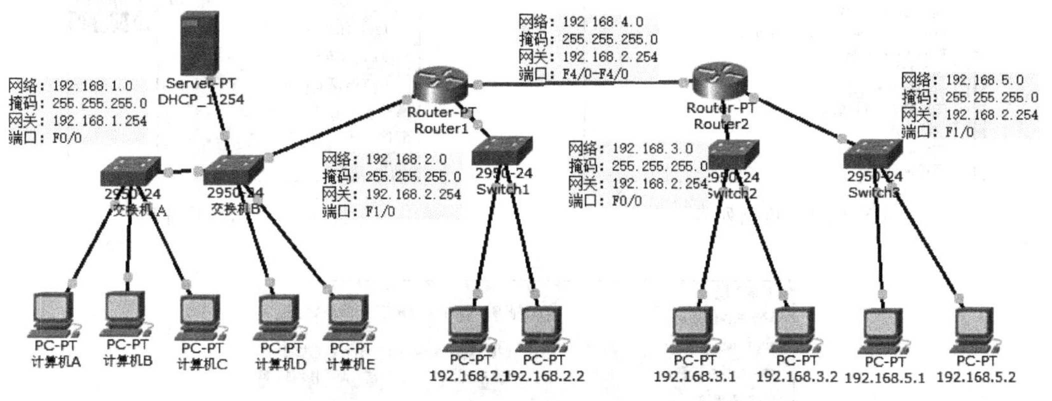

图 12-2　拓扑图结构

【试验步骤】

试验一　安装 DHCP 服务

以微软公司的 Windows server 2008 操作系统为例,加以介绍。

(1) 启动“服务器管理器”对话框。

(2) 如图 12-3 所示,单击“添加角色”,出现添加角色向导。

图 12-3　Windows 组件向导

(3) 单击“下一步”,从列表中选取“DHCP 服务器”如图 12-4 所示。

(4) 在向导中,会逐步设置“网络连接绑定”“IPv4 DNS 设置”“IPv4 WINS 设置”“DHCP 作用域”“DHCPv6 无状态模式”,如图 12-5 所示。需要注意的是,如果在“DHCPv6 无状态模式”中选择启用此模式,则自动出现“IPv6 DNS 设置”选项,如图 12-6 所示,也可以安装角色完成后配置这些选项。

图 12-4 角色列表

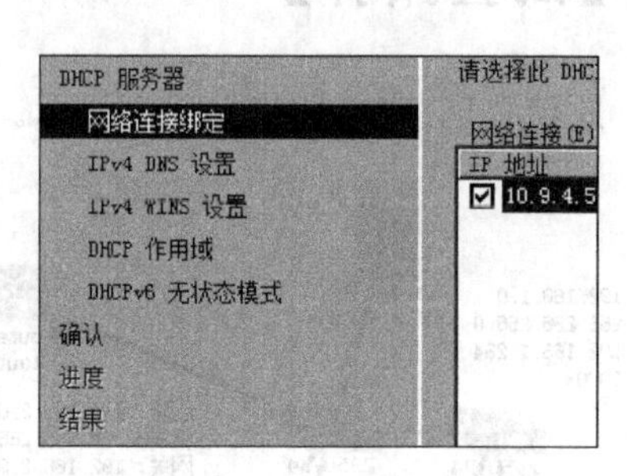

图 12-5 DHCP 选项

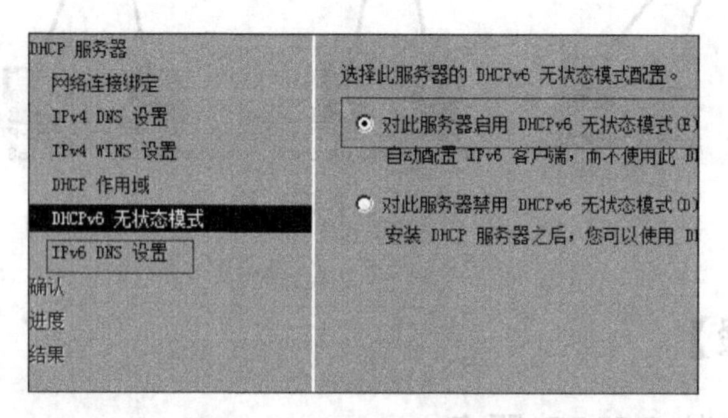

图 12-6 IPv6 无状态模式

(5) 单击“安装”,系统完成配置后,回到“服务器管理器”,角色中出现“DHCP 服务器”。

试验二 添加 DHCP 服务

在安装 DHCP 服务后,用户必须首先添加一个授权的 DHCP 服务器,并在服务器中添加作用域设置相应的 IP 地址范围及选项类型,以便 DHCP 客户机在登录到网络时能够获得 IP 地址租约和相关选项的设置参数。

添加 DHCP 服务器的步骤如下。

(1) 启动 DHCP 管理控制台,如图 12-7 所示。

(2) 选择“操作”菜单中的“添加服务器”,如图 12-8 所示,填写 DHCP 服务的服务器名或 IP 地址。

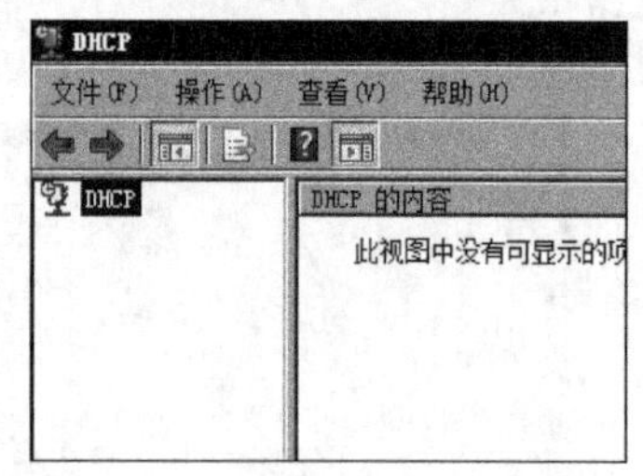

图 12-7 启动 DHCP 管理控制台

(3) 在 DHCP 管理控制台中出现刚才添加的服务器如图 12-9 所示，显示的服务器是服务器的名称。

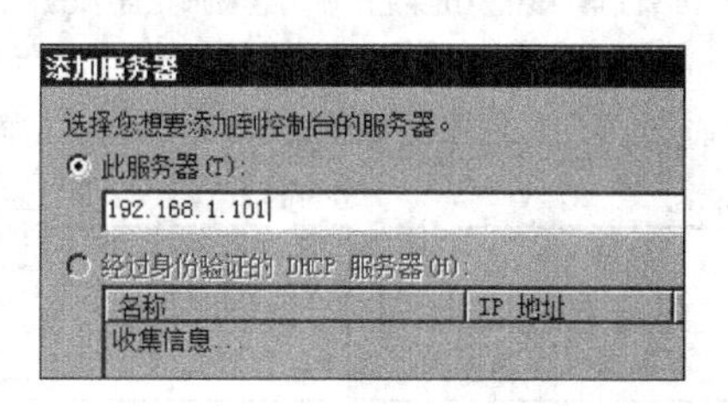

图 12-8 添加授权服务器

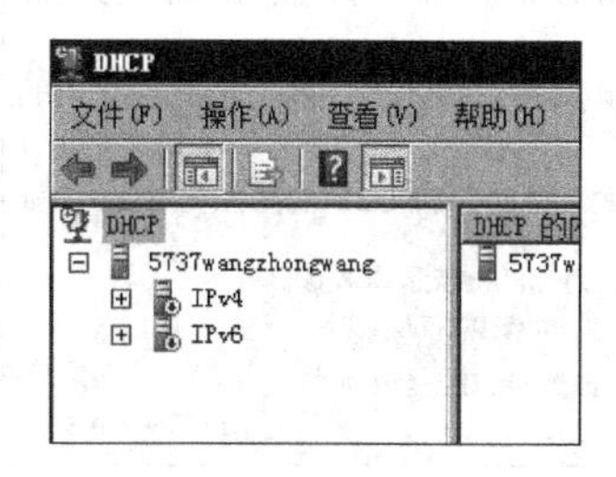

图 12-9 DHCP 服务器

试验三 添加 DHCP 作用域

在 DHCP 服务器中添加作用域。

(1) 在 DHCP 控制台中单击要添加作用域的服务器选择“操作”→“新建”。在弹出的对话框中选择“作用域”，出现“创建作用域向导”对话框。

(2) 单击“下一步”按钮，然后在“输入作用域名”对话框中输入本域的域名。

(3) 单击“下一步”按钮，输入作用域将分配的地址服务和子网掩码，输入 192.168.1.1～192.168.1.100，如图 12-10 所示。

(4) 单击“下一步”按钮，在“添加排除”对话框中输入需要排除的地址服务，如图 12-11 所示。

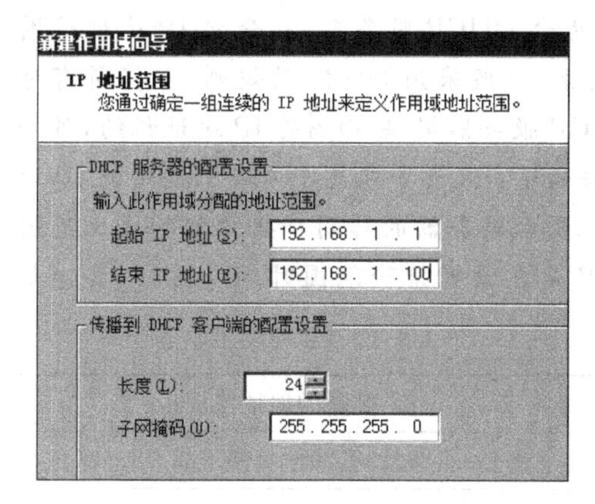

图 12-10 作用域向导

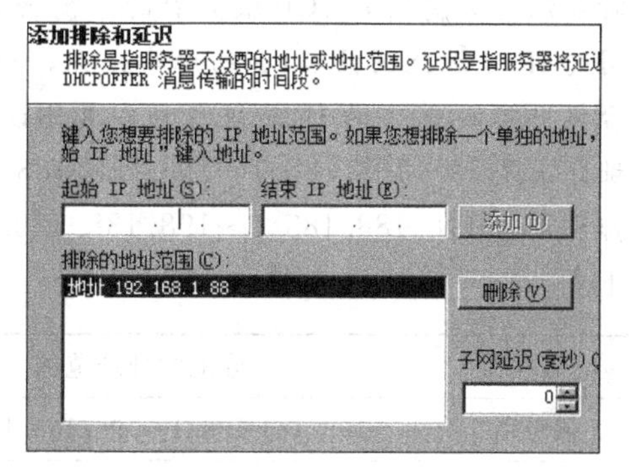

图 12-11 “添加排除”对话框

(5) 单击“下一步”按钮，选择租约期限(默认为 8 天)。

(6) 单击“下一步”按钮，选择配置 DHCP 选项，如图 12-12 所示。

(7) 单击“下一步”按钮，输入默认网关 IP 地址。

(8) 输入域名称和 DNS 服务器的 IP 地址，如图 12-13 所示。

(9) 单击“下一步”按钮，添加 WINS 服务器的地址。

(10) 单击“下一步”按钮，选择激活作用域。

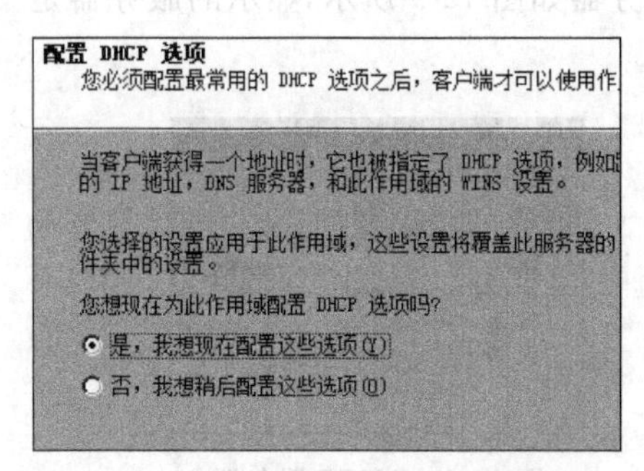

图 12-12 “配置 DHCP 选项”对话框

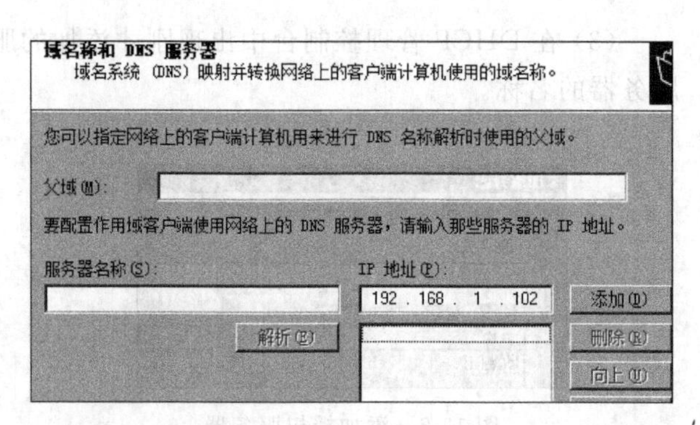

图 12-13 DNS 服务器 IP 地址

试验四　配置 DHCP 作用域

当 DHCP 客户机启动时可以从 DHCP 服务器获得 IP 地址租约及选项设置。在 DHCP 控制台中作用域下多了 4 项。

(1) 地址池：用于查看、管理现在的有效地址范围和排除范围。

(2) 地址租约：用于查看、管理当前的地址租用情况。

(3) 保留：用于添加、删除特定保留的 IP 地址。

(4) 作用域选项：用于查看、管理当前作用域提供的选项类型及其设置值。

【注意】

如果为提高容错性而在同一个网段上使用两台 DHCP 服务器，在分配 IP 地址范围时要注意考虑到 DHCP 服务器的平衡使用的因素，一般采用 80/20 的规则，即将所有可用的 IP 地址范围按 8∶2 的比率分开，一台 DHCP 服务器提供 80%的 IP 地址租约，另一台提供其他 20%的 IP 地址租约。具体设置方法如下：假设要在某个网段上提供的 IP 地址范围是 198.188.188.1～198.188.188.254，把两台服务器的作用域将分配的地址范围都设置为 198.188.188.1～198.188.188.254，只是在设置排除范围时加以区分，具体如下表。

服务器	分配的地址范围	排除的地址范围
服务器 1	198.188.188.1～198.188.188.254	198.188.188.201～198.188.188.254
服务器 2	198.188.188.1～198.188.188.254	198.188.188.1～198.188.188.200

试验五　添加授权服务器

如果在添加作用域后出现图 12-14 所示的警告对话框，表示作用域所在的服务器未经授权，这时作用域不能启用，服务器图标上是一个红色向下的图标，需要对服务器授权后才能启动。

在 Windows Server 2008 中，DHCP 服务器必须授权后才能提供服务，必须满足下面条件才能授权。

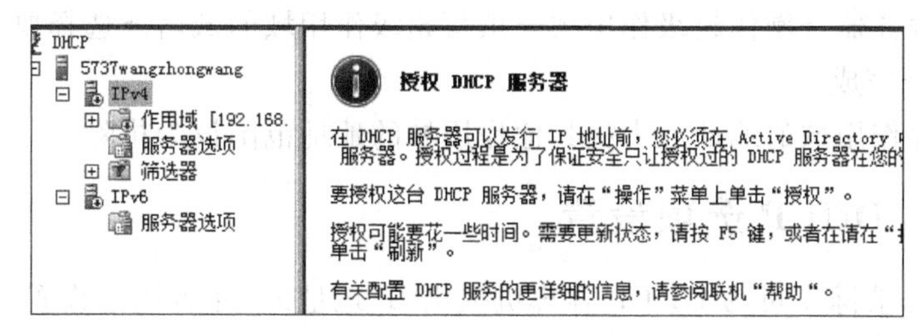

图 12-14 DHCP 警告

(1) DHCP 服务器，必须在 AD(Active Directoy)域环境中才能被授权。

(2) 在 AD 域环境中的 DHCP 服务器也必须被授权。

(3) 只有 Enterprise Admins(企业管理组)的组成员，才有权限执行授权操作。

(4) 被授权的 DHCP 服务器的 IP 地址将会被注册到域控制器的 Active Directory 数据库中。

(5) DHCP 服务器启动时会向 Active Directory 数据库查询自己的 IP 地址是否注册在 DHCP 服务器授权列表内，若查询通过，该 DHCP 服务器则正常启动服务，将 IP 地址租给 DHCP 客户端。

(6) 不是域成员的 DHCP 服务器，将无法被授权。

(7) 同一网络内，若有两台可提供指派的 DHCP 服务器，如果一台已被授权，而另一台未被授权，那么未被授权的服务器不会提供 DHCP 指派服务，只有指派了的服务器，才会提供 DHCP 指派工作。

(8) 如果网络内没有已被授权的 DHCP 服务器，并且有一台其他的 DHCP 服务器(“其他”指未加入 Active Directory 域成员)，那么 DHCP 也可以提供 DHCP 指派工作。

试验六 添加超级作用域

如果需要在局域网中的每一个子网中都设立 DHCP 服务器，那么就一定要使用超级作用域。

因为每一台 DHCP 客户机在初始启动时都需要在子网中以有限广播的形式发送 DHCP Discover 消息，如果网络中有多台 DHCP 服务器，用户将无法预知是哪一台服务器响应客户机的请求。假设网络上有两台服务器，即服务器 1 和服务器 2，分别提供不同的地址范围，如果服务器 1 为客户机通过地址租约，在租期达到 50%时客户机要与服务器 1 取得通信以便更新租约，如果无法与服务器 1 进行通信，在租期达到 87.5%的时候，客户机进入重新申请状态，客户机在子网上发送广播，如果服务器 2 首先响应，由于服务器 2 提供的是不同的 IP 地址范围，它不知道客户机现在所使用的是有效的 IP 地址，因此它将发送 DHCPNAK(Negative Acknowledgement) 给客户机，客户机无法获得有效的地址租约。在服务器 1 处于激活状态时这种情况也可能发生。

所以需要在每个服务器上都配置超级作用域以防止上述问题的发生。超级作用域要包括子网中所有的有效地址范围作为它的成员范围，在设置成员范围时把子网中其他服务器所提供的地址范围设置成排除地址。

(1) 单击服务器→操作超级作用域→填写超级作用域的域名→选择要添加到超级作用域的作用域→完成。

(2) 在每个作用域的地址池中将其他作用域的地址范围设为排除。

试验七 DHCP 选项设置

DHCP 服务器除了可为 DHCP 客户机提供 IP 地址外,还可用于设置 DHCP 客户机启动时的工作环境,如可用设置客户机登录的域名称、DNS 服务器、WINS 服务器、路由器、默认网关等。在客户机启动或更新租约时,DHCP 服务器可用于自动设置客户机启动后的 TCP/IP 环境。

DHCP 服务器提供了许多选项类型,但其中只有几项用户非常关心,如默认网关、域名、DNS、WINS、路由器,这些选项在上面添加作用域时用户已经设置过了,在 DHCP 控制台的作用域中有一项"作用域选项"中显示了用户所做的设置。为了进一步了解选项设置,以在作用域中添加 DNS 选项为例,说明 DHCP 的选项设置。

(1) 启动"DHCP 控制台"。

(2) 在左侧窗口中展开服务器,选中作用域,选择"操作"→"配置选项"菜单命令。

(3) 出现配置 DHCP 选项对话框,如图 12-15 所示,在"常规"选项卡中的"可用选项"列表框中选择"006 DNS 服务器",在"数据输入"框中的"新 IP 地址"文本框中输入 DNS 服务器的地址或在"服务器名"文本框中输入 DNS 服务器名称,单击"解析"按钮,服务器的 IP 地址也会出现在"新 IP 地址"文本框中,单击"添加"按钮。

(4) 单击"确定"按钮结束。

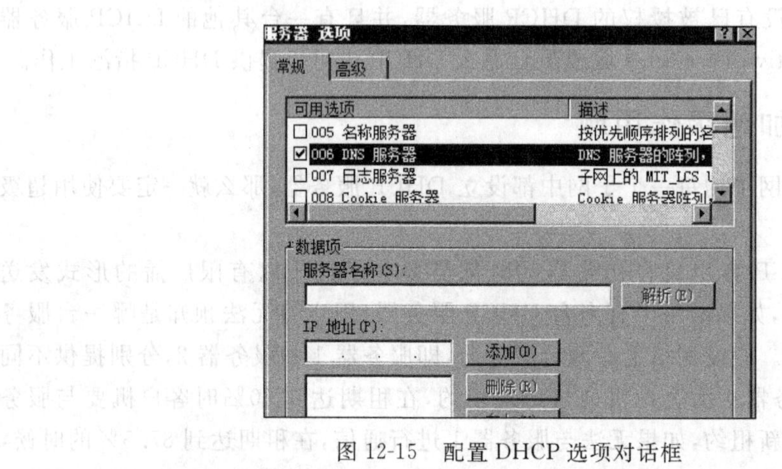

图 12-15 配置 DHCP 选项对话框

当用户在客户机上利用 IPConfig/renew 命令更新 IP 地址租约时,用户会发现 DHCP 客户机的 DNS 服务器地址将立即被设为图 12-15 中的 198.188.188.1。同时 DHCP 客户机的 IP 地址租约也被重新更新了。

在 Windows 2003 DHCP 服务器中用户可用针对不同的对象设置选项,上面用户是针对作用域所设置的选项,用户针对的对象包括默认服务器选项、作用域选项、类选项、保留客户选项,下面说明它们之间的关系。

默认服务器选项(Default Server Options)：这些选项的设置，影响 DHCP 控制台窗口下该服务器下所有的作用域中的客户和类选项。

作用域选项(Scope Options)：这些选项的设置，只影响该作用域下的地址租约。

类选项(Class Options)：这些选项的设置，只影响被指定使用该 DHCP 类 ID 的客户机。

保留客户选项(Reserved Client Options)：这些选项的设置只影响指定的保留客户。

如果在服务器选项与作用域选项中设置了相同的选项，则作用域的选项起作用，即应用时在作用域选项将覆盖服务器选项，同理，类选项会覆盖作用域选项、保留客户选项覆盖以上 3 种选项，它们的优先级表示如下：

保留客户选项→类选项→作用域选项→服务器选项

试验八 Cisco Packet 模拟软件中添加 DHCP 服务器

1. 添加设备、命名设备

添加新部门的相应设备并命名。

在 192.168.1.0 的网络中添加服务器，如图 12-16 所示。

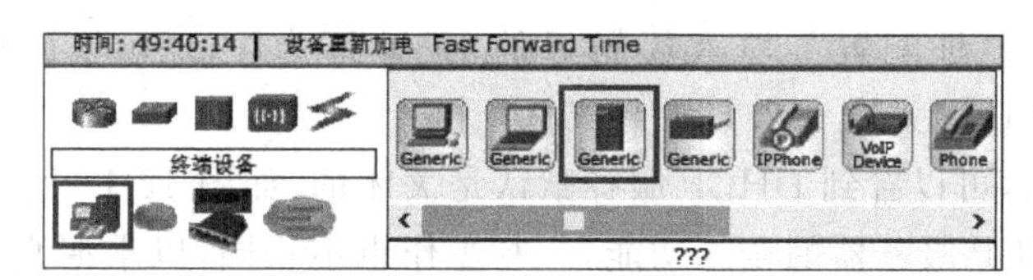

图 12-16 添加服务器

2. 连接设备

需要使用双绞线(网线)将服务器、交换机连接起来，因为交换机是堆叠的，所以从连通性方面考虑是可以连接到任意一台交换机中的。

从数据流量角度分析，如果连接到交换机 A 中，如图 12-17 所示，其他网络的计算机访问此服务器时需要经过交换机 B，再到交换机 A。

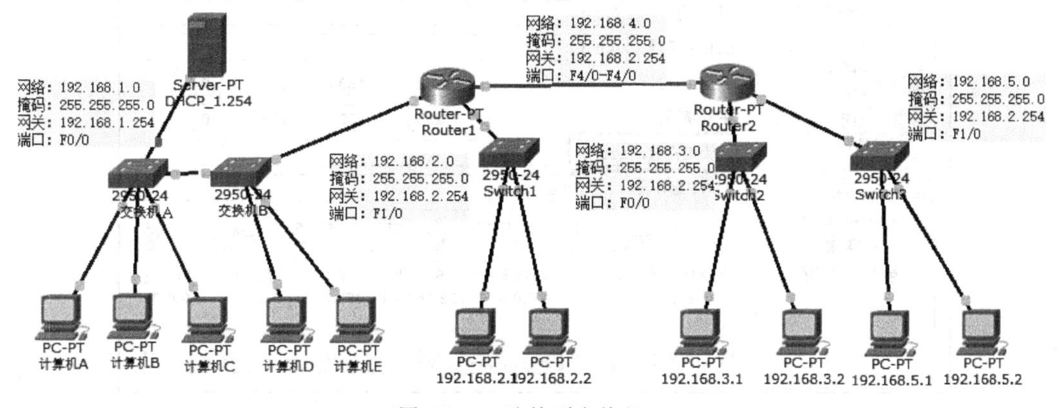

图 12-17 连接到交换机 A

如果连接到交换机 B 中，如图 12-18 所示，其他网络的计算机访问此服务器时只需要经过交换机 B 就可以了，所以从优化角度考虑，服务器应该连接到交换机 B。

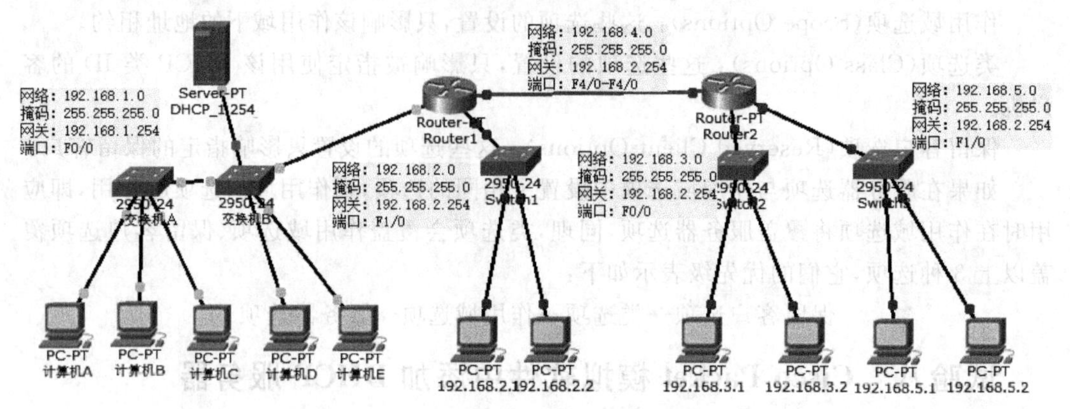

图 12-18　连接到交换机 B

3. 软件配置

首先配置 DHCP 计算机的 IP 地址、子网掩码、默认网关，单击 DHCP 服务器，继续单击“桌面”→“IP 地址配置”，填入规划好的 IP 地址为 192.168.1.101，子网掩码为 255.255.255.0，默认网关为 192.168.1.254。

进入配置界面，可以看到 DHCP 服务默认是关闭的，如图 12-19 所示，模拟软件中不能实现真实的 DHCP 服务器的全部功能，一些操作也不相同，以掌握真实 DHCP 服务器为主，这里只是验证一下 DHCP 服务器的作用。

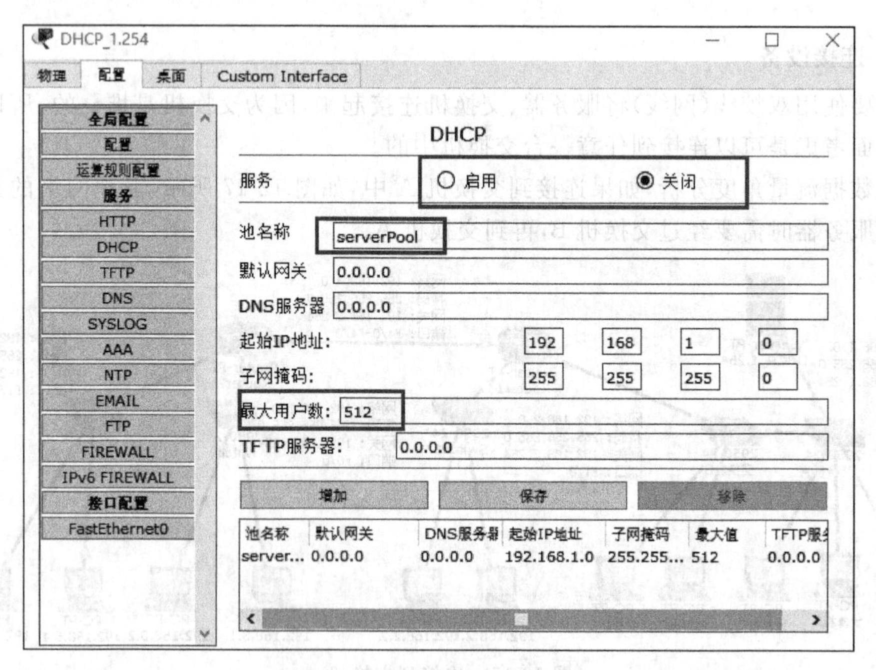

图 12-19　DHCP 默认页面

在图 12-19 中，“池名称”相当于作用域，默认为 serverPool，而且不能更改默认池名称。“最大用户数”是分配的 IP 地址个数，如果填写 100，那么分配的地址为 192.168.1.1～192.168.1.100。

单击选中“启用”单选按钮，填入“默认网关”为 192.168.1.254，“起始 IP 地址”为 192.168.1.11，“最大用户数”为 30，单击“保存”按钮，可以看到下面的记录有所变化，如图 12-20 所示。

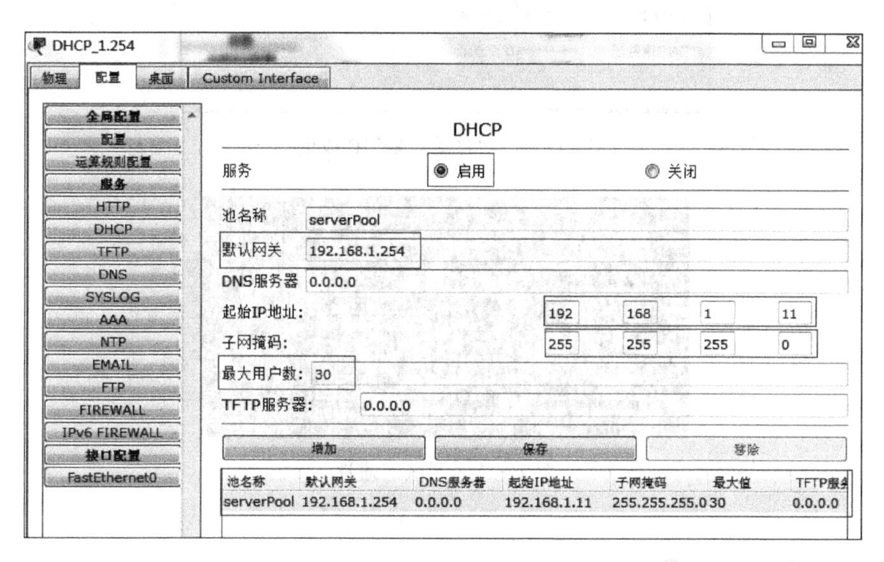

图 12-20　DHCP 默认页面

“一句话要点”

模拟器并不是完全模拟真实环境，有时配置正确，但模拟时失败，有可能是模拟器的问题，而不是配置问题。

【验证方法】

(1) 如果客户端配置为“自动获取 IP 地址”后，能够从 DHCP 服务器获取 IP 地址并连接网络，即为成功。

(2) 如果不能成功连接网络，需要进一步对 DHCP 服务器进行配置。

(3) 验证 Cisco Packet 模拟软件中 DHCP 中的配置。

选中局域网中的一台计算机，将“IP 配置”更改为“自动获取”，可以看到 IP 地址已经能够自动获得了，如图 12-21 所示，再次测试与其他局域网的连通性，稍等片刻，发现 IP 地址变为 192.168.1.11，配置成功，如图 12-22 所示。

图 12-21 “自动获取”IP 地址

```
PC>ping 192.168.5.1

Pinging 192.168.5.1 with 32 bytes of data:

Reply from 192.168.5.1: bytes=32 time=0ms TTL=126
Reply from 192.168.5.1: bytes=32 time=14ms TTL=126
Reply from 192.168.5.1: bytes=32 time=11ms TTL=126
Reply from 192.168.5.1: bytes=32 time=0ms TTL=126

Ping statistics for 192.168.5.1:
    Packets: Sent = 4, Received = 4, Lost = 0 (0% loss),
Approximate round trip times in milli-seconds:
    Minimum = 0ms, Maximum = 14ms, Average = 6ms
```

图 12-22 测试连通性

【思考与练习】

1. 选择题

(1) 使用“DHCP 服务器”功能的好处是(　　)。

A. 降低 TCP/IP 网络的配置工作量

B. 增加系统安全与依赖性

C. 对那些经常变动位置的工作站 DHCP 能迅速更新位置信息

D. 以上都是

(2) 要实现动态 IP 地址分配，网络中至少要求有一台计算机的网络操作系统中安装(　　)。

A. DNS 服务器　　B. DHCP 服务器

C. IIS 服务器　　D. PDC 主域控制器

(3) 如果客户机同时得到多台 DHCP 服务器的 IP 地址，它将(　　)。

A. 随机选择　　B. 选择最先得到的

C. 选择网络号较小的　　D. 选择网络号较大的

2. 简答题

(1) 如何安装 DHCP 服务器?

(2) 简述 DHCP 的工作过程。

项目十三

DHCP 保留

内容提示

本项目主要讲述了通过 DHCP 服务使得客户机自动获取固定的 IP 地址，并讲解了 DHCP 服务中“保留”的原理机制及其配置方法。

学习目标

1. 理解 DHCP 服务中“保留”的概念和作用。
2. 理解 MAC 地址的概念和作用。
3. 领悟创建 DHCP 保留使具有静态 IP 地址的设备的管理自动化。

技能要求

熟悉 Windows 环境下的 DHCP 服务中“保留”的配置过程。

【情景导入】

企业开发部门中经理比较特殊，必须使用特定的 IP 地址 198.188.188.18，此经理经常试用新软件，造成计算机运行缓慢，甚至重新安装操作系统，管理员每次都需要配置固定 IP 地址，感觉很麻烦，如何解决此问题？

【解决方案】

使用 DHCP 服务器中“保留”功能。

有时候需要给某一台或几台 DHCP 客户端计算机以固定的 IP 地址，可以通过 DHCP 服务器提供的“保留”功能来实现。DHCP 服务器的保留功能可以将特定的 IP 地址给特定的 DHCP 客户端使用，也就是说，当这个 DHCP 客户端服务器每次向 DHCP 服务器请求获得 IP 地址或更新 IP 地址的租期时，DHCP 服务器都会给该 DHCP 客户端分配一个相同的 IP 地址。

【技术原理】

1. DHCP 的保留概念

DHCP 服务器默认是假设在 DHCP 服务器 IP 地址池中的所有地址都是可以分配给 DHCP 客户端的,但实际上往往不是这样的;否则就会造成网络中的 IP 地址冲突。在实际情况下,总有一些 IP 地址必须静态分配给某个主机(如各种服务器),而该地址又在 DHCP 服务器 IP 地址池所指定的网段中,这时你必须把那些在 IP 地址池中不能分配给 DHCP 客户端的 IP 地址排除在外。

还有一种情况,如果在同一个网络或者子网中配置了两台地址池所对应的网段完全一样的 DHCP 服务器用于冗余或均衡,并且允许两台 DHCP 服务器同时工作,而不是在一台服务器时才接替原来那台服务器的工作,这时这两台 DHCP 服务器的地址池一定得用排除功能来排除在另一台 DHCP 服务器地址池中的地址;否则就会发生冲突。所以仅有之前所介绍的 DHCP 服务器 IP 地址池配置是不够的。

2. DHCP 的保留配置方法

在 IP 地址池中排除 IP 地址的配置方法很简单,即使用 ip dhcp excluded-address low-address [high-address]全局配置模式命令,用来排除不能给 DHCP 客户端分配的 IP 地址,或者一个 IP 地址范围。其中的 low-address 参数用来指定要排除的 IP 地址范围中最低的那个 IP 地址,而[high-address]可选参数是用来指定要排除的 IP 地址范围中最高的那个 IP 地址。如果没有[high-address]可选参数,则仅排除一个由 low-address 参数指定的 IP 地址。

3. DHCP 的选项说明

在预设保留 IP 地址的作用域右击"保留",在弹出的快捷菜单中选择"新建保留"命令,显示"新建保留"对话框。

"保留名称":用于标识 DHCP 客户端的名称,该选项既可以是 DHCP 客户端的真实名称,也可以是自定义的名称,因为该名称只在管理 DHCP 服务器中的数据时才使用,而在真正的通信中不起任何作用。

"IP 地址":保留该 DHCP 客户端的 IP 地址。

"MAC 地址":输入该 DHCP 客户端的网卡的 MAC 地址。网卡的 MAC 地址是一个 12 位的十六进制数。

"描述":辅助说明文字。

"支持的类型":用于设置该客户端是否必须支持 DHCP 服务。其中,BOOTP 是针对早期没有磁盘的无盘工作站而设计的,因为无盘工作站没有本地磁盘,所以无法在本地存放用于系统启动的信息。因此,必须利用 BOOTP 功能,使这些客户端远程登录服务器,并从服务器上获得启动信息,完成系统的启动。所以,如果该客户端是以无盘方式工作,应当选择"仅 BOOTP"选项;否则,选择"仅 DHCP"选项。当无法确定时,可以选择"两者"选项。

4. MAC 地址概念

MAC(Media Access Control 或者 Medium Access Control)地址，意译为媒体访问控制，或称为物理地址、硬件地址，用来定义网络设备的位置。在 OSI 模型中，第三层网络层负责？IP 地址，第二层数据链路层则负责 MAC 地址。因此，一个主机会有一个 MAC 地址，而每个网络位置会有一个专属于它的 IP 地址。

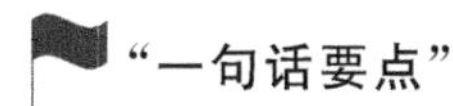

MAC 地址是网卡决定的，是固定的。

MAC(Medium/Media Access Control)地址用来表示互联网上每一个站点的标识符，采用十六进制数表示，共 6 字节(48 位)。其中，前 3 字节是由 IEEE 的注册管理机构 RA 负责给不同厂家分配的代码(高位 24 位)，也称为"编制上唯一的标识符"(Organizationally Unique Identifier)，后 3 字节(低位 24 位)由各厂家自行指派给生产的适配器接口，称为扩展标识符(唯一性)。一个地址块可以生成 224 个不同的地址。MAC 地址实际上就是适配器地址。

5. MAC 地址与 IP 地址

谈起 MAC 地址，不得不说 IP 地址。IP 地址工作在 OSI 参考模型的第三层即网络层。两者之间分工明确，默契合作，完成通信过程。IP 地址专注于网络层，将数据包从一个网络转发到另外一个网络；而 MAC 地址专注于数据链路层，将一个数据帧从一个结点传送到相同链路的另一个结点。

在一个稳定的网络中，IP 地址和 MAC 地址是成对出现的。如果一台计算机要和网络中另一台计算机通信，那么要配置这两台计算机的 IP 地址，MAC 地址是网卡出厂时设定的，这样配置的 IP 地址就和 MAC 地址形成了一种对应关系。在数据通信时，IP 地址负责表示计算机的网络层地址，网络层设备(如路由器)根据 IP 地址进行操作；MAC 地址负责表示计算机的数据链路层地址，数据链路层设备(如交换机)根据 MAC 地址来进行操作。IP 和 MAC 地址这种映射关系由 ARP(Address Resolution Protocol，地址解析协议)完成。

IP 地址和 MAC 地址的相同点是它们都唯一，不同的特点主要有以下几个。

(1) 对于网络上的某一设备，如一台计算机或一台路由器，其 IP 地址是基于网络拓扑设计出的，同一台设备或计算机上，改动 IP 地址是很容易的(但必须唯一)，而 MAC 则是生产厂商烧录好的，一般不能改动。可以根据需要给一台主机指定任意的 IP 地址，如可以给局域网上的某台计算机分配 IP 地址为 192.168.0.112，也可以将它改成 192.168.0.200。而任一网络设备(如网卡、路由器)一旦生产出来以后，其 MAC 地址不可由本地连接内的配置进行修改。如果一台计算机的网卡坏了，在更换网卡之后，该计算机的 MAC 地址就变了。

(2) 长度不同。IP 地址为 32 位，MAC 地址为 48 位。

(3) 分配依据不同。IP 地址的分配是基于网络拓扑，MAC 地址的分配是基于制造商。

(4) 寻址协议层不同。IP 地址应用于 OSI 第三层，即网络层，而 MAC 地址应用在 OSI 第二层，即数据链路层。数据链路层协议可以使数据从一个结点传递到相同链路的另一个结点上(通过 MAC 地址)，而网络层协议使数据可以从一个网络传递到另一个网络上(ARP 根据目的 IP 地址，找到中间结点的 MAC 地址，通过中间结点传送，从而最终到达目的网络)。

【网络规划】

网络地址规划表

名称	IP 地址	子网掩码
DHCP 服务器	192.168.1.101	255.255.255.0

【试验拓扑】

本项目的拓扑结构如图 13-1 所示。

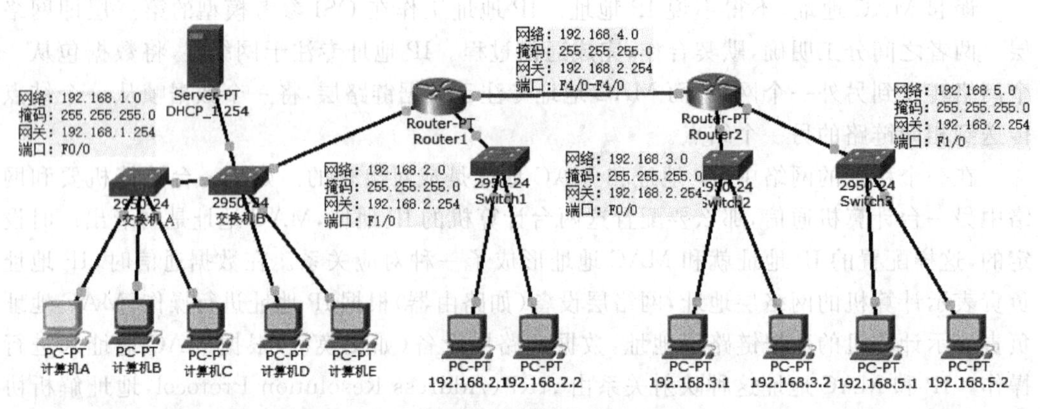

图 13-1 拓扑结构

【试验步骤】

试验一 MAC 地址的获取方法

1. 在 Windows 2003/XP/Windows 8 中查看 MAC 地址

(1) 单击“开始”→“运行”命令，输入 cmd，进入后输入 ipconfig /all 即可(或者输入 ipconfig -all)，如图 13-2 所示。

```
D:\Windows\system32>ipconfig /all

Windows IP 配置

   主机名  . . . . . . . . . . . . . : bindianyang-PC
   主 DNS 后缀 . . . . . . . . . . . :
   节点类型  . . . . . . . . . . . . : 混合
   IP 路由已启用 . . . . . . . . . . : 否
   WINS 代理已启用 . . . . . . . . . : 否

以太网适配器 本地连接:

   连接特定的 DNS 后缀 . . . . . . . :
   描述. . . . . . . . . . . . . . . : Realtek PCIe FE Family Controller
   物理地址. . . . . . . . . . . . . : 00-EA-01-23-90-EF
   DHCP 已启用 . . . . . . . . . . . : 否
   自动配置已启用. . . . . . . . . . : 是
   IPv4 地址 . . . . . . . . . . . . : 192.168.1.120(首选)
   子网掩码  . . . . . . . . . . . . : 255.255.255.0
   默认网关. . . . . . . . . . . . . : 192.168.1.1
   DNS 服务器  . . . . . . . . . . . : 192.168.1.1
                                       202.103.225.68
```

图 13-2　MAC 地址

(2) 单击“开始”→“运行”命令，输入 cmd，进入后输入 getmac 即可，如图 13-3 所示。

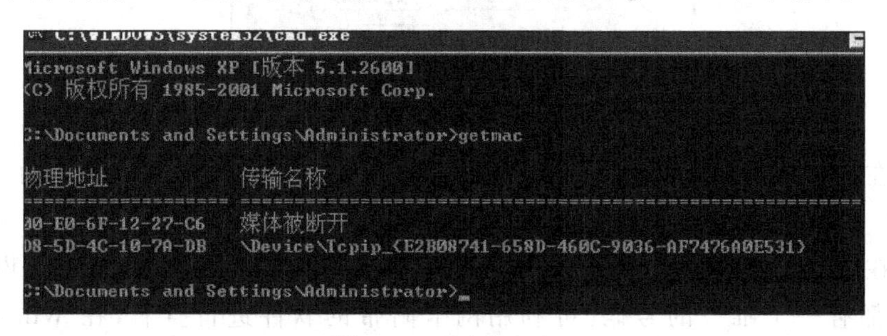

图 13-3　MAC 地址

(3) 通过查看本地连接获取 MAC 地址：依次单击“本地连接”→“状态”→“常规”→“详细信息”，即可看到 MAC 地址。

2. 在 Linux 下查看 MAC 地址

在命令行输入 ipconfig 即可看到 MAC 地址，如图 13-4 所示。

```
[      ang@bogon ~]$ ifconfig
eth0      Link encap:Ethernet  HWaddr 00:0C:29:D2:58:6B
          inet addr:192.168.1.104  Bcast:192.168.1.255  Mask:255.255.255.0
          inet6 addr: fe80::20c:29ff:fed2:586b/64 Scope:Link
          UP BROADCAST RUNNING MULTICAST  MTU:1500  Metric:1
          RX packets:1489 errors:0 dropped:0 overruns:0 frame:0
          TX packets:195 errors:0 dropped:0 overruns:0 carrier:0
          collisions:0 txqueuelen:1000
          RX bytes:133276 (130.1 KiB)  TX bytes:18680 (18.2 KiB)
          Interrupt:185 Base address:0x2000

lo        Link encap:Local Loopback
          inet addr:127.0.0.1  Mask:255.0.0.0
          inet6 addr: ::1/128 Scope:Host
          UP LOOPBACK RUNNING  MTU:16436  Metric:1
```

图 13-4　在 Linux 下查看 MAC 地址

试验二　DHCP 选项设置

如果用户想保留特定的 IP 地址给指定的客户机(如 WINS Server、IIS Server 等),以便客户机在每次启动时都获得相同的 IP 地址,比如需要设定的 IP 地址为 198.188.188.18,MAC 地址为 0000-b4b7-3844。设置步骤如下。

(1) 启动“DHCP 控制台”。

(2) 在出现“DHCP 控制台”窗体后,在左侧窗格中选择作用域中的保留项。

(3) 选择“操作”→“添加”菜单命令,出现“添加保留”对话框,如图 13-5 所示。

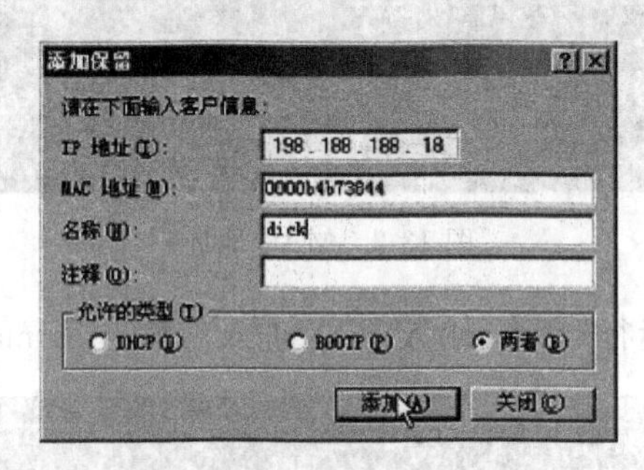

图 13-5　DHCP 添加保留

(4) 在图 13-5 的“IP 地址”文本框中输入要保留的 IP 地址,如本例中的 198.188.188.18。

(5) 在图 13-5 的“MAC 地址”文本框中输入上述 IP 地址要保留给哪一个网卡号,每一块网卡都有一个唯一的号码,可利用网卡附带的软件进行查看,在 Windows XP/Windows 8 计算机中可利用 ipconfig/all 命令查看。

【注意】 如果网卡号未满 12 个字符,则在输入时前面补 0。

(6) 在“名称”文本框中输入客户名称,如 dick。注意此名称只是一般的说明文字,并不是用户账号的名称,但此处不能为空白。

(7) 如果需要可以在“注释”文本框内输入一些描述此客户的说明性文字。

(8) 选择“允许的类型”。

(9) 单击“添加”按钮。

(10) 如果需要添加其他保留位置,则重复上述步骤。

(11) 单击“关闭”按钮结束。

添加完成后,用户可以利用“作用域”→“地址租约”项进行查看,如果客户机使用的仍然是以前的地址,可以利用以下方法进行更新:

在终端计算机中可利用命令 ipconfig/release 释放现有 IP,也可使用命令 ipconfig/renew 更新 IP。

【验证方法】

（1）在终端计算机中可利用命令 ipconfig/release 释放现有 IP，也可使用命令 ipconfig/renew 更新 IP。

（2）重启终端计算机，系统自动更新 IP 地址，验证是否正确。

【思考与练习】

1. DHCP 服务器中的 IP 地址保留设置有什么作用？
2. 如何查看 MAC 地址？

DHCP 中继

内容提示

本项目主要讲述了通过 DHCP 中继服务使得不在同一个物理网段的客户机自动获得 IP 地址，并讲解了 DHCP 中继原理机制及其配置方法。

学习目标

1. 理解 DHCP 中继的概念和作用。
2. 理解 DHCP 中继的工作原理。
3. 领悟 DHCP 中继的优势及必要性。

技能要求

掌握 DHCP 中继的配置过程。

【情景导入】

企业内部已经搭建了 DHCP 服务器，放置在 192.168.1.0 的网段，此网段的客户机不需要手工指定 IP，自动获得即可，但其他局域网客户端发现既不能从 DHCP 获得 IP 地址，又不能将每个局域网搭建一台 DHCP 服务器，如何解决此问题？

【解决方案】

依据项目描述，要使其他局域网中的客户机获得 DHCP 分配的 IP 地址，必须使用 DHCP 中继功能，此功能不是 DHCP 服务器的功能，而是路由器的功能。

【技术原理】

1. DHCP中继的概念

DHCP中继(DHCP Relay)也叫作DHCP中继代理。

如果DHCP客户机与DHCP服务器在同一个物理网段，则客户机可以正确地获得动态分配的IP地址。如果不在同一个物理网段，则需要DHCP Relay Agent(中继代理)。用DHCP Relay代理可以去掉在每个物理的网段都要有DHCP服务器的必要，它可以传递消息到另一个物理子网的DHCP服务器，也可以将服务器的消息传回给不在同一个物理子网的DHCP客户机。

2. DHCP中继的原理

开启DHCP中继功能后，具体过程如图14-1所示。事实上，从开始到最终完成配置，需要多个这样的交互过程。

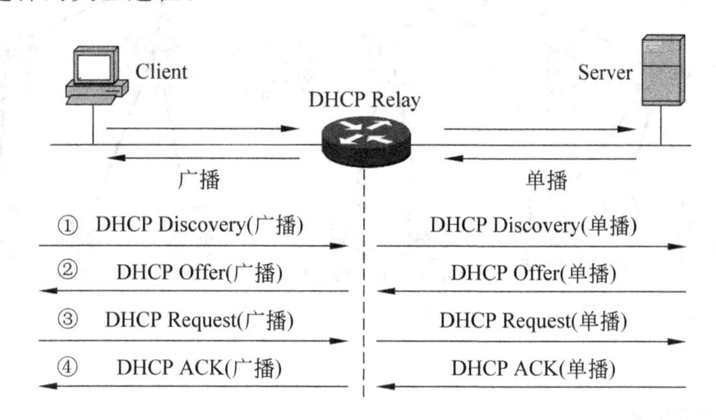

图14-1　DHCP中继交互过程

(1) 当DHCP Client启动并进行DHCP初始化时，它会在本地网络广播配置请求报文。

(2) 如果本地网络存在DHCP Server，则可以直接进行DHCP配置，不需要DHCP Relay。

(3) 如果本地网络没有DHCP Server，则与本地网络相连的具有DHCP Relay功能的网络设备收到该广播报文后，将进行适当处理，并转发给指定的其他网络上的DHCP Server。

(4) DHCP Server根据DHCP Client提供的信息进行相应的配置，并通过DHCP Relay将配置信息发送给DHCP Client，完成对DHCP Client的动态配置。

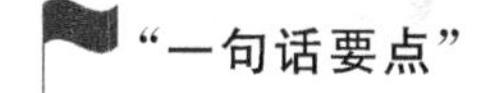

“一句话要点”

MAC地址是网卡决定的，是固定的。

【网络规划】

网络地址规划表

名　　称	IP 地址	子网掩码
DHCP 服务器	192.168.1.101	255.255.255.0

【试验拓扑】

本项目拓扑如图 14-2 所示。

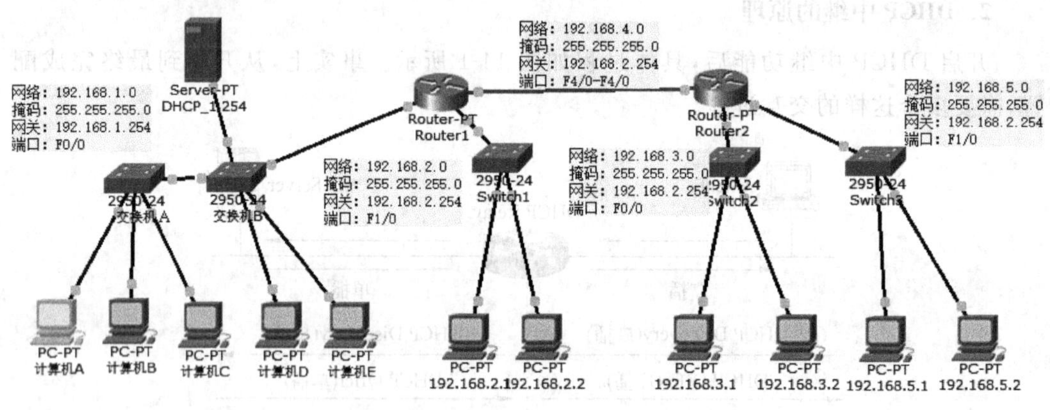

图 14-2　拓扑结构

【试验步骤】

试验一　华三 S3600 系列配置 DHCP 中继

1. 试验要求及拓扑结构

在 S3600 系列交换机上配置 DHCP Relay，使下面的用户动态获取相应网段的 IP 地址，拓扑结构如图 14-3 所示，SwitchA 作为 DHCP Server，SwitchB 使能 DHCP Relay 功能。

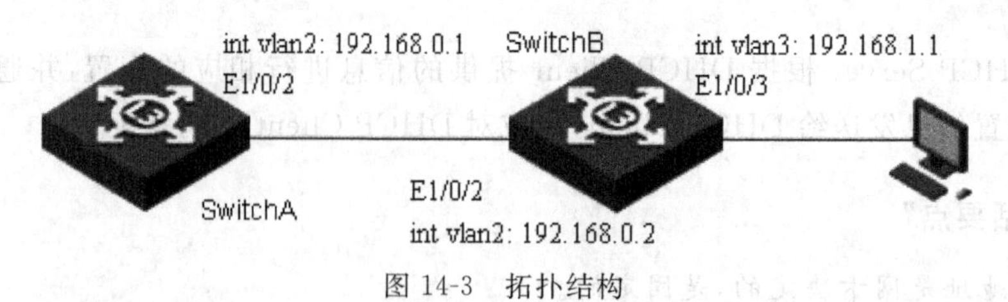

图 14-3　拓扑结构

2. SwitchA 的配置

(1) 全局使能 DHCP 功能：

```
[SwitchA]dhcp enable
```

(2) 创建 DHCP 地址池，并进入 DHCP 地址池视图：

```
[SwitchA]dhcpserver ip-pool h3c
```

(3) 配置动态分配的 IP 地址范围：

```
[SwitchA-dhcp-pool-h3c]network 192.168.1.0 mask 255.255.255.0
```

(4) 指定所有接口工作在全局地址池模式：

```
[SwitchA]dhcpselect global all
```

(5) 创建(进入)VLAN2：

```
[SwitchA]vlan 2
```

(6) 将 E1/0/1 端口加入 VLAN2：

```
[SwitchA-vlan2]port Ethernet1/0/2
```

(7) 进入 VLAN 接口 2：

```
[SwitchA-vlan2]int vlan 2
```

(8) 为 VLAN2 配置 IP 地址：

```
[SwitchA-Vlan-interface2]ip address 192.168.0.1 255.255.255.0
```

(9) 配置路由可达：

```
[SwitchA]ip route- 0static 192.168.1.0 255.255.255.0 192.168.0.2
```

3. SwitchB 的配置

(1) 全局使能 DHCP 功能：

```
[SwitchB]dhcp enable
```

(2) 指定 DHCP Server 组 1 所采用的 DHCP Server 的 IP 地址：

```
[SwitchB]dhcp-server1 ip 192.168.0.1
```

(3) 配置 DHCP Relay 到 DHCP Server 的接口地址：

```
[SwitchB]vlan 2
[SwitchB-vlan2]porte1/0/2
[SwitchB]int vlan 2
[SwitchB-Vlan-interface2]ipaddress 192.168.0.2 255.255.255.0
```

(4) 配置 DHCP Relay 到 PC 的接口地址：

```
[SwitchB]vlan 3
[SwitchB-vlan3]porte1/0/3
[SwitchB]int vlan 3
[SwitchB-Vlan-interface3]ip address 192.168.1.1 255.255.255.0
```

（5）指定 VLAN 接口归属到 DHCP Server 组 1：

```
[SwitchB-Vlan-interface3]dhcp-server1
```

"一句话要点"

华三路由器和思科路由器配置命令不同，需要注意。

试验二　在 Windows 2003/XP/Windows 8 中配置 DHCP 中继

1. 配置路由和远程访问

以一台使用 Windows Server 2003 系统的计算机为例，将该计算机系统配置成 LAN 路由器，用来连接这两个不同的子网。

系统默认设置是没有启用这项服务的，所以首先要安装并启用它。单击"控制面板"→"管理工具"，双击"路由和远程访问"选项，打开"路由和远程访问"窗口，右击"本地"服务器，在弹出的快捷菜单中选择"配置并启用路由及远程访问"命令，弹出"路由及远程访问服务器安装向导"对话框，单击"下一步"按钮，选择"自定义配置"后，再单击"下一步"按钮，选择"LAN 路由"选项，最后单击"完成"按钮即可。

2. 配置 DHCP 中继代理

需要把这台使用 Windows Server 2003 系统的计算机配置成 DHCP 中继代理服务器。这样当 DHCP 客户机广播请求地址租赁时，中继代理服务器就会把这个消息转发给另一子网中的 DHCP 服务器，然后再将 DHCP 服务器返回的分配 IP 地址的消息转发给 DHCP 客户机，从而协助 DHCP 客户机完成地址租赁。

"一句话要点"

中继代理是为不在同一子网中的 DHCP 客户机和 DHCP 服务器之间中转 DHCP/BOOTP 消息的小程序。

1）安装 DHCP 中继代理程序

在"路由和远程访问"窗口中，依次展开"本地服务器"→"IP 路由选择"→"常规"选项，右击"常规"选项，在弹出的快捷菜单中选择"新增路由协议"，然后在弹出的"新路由协议"对话框中选择"DHCP 中继代理程序"，接着单击"确定"按钮。

2）指定 DHCP 服务器

右击刚刚添加的"DHCP 中继代理程序"选项，在弹出菜单中选择"属性"，进入"DHCP 中继代理程序属性"对话框，在"常规"标签页的"服务器地址"栏中输入另一子网的 DHCP 服务器的 IP 地址，如 192.168.1.2，然后单击"添加"按钮，最后单击"确定"按钮关闭该对话框。

3）配置访问接口

右击“DHCP 中继代理程序”选项，在弹出的快捷菜单中选择“新增接口”命令，然后在“DHCP 中继代理程序的新接口”对话框中的“接口”列表框中选中可以访问另一子网 DHCP 服务器的那个接口，通常这个接口就是连接另一子网的网卡，接着单击“确定”按钮。然后在弹出的“DHCP 中继站属性”对话框中，选中“中继 DHCP 数据包”选项，这样就启用了它的中继功能，最后单击“确定”按钮。

完成以上配置后，本子网中的 DHCP 客户机就可以通过 DHCP 中继代理程序访问另一子网中的 DHCP 服务器了。

试验三　在模拟软件中熟悉 IOS 命令

(1) IOS 命令及相关知识。IOS 配置通常是通过基于文本的命令行接口(Command Line Interface,CLI)进行的。

真实配置环境和模拟环境都需要熟悉 IOS 命令，很少有界面式的操作模式，所以掌握基础 IOS 命令是必需的。

(2) 单击模拟器中的路由器 router1，选择“命令行”选项卡，进入路由器 IOS 命令行，如图 14-4 所示。

(3) 按照提示按回车键，进入用户命令模式，此模式下只能使用一些查看命令，如图 14-5 所示。

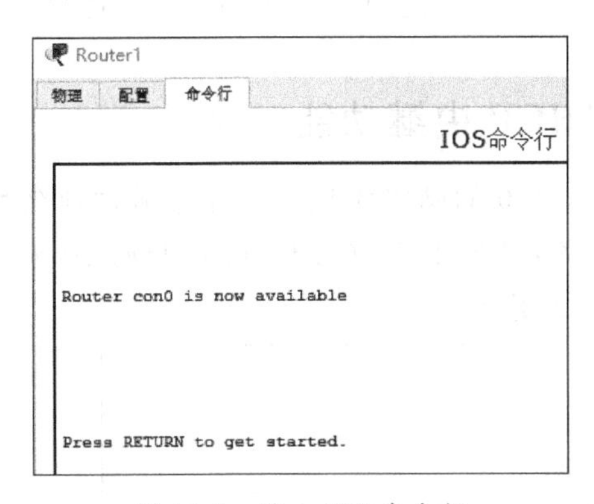

图 14-4　进入 IOS 命令行

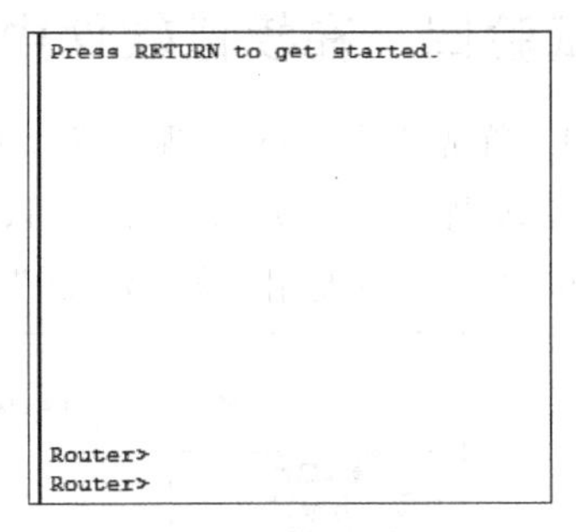

图 14-5　用户命令模式

(4) 在任意模式下输入“?”，可以查看此模式下可以输入的所有命令，如图 14-6 所示，也可以输入命令的前几个字母，比如输入“t”，然后输入“?”，可以显示所有以“t”开头的命令，如图 14-7 所示。

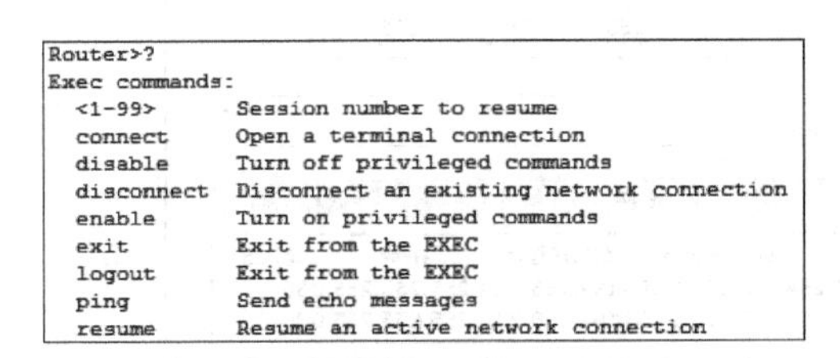

图 14-6　“?”显示所有命令

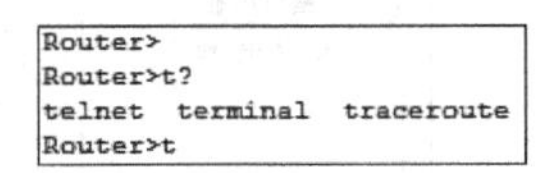

图 14-7　显示所有“t”开头的命令

(5) 可以输入命令的前几个字母,然后按 Tab 键自动补全命令。

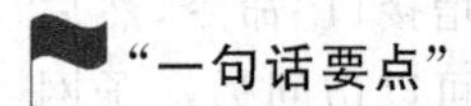

善用"?"和 Tab 键,可以很好地记忆命令。

(6) 输入 enable,进入特权命令模式,如图 14-8 所示。

(7) 输入 config t 命令,进入全局配置模式,如图 14-9 所示。

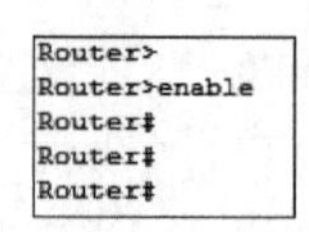

图 14-8　特权命令模式

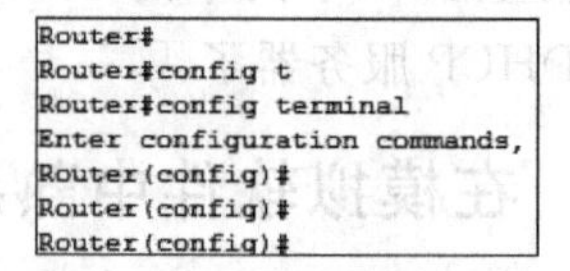

图 14-9　全局配置模式

(8) 输入 int f0/0 命令,进入端口配置模式,如图 14-10 所示。

(9) 输入 exit 命令,回退到上一个模式,如图 14-11 所示。

```
Router(config)#interface fastEthernet 0/0
Router(config-if)#
Router(config-if)#
Router(config-if)#
Router(config-if)#
Router(config-if)#
Router(config-if)#
```

图 14-10　端口配置命令模式

```
Router(config-if)#
Router(config-if)#exit
Router(config)#
Router(config)#
Router(config)#
```

图 14-11　回退到上一模式

试验四　在模拟软件中配置 DHCP 中继功能

(1) 首先进入 DHCP 服务器,为 192.168.2.0 的网络添加一个作用域,"池名称"为"2","默认网关"为 192.168.2.254,"DNS 服务器"为 192.168.1.103,"起始 IP 地址"为 192.168.2.1,"最大用户数"为"30",如图 14-12 所示。

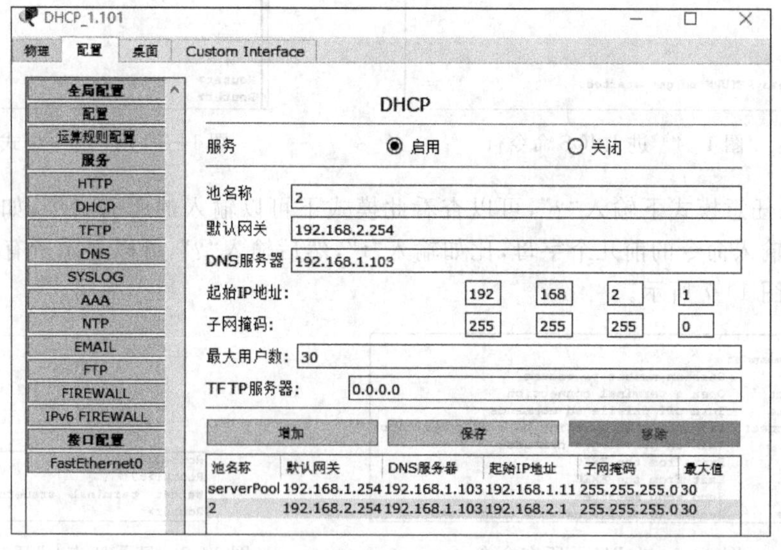

图 14-12　添加 DHCP 池

(2) 进入路由器 A,输入命令 int F1/0 进入 192.168.2.0 网络连接的 F1/0 端口,如图 14-13 所示。

(3) 输入 DHCP 中继命令,ip helper-address 192.168.1.101,启用中继功能,如图 14-14 所示。

```
Router(config)#
Router(config)#
Router(config)#int f1/0
Router(config-if)#
Router(config-if)#
Router(config-if)#
Router(config-if)#
```

图 14-13　进入端口

```
Router(config-if)#ip helper
Router(config-if)#ip helper-address 192.168.1.101
Router(config-if)#
Router(config-if)#
Router(config-if)#
Router(config-if)#
Router(config-if)#
```

图 14-14　中继命令

(4) 重复上述过程,使网络中所有计算机都能够自动获得 IP 地址。

【验证方法】

(1) 在真实环境中,终端计算机中可利用命令 ipconfig/release 释放现有 IP,并利用命令 ipconfig/renew 更新 IP。

(2) 在模拟器中,进入 192.168.2.0 网络中的一台计算机,将“IP 配置”更改为“自动获取”,可以看到能够获得规划的 IP 地址,如图 14-15 所示,说明配置成功。

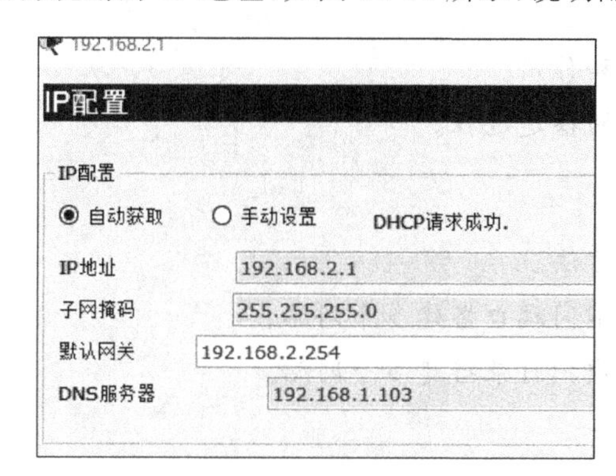

图 14-15　客户机显示界面

【思考与练习】

1. DHCP 中继服务有什么作用?
2. DHCP 中继服务在哪个设备中配置?
3. 简述 DHCP 中继的配置方法。

项目十五

IIS配置

内容提示

本项目主要讲述通过IIS服务搭建Web服务器，使得公司能够使用各类网站进行宣传和办公。

学习目标

1. 理解IIS的概念和作用。
2. 理解IIS中网站的搭建过程。

技能要求

1. 掌握IIS的安装方法。
2. 掌握IIS中使用不同端口搭建多个网站。
3. 掌握IIS中使用虚拟目录搭建多个网站。

【情景导入】

某企业成立两年，因业务扩展，建立了公司内部系统，有宣传网站、OA办公系统，如何使得每个员工都能方便地访问系统？

【解决方案】

首先调研公司网站、办公系统是什么架构，如是B/S架构，还是C/S架构。

一般宣传网站为B/S架构，需要搭建Web服务；如果是C/S架构，安装客户端即可。

【技术原理】

1. C/S 结构的基本概念

C/S 结构，即大家熟知的客户机/服务器结构。它是软件系统体系结构，通过它可以充分利用两端硬件环境的优势，将任务合理分配到 Client 端和 Server 端来实现，降低系统的通信开销。目前大多数应用软件系统都是 Client/Server 形式的两层结构，由于现在的软件应用系统正在向分布式的 Web 应用发展，应用 Web 和 Client/Server(C/S)都可以进行同样的业务处理，应用不同的模块共享逻辑组件。因此，内部的和外部的用户都可以访问新的和现有的应用系统，通过现有应用系统中的逻辑可以扩展出新的应用系统。这也是目前应用系统的发展方向。

2. C/S 结构的优、缺点

C/S 结构的优点是能充分发挥客户端 PC 的处理能力，很多工作可以在客户端处理后再提交给服务器。对应的优点就是客户端响应速度快。具体表现在以下两点。

1）应用服务器运行数据负荷较轻

最简单的 C/S 体系结构的数据库应用由两部分组成，即客户应用程序和数据库服务器程序。二者可分别称为前台程序与后台程序。运行数据库服务器程序的机器，也称为应用服务器。一旦服务器程序被启动，就随时等待响应客户程序发来的请求；客户应用程序运行在用户自己的计算机上，对应于数据库服务器，可称为客户计算机，当需要对数据库中的数据进行操作时，客户程序就自动地寻找服务器程序，并向其发出请求，服务器程序根据预定的规则做出应答，返回结果，应用服务器运行数据负荷较轻。

2）数据的储存管理功能较为透明

在数据库应用中，数据的储存管理功能，是由服务器程序和客户应用程序分别独立进行的，并且通常把那些不同的(不管是已知还是未知的)前台应用所不能违反的规则，在服务器程序中集中实现。例如，访问者的权限、编号可以重复，必须有客户才能建立订单这样的规则。所有这些，对于工作在前台程序上的最终用户都是“透明”的，他们无须过问(通常也无法干涉)背后的过程，就可以完成自己的一切工作。在客户服务器架构的应用中，前台程序不是非常“瘦小”，麻烦的事情都交给了服务器和网络。在 C/S 体系下，数据库不能真正成为公共、专业化的仓库，它受到独立的专门管理。

C/S 结构的缺点也很明显，具体表现为以下 3 点。

(1) 随着互联网的飞速发展，移动办公和分布式办公越来越普及，这需要系统具有可扩展性。这种方式远程访问需要专门的技术，同时要对系统进行专门的设计来处理分布式的数据。

(2) 客户端需要安装专用的客户端软件。首先涉及安装的工作量；其次任何一台计算机出问题，如病毒、硬件损坏，都需要进行安装或维护。特别是有很多分台计算机或专卖店的情况，不是工作量的问题，而是路程的问题。此外，系统软件升级时，每一台客户机需要重新安装，其维护和升级成本非常高。

(3) 对客户端的操作系统一般也会有限制。可能适应于 Windows XP，但不能用于 Windows 2003 或 Windows 7，或者不适用于微软新的操作系统等，更不用说 Linux、UNIX 等。

3. Web 服务器

Web 服务器是可以向发出请求的浏览器提供文档的程序。

(1) 服务器是一种被动程序，只有当 Internet 上运行其他计算机中的浏览器发出的请求时，服务器才会响应。

(2) 最常用的 Web 服务器是 Apache 和 Microsoft 的 Internet 信息服务器(Internet Information Services，IIS)。

(3) Internet 上的服务器也称为 Web 服务器，是一台在 Internet 上具有独立 IP 地址的计算机，可以向 Internet 上的客户机提供 WWW、E-mail 和 FTP 等各种 Internet 服务。

(4) Web 服务器是指驻留于因特网上某种类型计算机的程序。当 Web 浏览器(客户端)连到服务器上并请求文件时，服务器将处理该请求并将文件反馈到该浏览器上，附带的信息会告诉浏览器如何查看该文件(即文件类型)。服务器使用 HTTP(超文本传输协议)与客户机浏览器进行信息交流，这就是人们常把它们称为 HTTP 服务器的原因。

Web 服务器不仅能够存储信息，而且能够在用户通过 Web 浏览器提供信息的基础上运行脚本和程序。

4. WWW 简介

WWW 是 World Wide Web (环球信息网)的缩写，也可以简称为 Web，中文名字为"万维网"。它起源于 1989 年 3 月，由欧洲量子物理试验室 CERN (the European Laboratory for Particle Physics)所发展出来的主从结构分布式超媒体系统。

WWW 采用的是浏览器/服务器结构，其作用是整理和存储各种 WWW 资源，并响应客户端软件的请求，把客户所需的资源传送到 Windows、UNXI 或 Linux 等平台上。

使用最多的 Web Server 服务器软件有两个，即微软的信息服务器(IIS)和 Apache。

通俗地讲，Web 服务器传送(Serves)页面使浏览器可以浏览，然而应用程序服务器提供的是客户端应用程序可以调用(Call)的方法(Methods)。确切一点，可以说 Web 服务器专门处理 HTTP 请求(Request)，但是应用程序服务器是通过很多协议来为应用程序提供商业逻辑(Business Logic)。

5. Web 服务器工作原理

Web 服务器的工作原理并不复杂，一般可分成以下 4 个步骤，即连接过程、请求过程、应答过程及关闭连接。下面对这 4 个步骤进行简单介绍。

连接过程就是 Web 服务器及其浏览器之间所建立起来的一种连接。查看连接过程是否实现，用户可以找到和打开 socket 这个虚拟文件，这个文件的建立意味着连接过程这一步骤已经成功建立。

请求过程就是 Web 的浏览器运用 socket 文件向其服务器提出各种请求。

应答过程就是运用 HTTP 把在请求过程中所提出来的请求传输到 Web 的服务器，进而实施任务处理，然后运用 HTTP 把任务处理的结果传输到 Web 的浏览器，同时在

Web 的浏览器上展示上述所请求的界面。

关闭连接就是当上一个步骤——应答过程完成以后，Web 服务器及浏览器之间断开连接的过程。

Web 服务器上述 4 个步骤环环相扣、紧密相联，逻辑性比较强，可以支持多个进程、多个线程以及多个进程与多个线程相混合的技术。

6. Web 服务比较

在 UNIX 和 Linux 平台下使用最广泛的免费 HTTP 服务器是 Apache 和 Nginx 服务器，而 Windows 2000/2003/2008 使用 IIS 的 Web 服务器。在选择使用 Web 服务器时应考虑的因素有性能、安全性、日志和统计、虚拟主机、代理服务器、缓冲服务和集成应用程序等。下面介绍几种常用的 Web 服务器。

1) IIS

Microsoft 的 Web 服务器产品为 IIS(Internet Information Services，因特网信息服务)，IIS 是允许在 Internet 或 Intranet 上发布信息的 Web 服务器。IIS 是目前最流行的 Web 服务器产品之一，很多著名的网站都是建立在 IIS 的平台上。IIS 提供了一个图形界面的管理工具，称为 Internet 服务管理器，可用于监视配置和控制 Internet 服务。

IIS 是一种 Web 服务组件，其中包括 Web 服务器、FTP 服务器、NNTP 服务器和 SMTP 服务器，分别用于网页浏览、文件传输、新闻服务和邮件发送等方面，它使得在网络(包括互联网和局域网)上发布信息成为一件很容易的事。它提供 ISAPI(Intranet Server API)作为扩展 Web 服务器功能的编程接口。同时，它还提供一个 Internet 数据库连接器，可以实现对数据库的查询和更新，它与 Windows NT Server 完全集成，允许使用 Windows NT Server 内置的安全性以及 NTFS 文件系统建立强大灵活的 Internet/Intranet 站点。

IIS 是 Windows 系统提供的一种 Web 服务器组件，包括 WWW 服务器、FTP 服务器、NNTP 服务器和 SMTP 服务器，分别用于网页浏览、文件传输、新闻服务和邮件发送等。

IIS 将 World Wide Web Server，Gopher Server 和 FTP Server 全部包括在其中。IIS 意味着用户能发布网页，并且由 ASP(Active Server Pages)、Java、VBscript 产生页面，还具有一些扩展功能。IIS 是随 Windows NT Server 4.0 一起提供的文件和应用程序服务器，是在 Windows NT Server 上建立 Internet 服务器的基本组件。它与 Windows NT Server 完全集成，允许使用 Windows NT Server 内置的安全性以及 NTFS 文件系统建立强大灵活的 Internet/Intranet 站点。

2) Kangle

Kangle Web 服务器(简称 Kangle)是一款跨平台、功能强大、安全稳定、易操作的高性能 Web 服务器和反向代理服务器软件。此外，Kangle 也是一款专为做虚拟主机研发的 Web 服务器。实现虚拟主机独立进程、独立身份运行。用户之间安全隔离，一个用户出问题不影响其他用户。安全支持 PHP、ASP、ASP. NET、Java、Ruby 等多种动态开发语言。

3）WebSphere

WebSphere Application Server 是一个功能完善、开放的 Web 应用程序服务器，是 IBM 电子商务计划的核心部分，它是基于 Java 的应用环境，用于建立、部署和管理 Internet 和 Intranet Web 应用程序。这一整套产品进行了扩展，以适应 Web 应用程序服务器的需要，范围从简单到高级直到企业级。

WebSphere 针对以 Web 为中心的开发人员，他们都掌握基本 HTTP 服务器和 CGI 编程并在技术上不断成长。IBM 将提供 WebSphere 产品系列，通过提供综合资源、可重复使用的组件、功能强大并易于使用的工具以及支持 HTTP 和 IIOP 通信的可伸缩运行环境，来帮助这些用户从简单的 Web 应用程序转移到电子商务世界。

4）WebLogic

BEA WebLogic Server 是一种多功能、基于标准的 Web 应用服务器，为企业构建自己的应用提供了坚实的基础。各种应用开发、部署所有关键性的任务，无论是集成各种系统和数据库，还是提交服务、跨 Internet 协作，起始点都是 BEA WebLogic Server。由于它具有全面的功能、对开放标准的遵从性、多层架构、支持基于组件的开发，基于 Internet 的企业都选择它来开发、部署最佳的应用。

BEA WebLogic Server 在使应用服务器成为企业应用架构的基础方面继续处于领先地位。BEA WebLogic Server 为构建集成化的企业级应用提供了稳固的基础，它们以 Internet 的容量和速度，在联网的企业之间共享信息、提交服务，实现协作自动化。

5）Apache

Apache 仍然是世界上用得最多的 Web 服务器，市场占有率达 60%左右。它源于 NCSAhttpd 服务器，当 NCSAWWW 服务器项目停止后，那些使用 NCSA WWW 服务器的人们开始交换用于此服务器的补丁，这也是 Apache 名称的由来(Pache 补丁)。世界上很多著名的网站都是 Apache 的产物，它的成功之处主要在于它的源代码开放、有一支开放的开发队伍、支持跨平台的应用(可以运行在几乎所有的 UNIX、Windows、Linux 系统平台上)以及它的可移植性等方面。

6）Tomcat

Tomcat 是一个开放源代码、运行 servlet 和 JSP Web 应用软件基于 Java 的 Web 应用软件容器。Tomcat Server 是根据 Servlet 和 JSP 规范执行的，因此可以说 Tomcat Server 也实行了 Apache-Jakarta 规范且比绝大多数商业应用软件服务器要好。

Tomcat 是 Java Servlet 2.2 和 Java Server Pages 1.1 技术的标准实现，是基于 Apache 许可证下开发的自由软件。Tomcat 是完全重写的 Servlet API 2.2 和 JSP 1.1 兼容的 Servlet/JSP 容器。Tomcat 使用了 JServ 的一些代码，特别是 Apache 服务适配器。随着 Catalina Servlet 引擎的出现，Tomcat 第四版的性能得到提升，使它成为一个值得考虑的 Servlet/JSP 容器，因此许多 Web 服务器都是采用 Tomcat。

7）JBoss

JBoss 是一个基于 J2EE 的开放源代码的应用服务器。JBoss 代码遵循 LGPL 许可，可以在任何商业应用中免费使用，而不用支付费用。JBoss 是一个管理 EJB 的容器和服务器，支持 EJB 1.1、EJB 2.0 和 EJB 3 的规范。但 JBoss 核心服务不包括支持 Servlet/JSP 的 Web 容器，一般与 Tomcat 或 Jetty 绑定使用。

【网络规划】

网络地址规划表

名称	IP 地址	子网掩码
IIS 服务器	192.168.1.102	255.255.255.0

【试验拓扑】

本项目拓扑如图 15-1 所示。

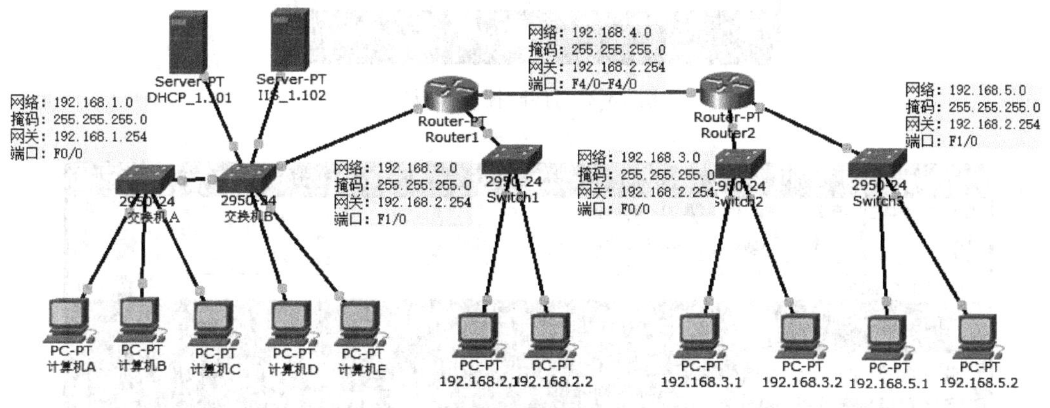

图 15-1 拓扑结构

【试验步骤】

试验一 安装 IIS

(1) 将系统安装盘放在光驱中，执行“开始”→“控制面板”命令，如图 15-2 所示，打开“控制面板”窗口，在其中单击“添加/删除程序”选项，如图 15-3 所示。

(2) 在图 15-4 所示的窗口中单击“添加/删除 Windows 组件”图标按钮，弹出图 15-5 所示对话框。

(3) 在列表框中选择“Internet 信息服务(IIS)”选项并单击“详细信息”按钮，弹出图 15-6 所示的对话框，选择“万维网服务”选项，单击“详细信息”按钮，弹出图 15-7 所示对话框，选中其中所有的子组件，单击“确定”按钮。在图 15-6 中单击“确定”按钮。

图 15-2 打开"控制面板"

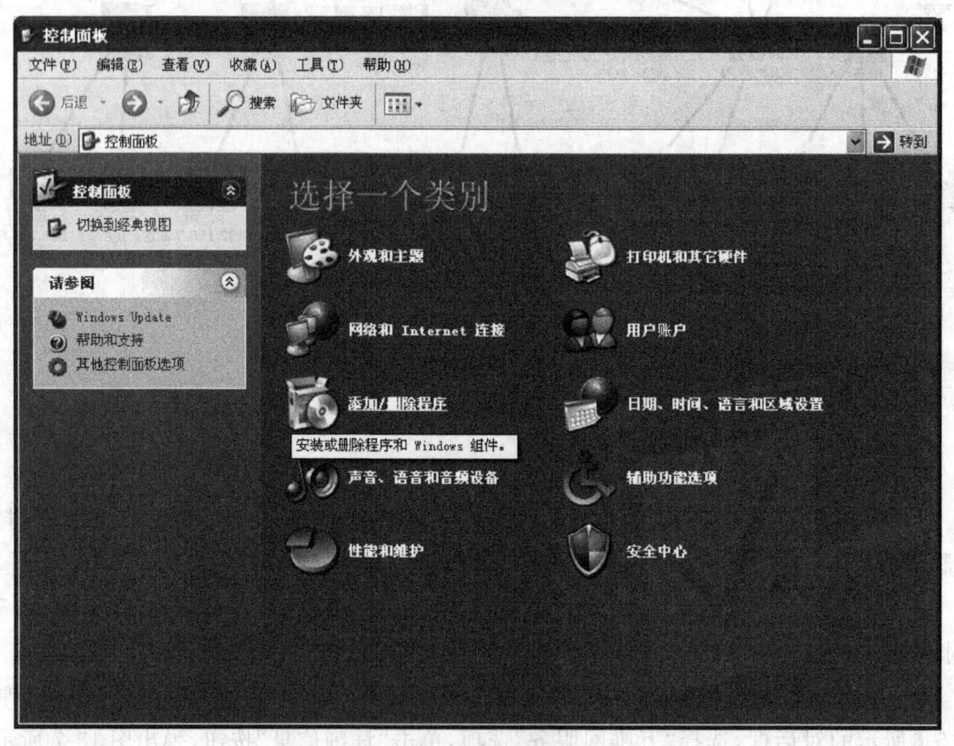

图 15-3 "控制面板"窗口

图 15-4 “添加或删除程序”窗口

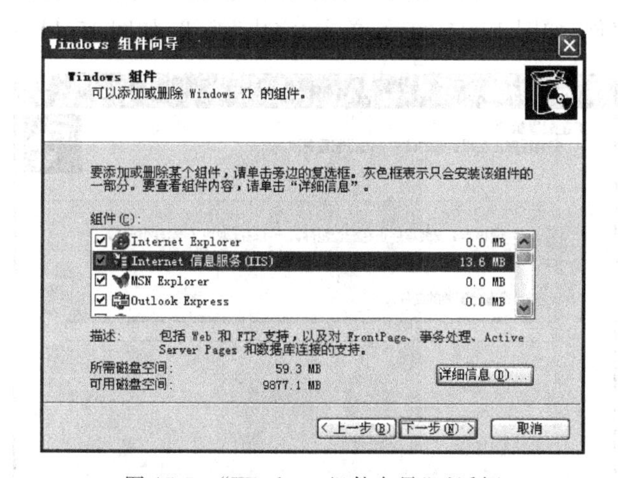

图 15-5 “Windows 组件向导”对话框

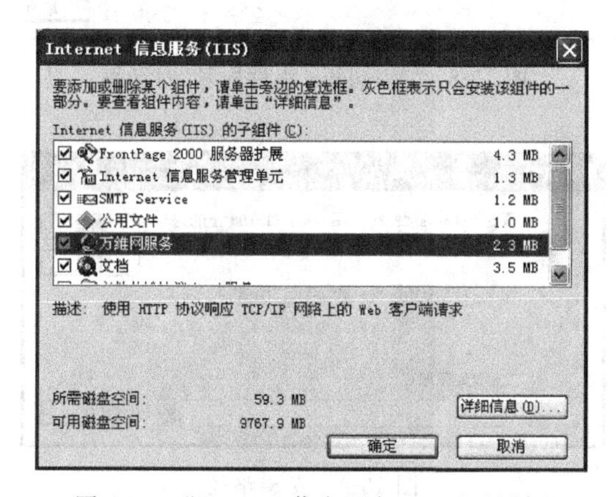

图 15-6 “Internet 信息服务(IIS)”对话框

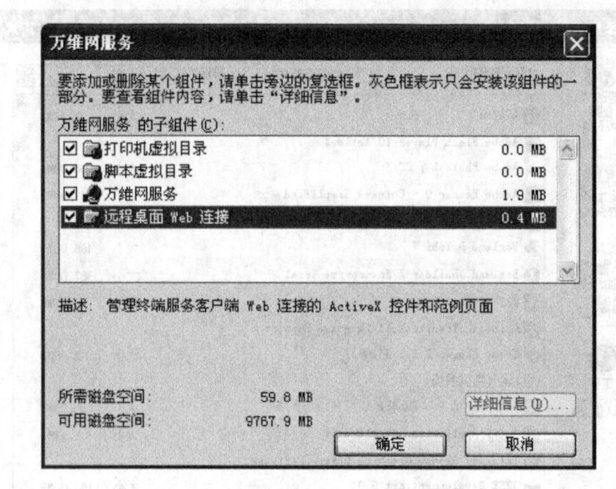

图 15-7 “万维网服务”对话框

(4) 回到图 15-5 中，单击“下一步”按钮，弹出图 15-8 所示对话框，检查已经安装的组件，在图 15-9 所示对话框中单击“浏览”按钮，路径设置为光盘安装目录，单击“确定”按钮，开始安装 IIS 组件，如图 15-10 所示，单击“完成”按钮，如图 15-11 所示。

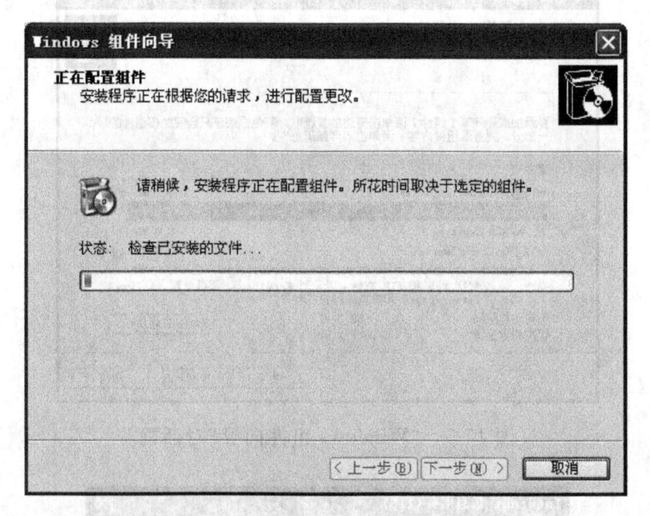

图 15-8 “Windows 组件向导”对话框

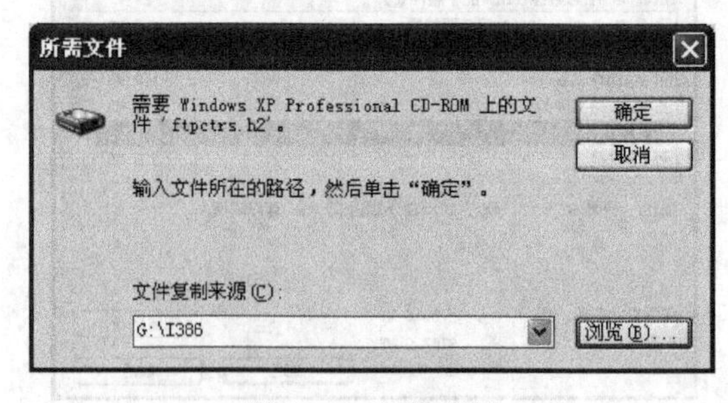

图 15-9 安装路径

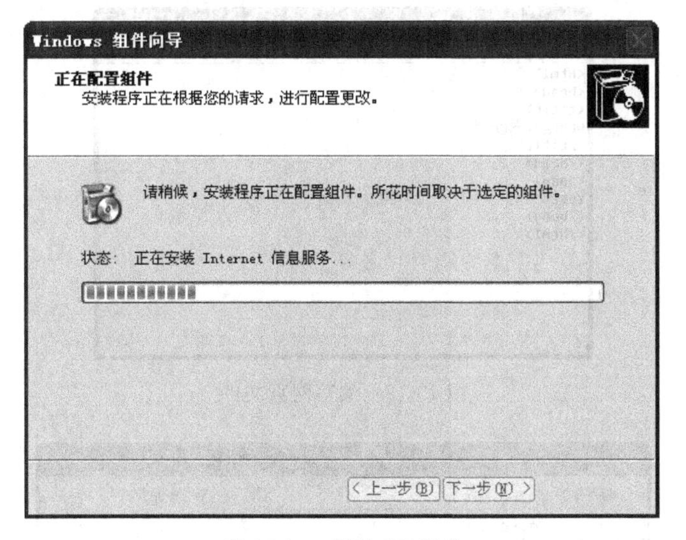

图 15-10 安装 IIS 组件

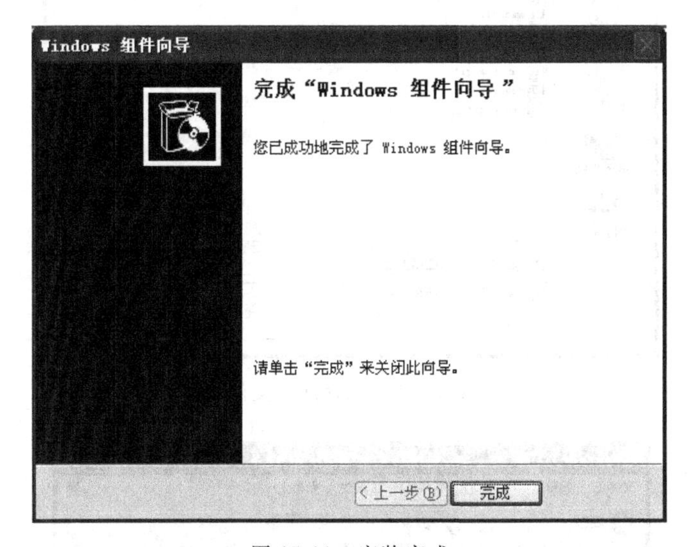

图 15-11 安装完成

试验二 网站配置

(1) 编写简单的网页文件 index. htm 并将其保存在默认目录下。打开记事本，编辑一个最简单的文件，如图 15-12 所示，执行"文件"→"另存为"命令，在弹出对话框的"文件名"文本框中输入文件名 index. htm，"保存类型"设为"所有文件"，保存路径设为 C:\Inetpub\wwwroot，即 Web 服务默认网站文件根目录，如图 15-13 所示。单击"保存"按钮，保存成功，如图 15-14 所示。

(2) 设置默认网站属性。右击桌面上"我的电脑"图标，选择快捷菜单中的"管理"命令，打开"计算机管理"窗口，如图 15-15 所示。

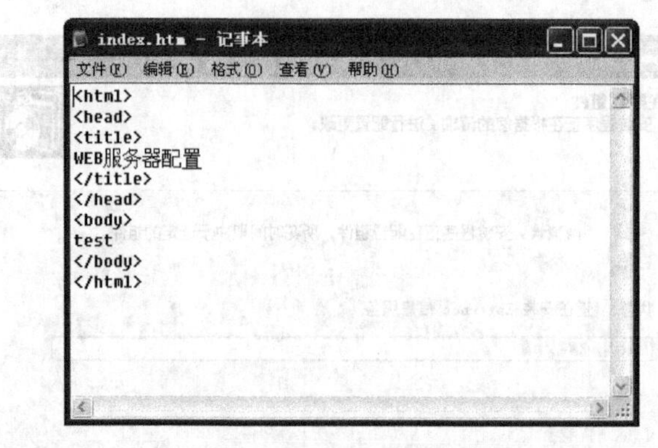

图 15-12 编写网页文件

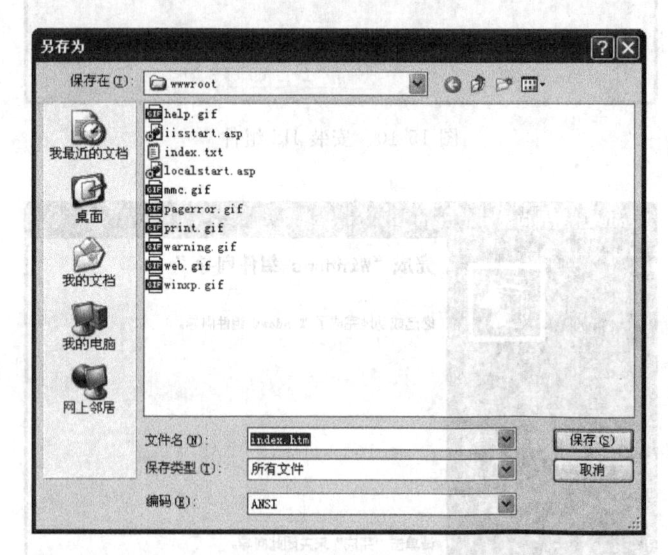

图 15-13 保存网页文件

图 15-14 保存成功

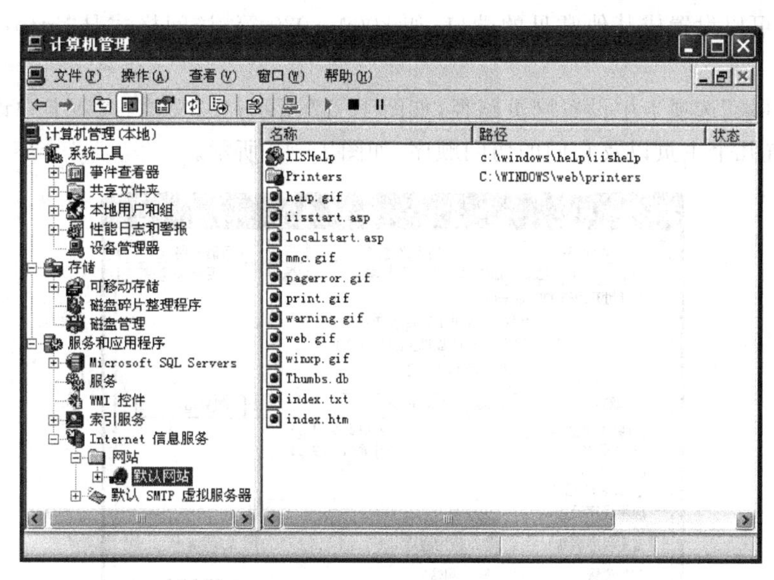

图 15-15 “计算机管理”窗口

在左侧目录树中右击“默认网站”选项，选择快捷菜单中的“属性”命令，弹出图 15-16 所示的对话框。在“网站”选项卡中设置“IP 地址”为本机地址，端口 80 为默认端口。

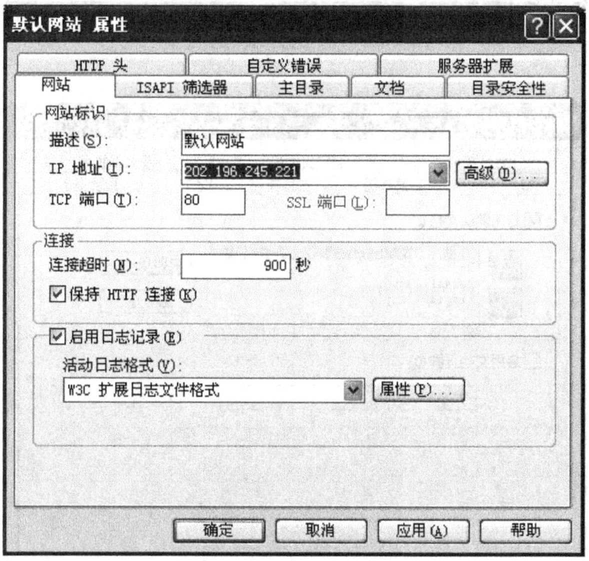

图 15-16 “网站”选项卡

【注意】 80 端口是为 HTTP(HyperText Transport Protocol，超文本传输协议)开放的，此为上网冲浪使用次数最多的协议，主要用于 WWW(World Wide Web，万维网)传输信息的协议。可以通过 HTTP 地址(即常说的“网址”)加“:80”来访问网站，因为浏览网页服务默认的端口号都是 80，因此只需输入网址即可，不用输入“:80”了。

这里也可以设置成其他常见的端口，如 8000、8080 等，访问格式是“http://ip 地址：8000”。

在“主目录”选项卡中设置网页路径，如图 15-17 所示；在“文档”选项卡中设置默认主页，可以设置几个主页以及它们的访问顺序，如图 15-18 所示。

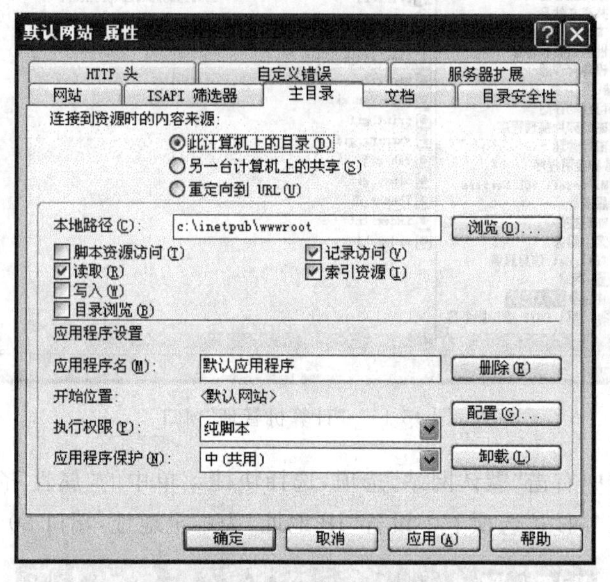

图 15-17 “主目录”选项卡

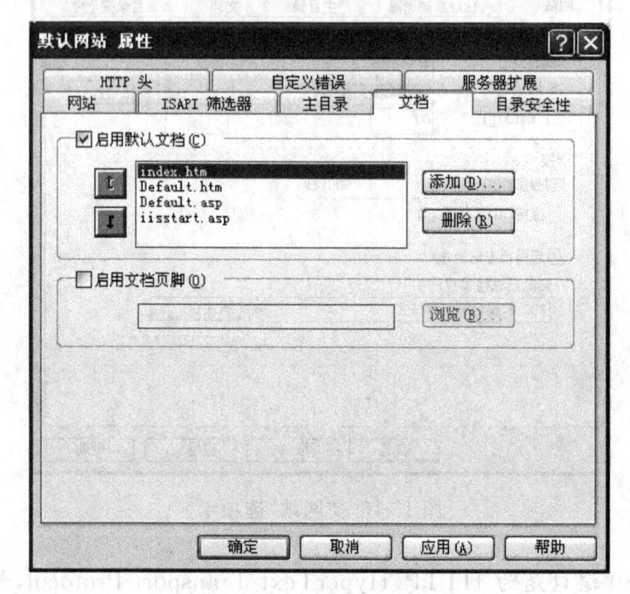

图 15-18 “文档”选项卡

在“目录安全性”选项卡中设置访问控制方式，在“身份验证方法”对话框中设置身份验证方法，如图 15-19 和图 15-20 所示。

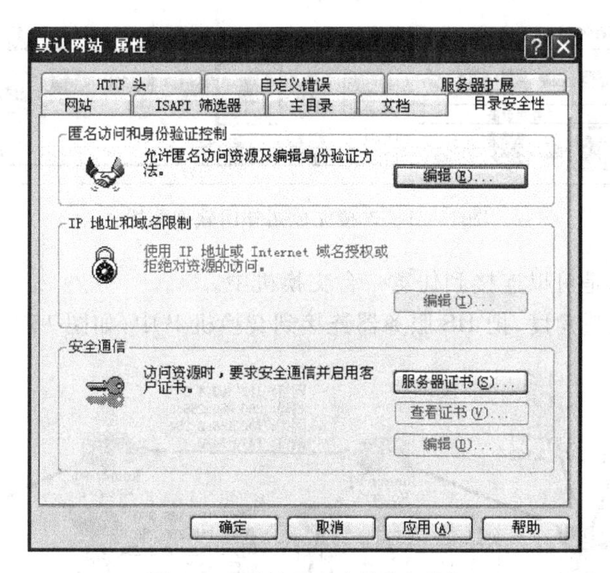

图 15-19 “目录安全性”选项卡

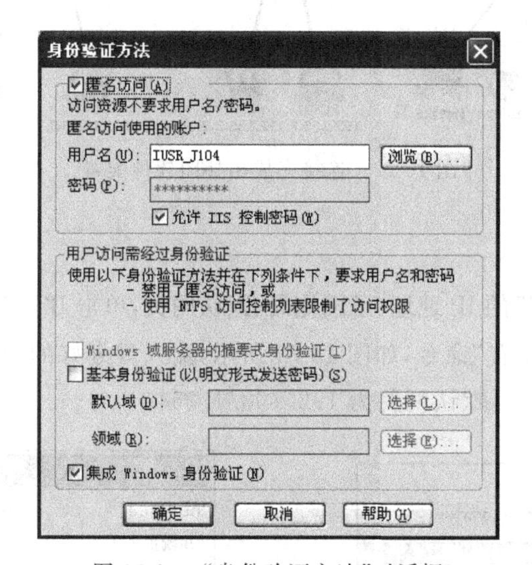

图 15-20 “身份验证方法”对话框

试验三 Cisco Packet 模拟软件中添加 IIS 服务器

1. 添加设备、命名设备

添加新部门的相应设备并命名。

可以在原有的 DHCP 服务中添加服务，为了更好地理解过程，新添加一个服务器，在 192.168.1.0 的网络中添加服务器 192.168.1.102，如图 15-21 所示，命名为 IIS_1.102。

2. 连接设备

需要使用双绞线(网线)将服务器、交换机连接起来，因为交换机是堆叠的，所以可以

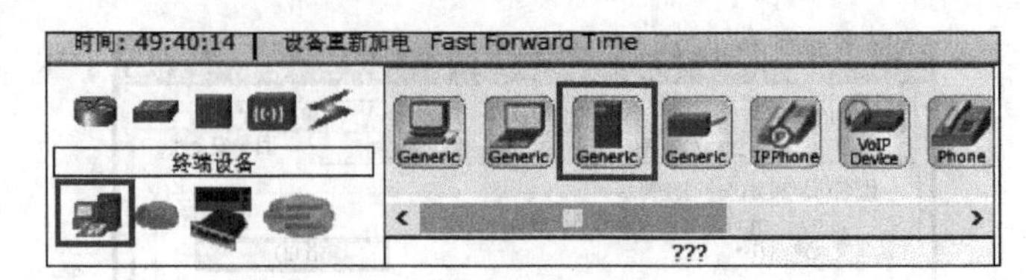

图 15-21 连接完成拓扑图软件配置

在连通性方面考虑是可以连接到任意一台交换机中。

同样从数据流量角度，把 IIS 服务器连接到交换机 B 中，如图 15-22 所示。

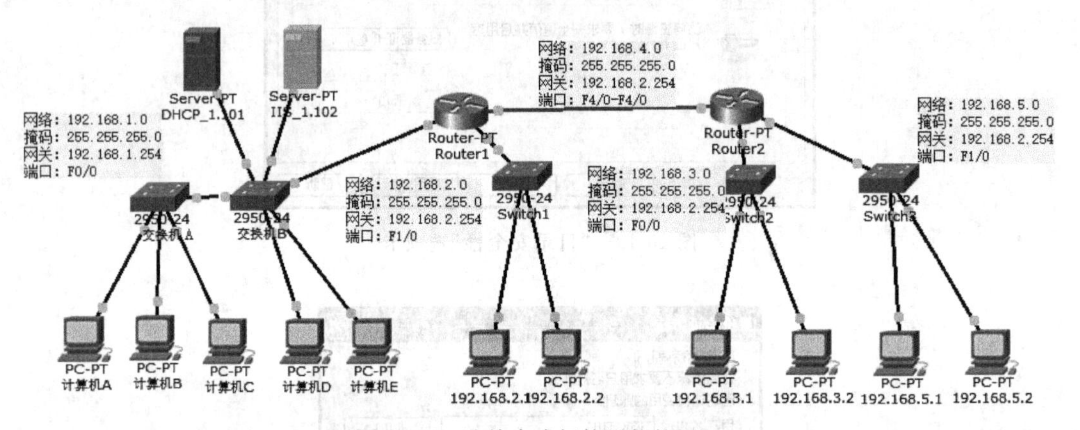

图 15-22 连接完成拓扑图软件配置

3. 软件配置

首先配置 IIS 计算机的 IP 地址、子网掩码、默认网关，单击 IIS 服务器，如图 15-23 所示，执行“桌面”→“IP 地址配置”命令，如图 15-24 所示，输入规划好的 IP 地址 192.168.1.102，子网掩码 255.255.255.0，默认网关为 192.168.1.254。

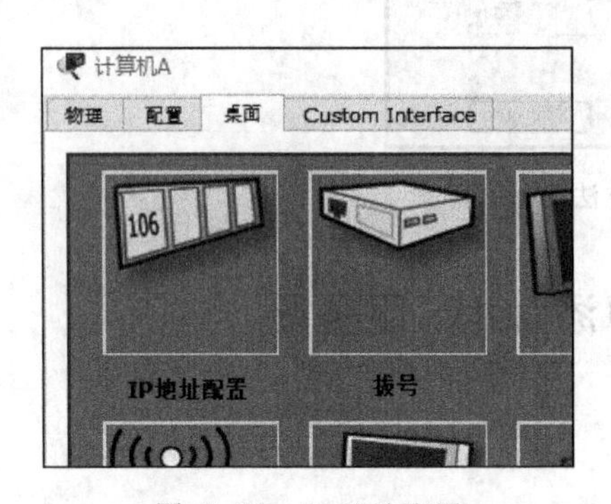

图 15-23 IP 地址配置

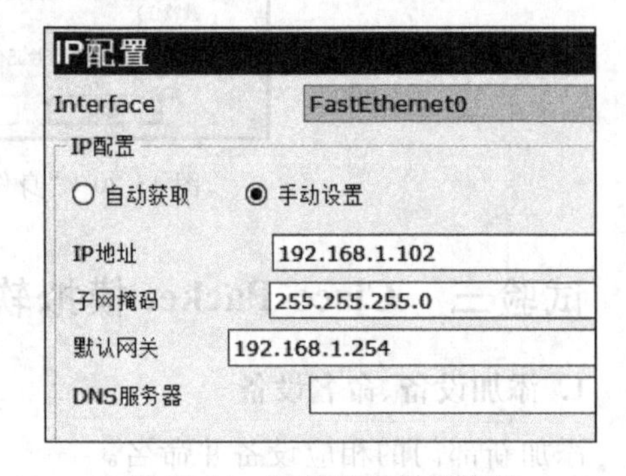

图 15-24 IP 地址和子网掩码

进入配置页面，可以看到 HTTP 服务，默认是开启的，如图 15-25 所示，已经有做好的网站，默认主页为 index.html，用户可以自己写一些内容，也可以更改红色框线的内容，如改为“HELLO，WORLD！ My name is xiaoming.”如图 15-26 所示。

【注意】 其中不能有中文,模拟系统不能识别。

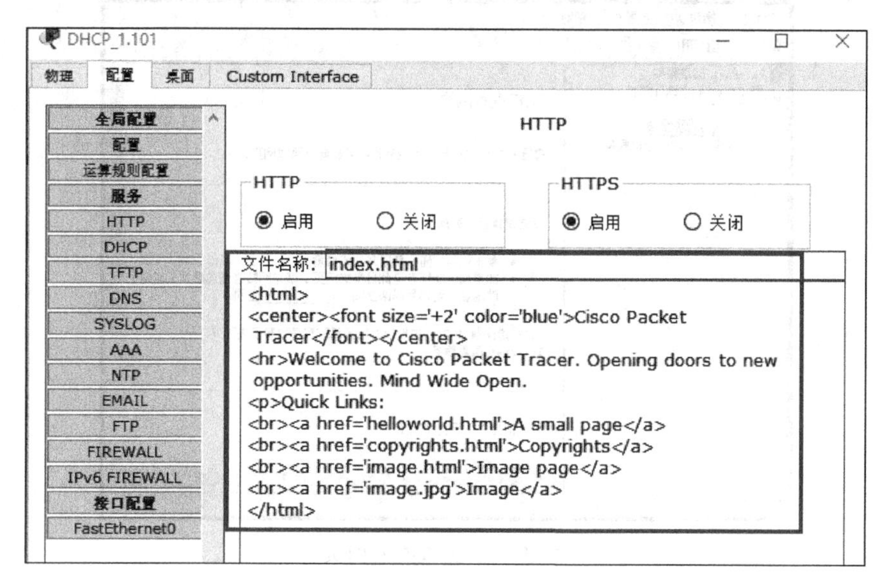

图 15-25　HTTP 默认页面

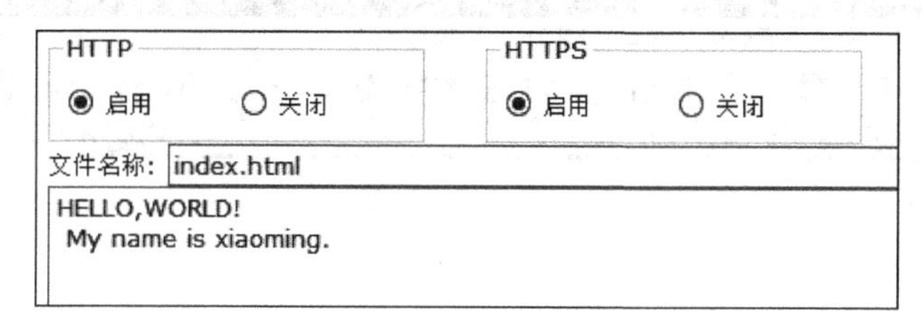

图 15-26　HTTP 更改显示内容

【验证方法】

1. 验证 IIS 服务器

安装和配置之后就要进行调试了,有时会出现权限问题,如无法访问网站,如图 15-27 所示。

经过检查后发现基本上都是没有选中“匿名访问”复选框,后来经过重新配置访问权限后该问题得到解决。

在 PC 的 IE 浏览器地址栏中输入 Web 服务器 IP 地址为 http://202.196.245.221,并按 Enter 键,即可打开图 15-28 所示的窗口,成功访问服务器。

2. 验证 Cisco Packet 模拟软件中 IIS 的配置

选中局域网中的一台计算机,打开桌面中的 Web 浏览器,如图 15-29 所示。输入 IIS 服务器地址 http://192.168.1.102,显示之前输入的内容,如图 15-30 所示。

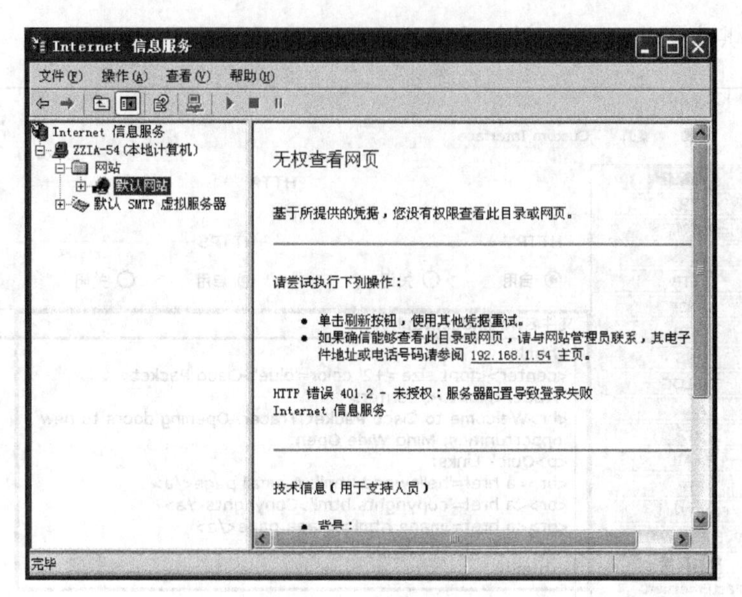

图 15-27　无权查看网页

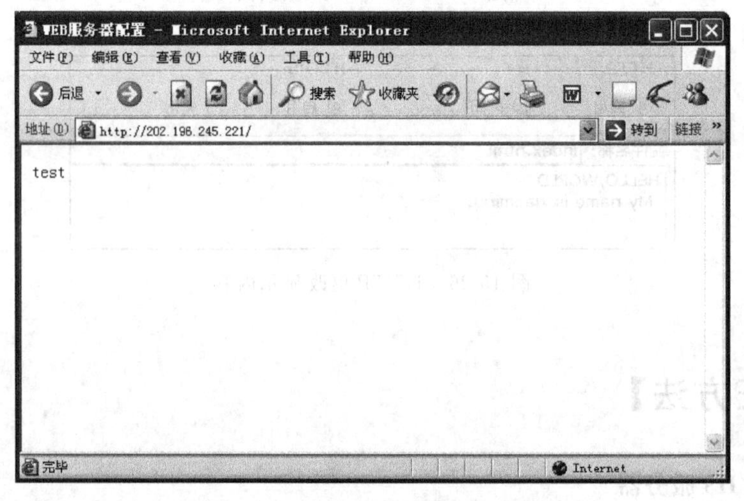

图 15-28　“Web 服务器配置”窗口

3. 关注 Web 网站安全

任何一个网站都要面对安全问题，都不能排除用户恶意或非恶意的破坏，Web 网站安全的重要性是由 Web 应用的广泛性和 Web 在网络信息系统中的重要地位决定的，尤其是当 Web 网站中的信息非常敏感只允许特殊用户才能浏览时，数据的加密传输和用户的授权就成为网络安全的重要组成部分。下面简单介绍几种网站安全的设置方法。

1）在 IIS 的管理器中配置

加密传输和用户授权均可以在网站的“默认网站 属性”对话框中的“目录安全性”选项卡中进行设置，可通过身份验证来控制特定用户访问网站。

图 15-29 Web 浏览器

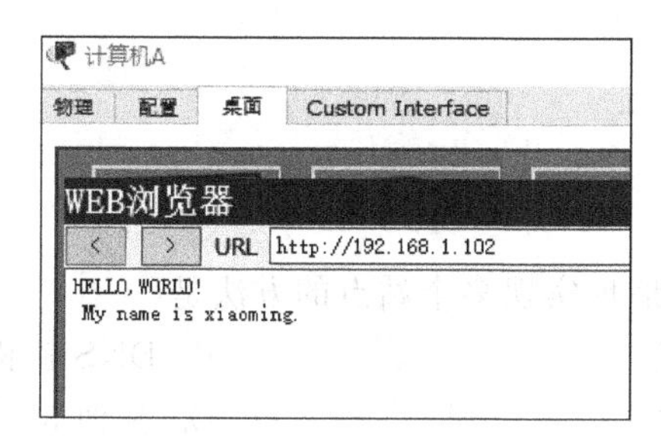

图 15-30 验证 IIS 服务器

2）审核 IIS 日志目录

IIS 日志数据可以记录用户对内容的访问，确定哪些内容比较受欢迎，还可以记录有哪些用户非法入侵网站，来确定计划安全要求和排除潜在网站问题等。具体可在“默认网站 属性”对话框中的“网站”选项卡中进行设置，可以先选择活动日志格式，然后单击“属性”按钮，根据需要进行具体配置，根据日志文件所在的目录，找到并打开日志文件，即可看到该日志文件记录的内容。

3）入侵检测

作为服务器的日常管理，入侵检测是一项非常重要的工作，在平常的检测过程中，主要包含日常的服务器安全例行检查和遭到入侵时的入侵检查，也就是分为在入侵进行时的安全检查和在入侵前后的安全检查。

4. 日常安全检测

日常安全检测主要针对系统的安全性，工作主要按照以下步骤进行。

(1) 查看服务器状态，打开进程管理器，查看服务器性能，观察 CPU 和内存使用状况。查看是否有 CPU 和内存占用过高等异常情况。

(2) 检查当前进程情况，切换“任务管理器”到进程，查找有无可疑的应用程序或后台进程在运行。

(3) 检查系统账号,打开“计算机管理”窗口,展开“本地用户和组”选项,查看组选项,查看 administrators 组是否添加有新账号,检查是否有克隆账号。

(4) 查看当前端口开放情况,使用 Activeport 查看当前的端口连接情况,尤其是注意与外部连接着的端口情况,看是否有未经允许的端口与外界在通信。

(5) 检查系统服务,运行 services. msc,检查处于已启动状态的服务,查看是否有新加的未知服务并确定服务的用途。

(6) 查看相关日志,运行 eventvwr. msc,粗略检查系统中的相关日志记录。

(7) 检查系统文件,主要检查系统盘的“. exe”和“. dll 文件”。

(8) 检查安全策略是否更改,打开本地连接的属性,查看目前使用的 IP 安全策略是否发生更改。

(9) 检查目录权限,重点查看系统目录和重要的应用程序权限是否被更改。

(10) 检查启动项,主要检查当前的开机自启动程序。可以使用 AReporter 来检查开机自启动的程序。

【思考与练习】

1. 选择题

(1) 在 IIS 中同一 IP 地址实现多个站点的方法是(   )。

A. 主机头名方式　　B. DNS 解析方式

C. 第三方软件方式　　D. 其他 3 项都不正确

(2) 在 IIS 中同默认的匿名访问用户账号是(   )。

A. IUSR_admin　　B. IUSR_computername

C. IUSR_administrator　　D. IUSR

(3) IIS 通过使用基本身份验证、摘要或身份验证、匿名身份验证、(   )它们的组合来验证标识。

A. 证书身份验证　　B. ssl 身份验证

C. 集成 windows 身份验证　　D. 公共密钥身份验证

2. 简答题

(1) IIS 的主要功能是什么?

(2) Web 服务中默认端口是多少?

3. 综合训练题

某公司有 Web 服务器,IP 地址为 192. 168. 1. 1,有 3 个网站,分别如下。

第一个网站主页为 1. htm,显示内容为“公司的第一个网站”,放在目录为 1 的文件夹中。

第二个网站主页为 2. htm,显示内容为“公司的第二个网站”,放在目录为 2 的文件夹中。

第三个网站主页为 3. htm，显示内容为“公司的第三个网站”，放在目录为 3 的文件夹中。

【注意】 可用记事本编辑好内容，保存后，将文件扩展名“. txt”更改为“. htm”，即为网页。

公司要求如下。

(1) 浏览器并访问 http://192.168.1.1 时，出现“公司的第一个网站”。

(2) 浏览器并访问 http://192.168.1.1/2 时，出现“公司的第二个网站”。

(3) 浏览器并访问 http://192.168.1.1:8080 时，出现“公司的第三个网站”。

项目十六

DNS 配置

内容提示

本项目主要讲述通过搭建 DNS 服务器，使得能够使用域名来访问 Web 服务器，方便记忆和使用。

学习目标

1. 理解 DNS 服务的概念和作用。
2. 理解 DNS 的工作原理。

技能要求

1. 掌握 DNS 的安装方法。
2. 掌握域名与 IP 地址之间的映射关系。

【情景导入】

此企业有了内部网站，但每都需要输入 IP 地址才能访问，有何方法使得在浏览器中输入域名便能访问内部网站？

【解决方案】

为了更加方便人们上网，有了域名系统，如 www.baidu.com、www.sohu.com 等，访问这些网址其实就是访问 Web 服务器，域名和 IP 地址的对应关系使得人们能够方便地记忆网站，也方便了人们的生活。

处理这种对应关系的服务称为 DNS 服务，根据此次项目内容，需要在公司中搭建 DNS 服务器。

【技术原理】

1. DNS的基本概念

DNS(Domain Name System,域名系统),因特网上作为域名和IP地址相互映射的一个分布式数据库,能够使用户更方便地访问互联网,而不用去记住能够被机器直接读取的IP数串。通过主机名,最终得到该主机名对应的IP地址的过程叫作域名解析(或主机名解析)。DNS协议运行在UDP之上,使用端口号53。

DNS是域名管理系统,它的作用是把域名转换为网络中计算机可以识别的IP地址。

域名是为了方便记忆而为网络中的计算机IP地址取的一个名称,可以通过域名访问网络中的某台计算机,实际上最终还是要通过这台计算机的IP地址来实现。域名解析就是将域名重新转换为IP地址的过程。

DNS的功能是线下主机域名到IP地址的解析。通过DNS解析,可以将主机域名翻译成IP地址,DNS也可以实现IP地址到主机域名的解析,这一功能被称为反向DNS解析。

2. DNS的基本功能

每个IP地址都可以有一个主机名,主机名由一个或多个字符串组成,字符串之间用小数点隔开。有了主机名,就不要死记硬背每台设备的IP地址,只要记住相对直观有意义的主机名即可,如www. baidu. com就是一个主机名,主要是方便记忆,这就是DNS协议所要完成的功能。

主机名到IP地址的映射有以下两种方式。

(1) 静态映射。每台设备上都配置主机到IP地址的映射,各设备独立维护自己的映射表,而且只供本设备使用,

(2) 动态映射。建立一套域名解析系统(DNS),只在专门的DNS服务器上配置主机到IP地址的映射,网络上需要使用主机名通信的设备,首先需要到DNS服务器查询主机所对应的IP地址。

通过主机名,最终得到该主机名对应的IP地址的过程叫作域名解析(或主机名解析)。在解析域名时,可以首先采用静态域名解析的方法,如果静态域名解析不成功,再采用动态域名解析的方法。可以将一些常用的域名放入静态域名解析表中,这样可以大大提高域名解析效率。

3. DNS的重要性

1) 从技术角度看

DNS解析是互联网绝大多数应用的实际寻址方式;域名技术的再发展以及基于域名技术的多种应用,丰富了互联网应用和协议。

2) 从资源角度看

域名是互联网上的身份标识,是不可重复的唯一标识资源;互联网的全球化使得域名成为标识一国主权的国家战略资源。

4. DNS 的域名结构

通常 Internet 主机域名的一般结构为“主机名.三级域名.二级域名.顶级域名”。Internet 的顶级域名由 Internet 网络协会域名注册查询负责网络地址分配的委员会进行登记和管理，它还为 Internet 的每一台主机分配唯一的 IP 地址。全世界现有 3 个大的网络信息中心：位于美国的 Inter-NIC，负责美国及其他地区；位于荷兰的 RIPE-NIC，负责欧洲地区；位于日本的 APNIC，负责亚太地区。

5. 查询 DNS 服务器上的资源记录

在 Windows 平台下，使用命令行工具，输入 nslookup，返回的结果包括域名对应的 IP 地址（A 记录）、别名（CNAME 记录）等。除了以上方法外，还可以通过一些 DNS 查询站点。

常用的资源记录类型有以下几种。

A 地址：此记录列出特定主机名的 IP 地址。这是名称解析的重要记录。

CNAME 标准名称：此记录指定标准主机名的别名。

MX 邮件交换器：此记录列出了负责接收发到域中的电子邮件的主机。

NS 名称服务器：此记录指定负责给定区域的名称服务器。

【试验拓扑】

本项目拓扑如图 16-1 所示。

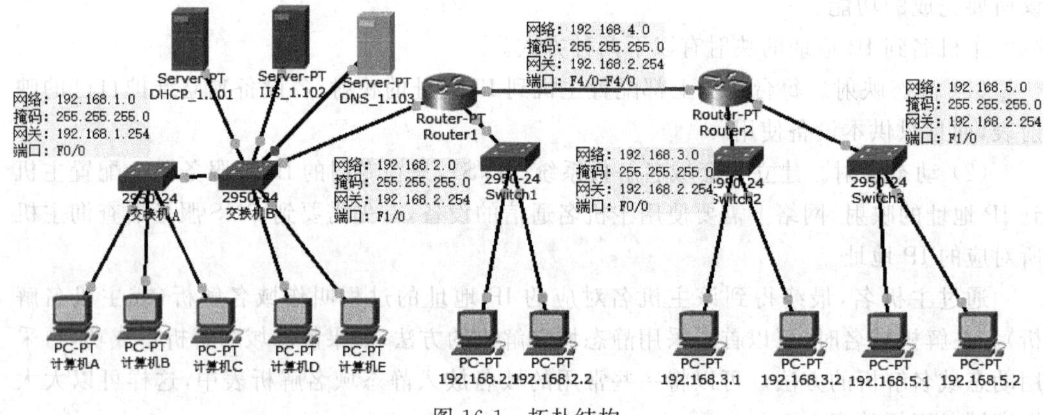

图 16-1 拓扑结构

【试验步骤】

试验一 安装 DNS 服务

DNS 服务不是 Windows Server 2003 的默认安装选项，需要手动安装。选择一台 Windows Server 2003 服务器，依照以下步骤安装 DNS 服务。

(1) 执行“开始”→“管理工具”命令下的“配置您的服务器向导”子命令,弹出“配置您的服务器向导”对话框。单击“下一步”按钮,进入安装服务器的预备步骤。单击“下一步”按钮,检测系统和网络设置。

(2) 在“服务器角色”界面的列表框中选择“DNS服务器”选项,并单击“下一步”按钮,确认安装选项,单击“下一步”按钮,开始安装DNS。如果光驱中没有Windows Server 2003的安装光盘,安装过程中会提示插入Windows Server 2003的安装光盘并指示安装源文件。

下面以从“控制面板”中安装DNS为例详细介绍。

① 将系统安装盘放在光驱中,执行“开始”→“控制面板”命令,如图16-2所示,打开“控制面板”窗口,在其中单击“添加/删除程序”图标,如图16-3所示。

图16-2 打开“控制面板”

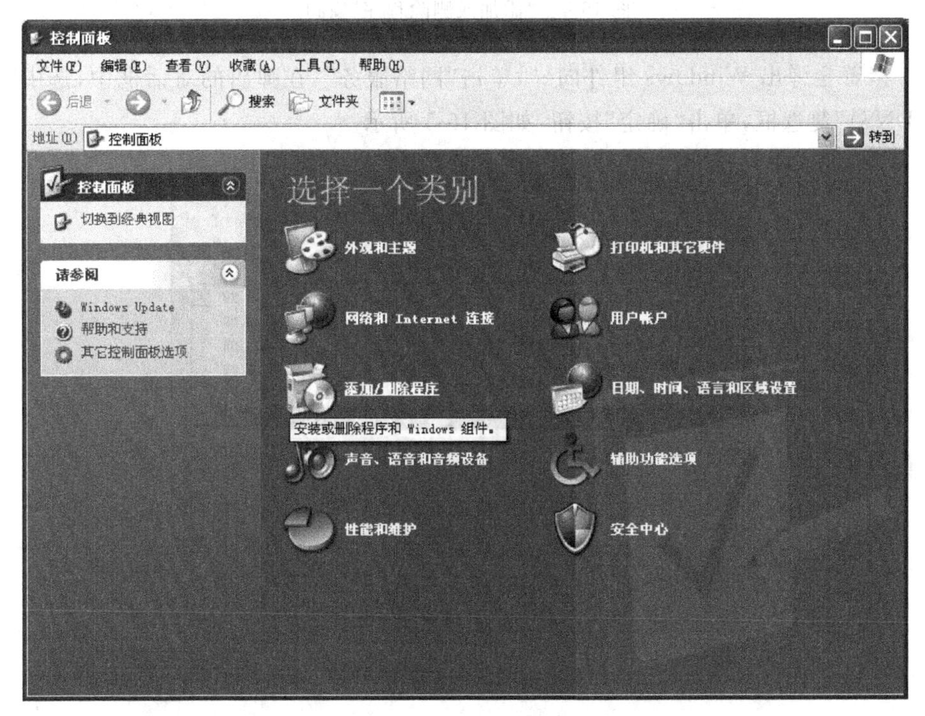

图16-3 “控制面板”窗口

② 在图 16-4 所示的窗口中单击“添加/删除 Windows 组件”图标按钮。

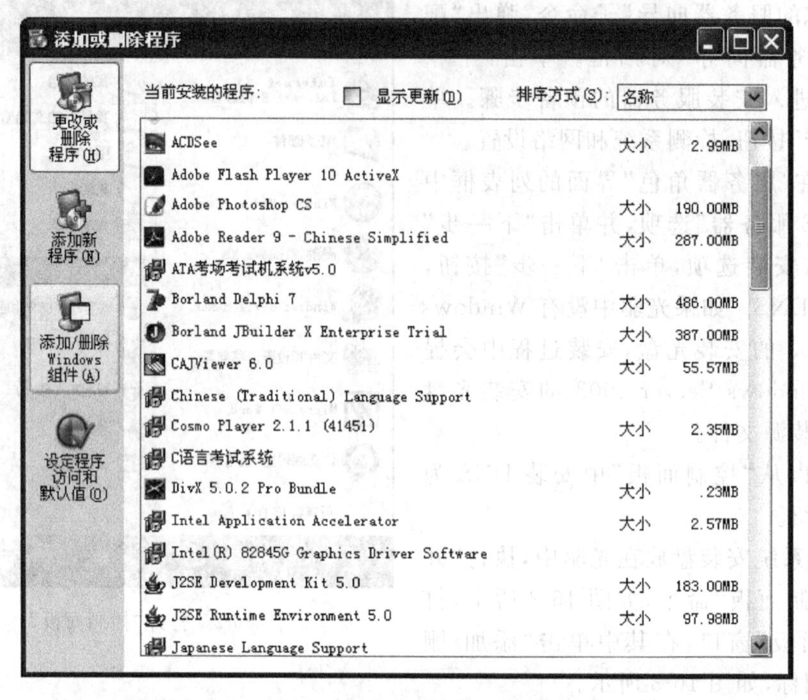

图 16-4 “添加或删除程序”窗口

③ 接着会弹出 Windows 组件向导，单击“网络服务”，在弹出的对话框中，选中“域名系统(DNS)”复选框，单击“确定”按钮，如图 16-5 所示。

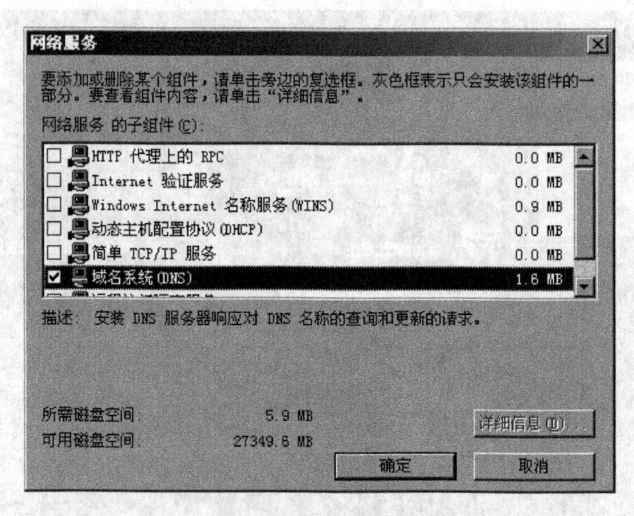

图 16-5 “网络服务”对话框

④ 系统开始检查已经安装的组件，将路径设置为光盘安装目录，如图 16-6 所示。单击“确定”按钮，开始安装 DNS 组件，如图 16-7 所示，单击“完成”按钮，如图 16-8 所示。

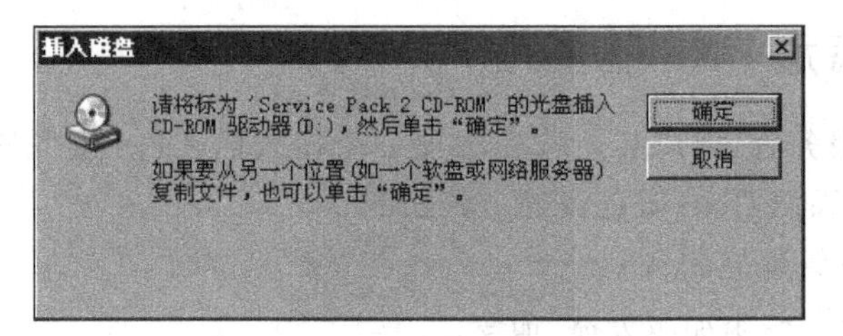

图 16-6 安装路径

图 16-7 "Windows 组件向导"对话框

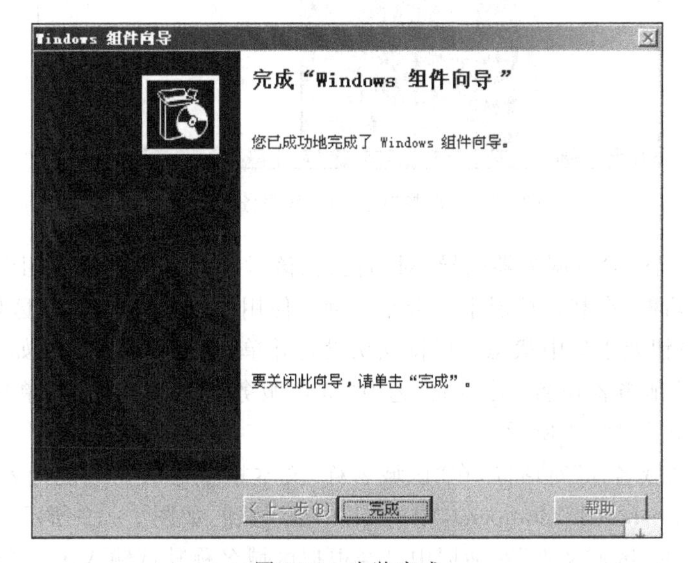

图 16-8 安装完成

试验二　添加 DNS 服务

在安装 DNS 服务后，用户必须首先添加一个授权的 DNS 服务器，添加过程与添加 DHCP 过程类似。添加 DNS 服务器的步骤如下。

(1) 启动 DNS 管理控制台。

(2) 选择“操作”→“添加服务器”命令。

(3) 选择添加的服务器或者输入 IP 地址。

在“DNS 管理控制台”中出现刚才添加的服务器。

试验三　创建正向查找区域

DNS 服务器安装完成后会自动打开“配置 DNS 服务器向导”对话框。在该向导的指引下开始创建第一个区域，操作步骤如下。

(1) 在“开始”菜单中依次执行“管理工具”→“DNS”命令，打开 dnsmgmt 窗口。在左窗格中右击服务器名称，选择快捷菜单中的“配置 DNS 服务器”命令，如图 16-9 所示。

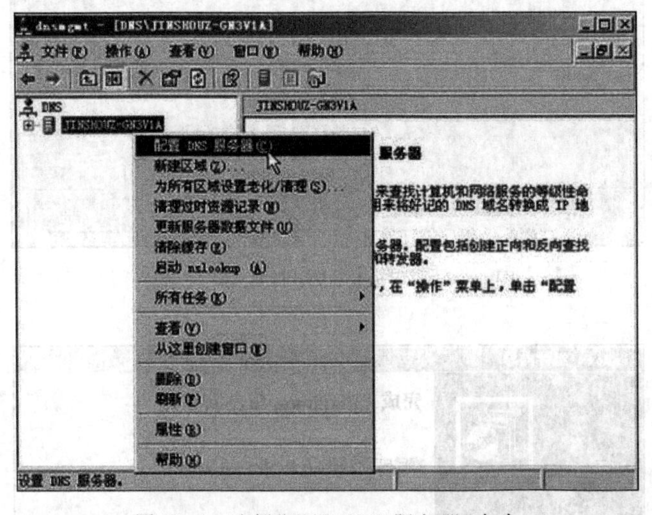

图 16-9　选择“配置 DNS 服务器”命令

(2) 打开“配置 DNS 服务器向导”对话框，在该对话框中单击“下一步”按钮，打开“选择配置操作”对话框，在默认情况下适合小型网络使用的“创建正向查找区域(适合小型网络使用)”单选按钮处于选中状态。保持默认设置并单击“下一步”按钮，如图 16-10 所示。

(3) 打开“主服务器位置”对话框，选中“这台服务器维护该区域”单选按钮，并单击“下一步”按钮，如图 16-11 所示。

(4) 打开“区域名称”对话框，在“区域名称”文本框中输入一个能代表网站主题内容的区域名称(如 jinshouzhi. com. cn)，单击“下一步”按钮，如图 16-12 所示。

(5) 在打开的“区域文件”对话框中已经根据区域名称默认输入了一个文件名。该文件是一个 ASCII 文本文件，其中保存着该区域的信息，默认情况下保存在 windows\system32\dns 文件夹中。保持默认值不变，单击“下一步”按钮，如图 16-13 所示。

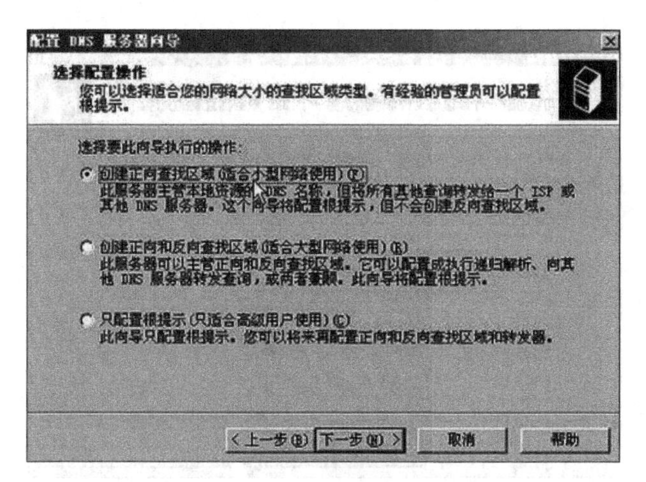

图 16-10　“选择配置操作”对话框

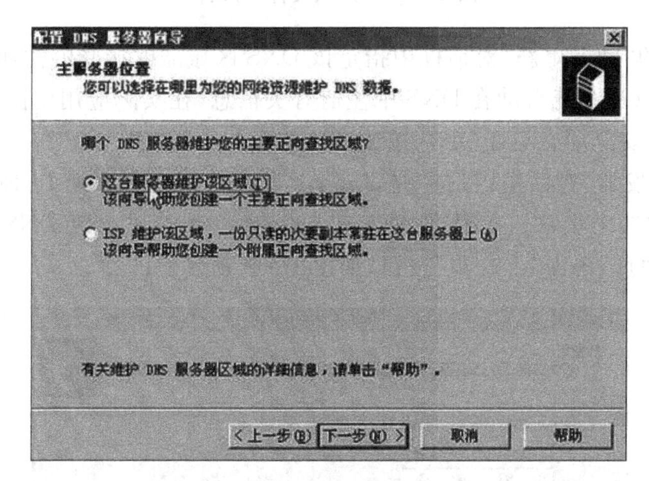

图 16-11　“主服务器位置”对话框

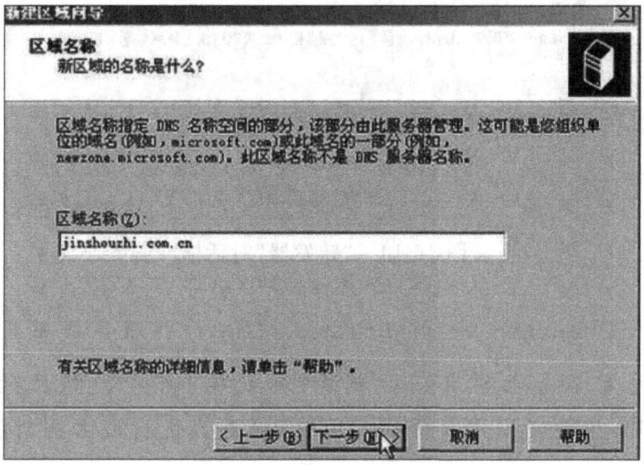

图 16-12　“区域名称”对话框

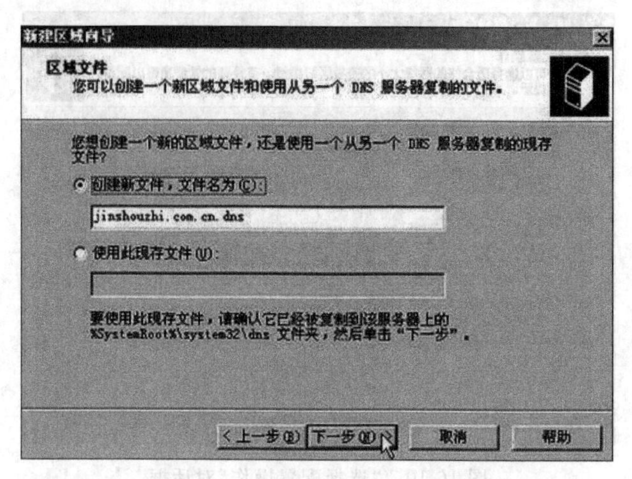

图 16-13 “区域文件”对话框

(6) 在打开的“动态更新”对话框中指定该 DNS 区域能够接受的注册信息更新类型。允许动态更新可以让系统自动在 DNS 中注册有关信息，在实际应用中比较有用。因此选中“允许非安全和安全动态更新”单选按钮，单击“下一步”按钮。

(7) 打开“转发器”对话框，保持“是，应当将查询转发到有下列 IP 地址的 DNS 服务器上”单选按钮的选中状态。在 IP 地址编辑框中输入 ISP(或上级 DNS 服务器)提供的 DNS 服务器 IP 地址，单击“下一步”按钮，如图 16-14 所示。

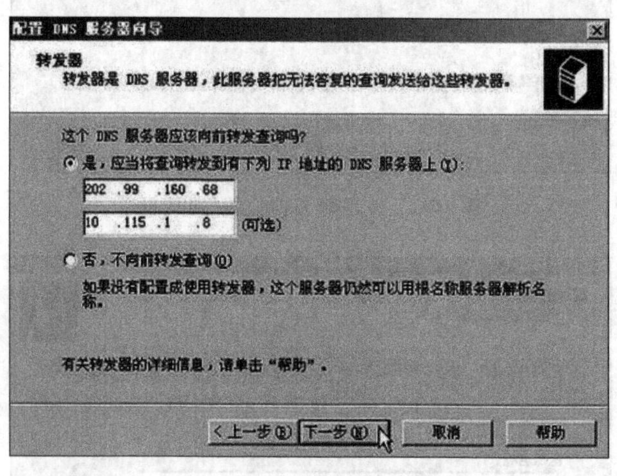

图 16-14 “转发器”对话框

【提示】 ISP(Internet Service Provider，Internet 服务提供商)是专门提供网络接入服务的商家，通常都是电信部门。配置“转发器”可以使局域网内部用户在访问 Internet 上的网站时，尽量使用 ISP 提供的 DNS 服务器进行域名解析。

(8) 在最后打开的完成对话框中列出了设置报告，确认无误后单击“完成”按钮，结束主要区域的创建和 DNS 服务器的安装配置过程，如图 16-15 所示。

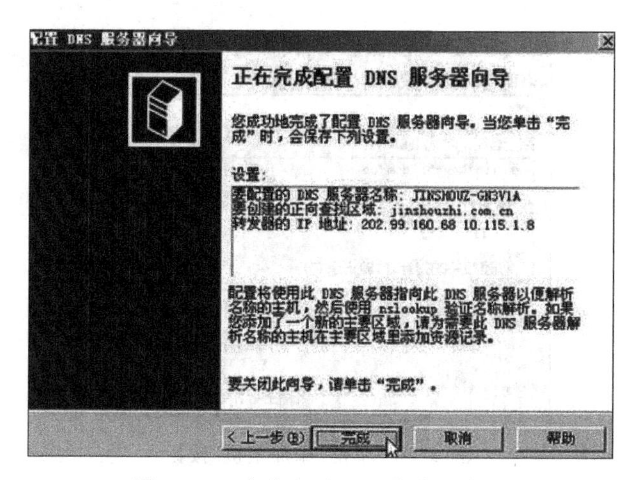

图 16-15 完成配置 DNS 服务器向导

试验四 添加主机记录

(1) 在“开始”菜单中依次执行“管理工具”→“DNS”命令，打开 dnsmgmt 窗口。在左窗格中展开服务器和“正向查找区域”目录，然后右击准备添加主机的区域名称(如 jinshouzhi. com. cn)，在弹出的快捷菜单中选择“新建主机”命令，如图 16-16 所示。

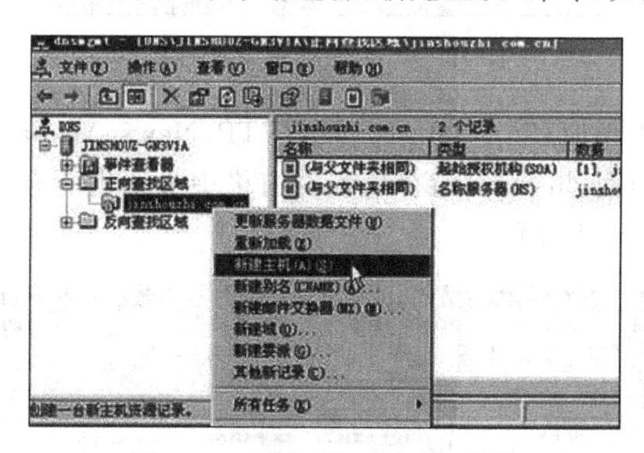

图 16-16 选择“新建主机”命令

【提示】 主机记录也叫作 A 记录，用于静态地建立主机名与 IP 地址之间的对应关系，以便提供正向查询服务。因此必须为每种服务均创建一个 A 记录，如 FTP、WWW、Media、Mail、News、BBS 等。主机记录和 MX 记录都只需在主 DNS 服务器上进行设置。

(2) 打开“新建主机”对话框，在“名称”文本框中输入能够代表目标主机所提供服务的有意义的名称(如 WWW、Mail、FTP、News 等)，并在“IP 地址”文本框中输入该主机的 IP 地址。例如，输入名称为 www，IP 地址为 10. 115. 223. 60，则该目标主机对应的域名就是 www. jinshouzhi. com. cn。当用户在 Web 浏览器中输入 www. jinshouzhi. com. cn 时，该域名将被解析为 10. 115. 223. 60。设置完毕后单击“添加主机”按钮，如图 16-17 所示。

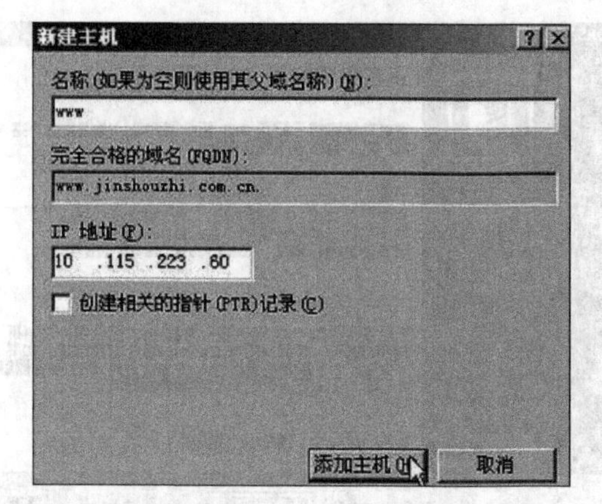

图 16-17　单击"添加主机"按钮

(3) 接着弹出提示框提示主机创建成功,单击"确定"按钮返回"新建主机"对话框,如图 16-18 所示。

图 16-18　成功创建主机记录

重复上述步骤可以添加多个主机,如 Mail、FTP、News、Media 等。主机全部添加完成后单击"完成"按钮返回 dnsmgmt 窗口,在右窗格中显示出所有创建成功的主机与 IP 地址的映射记录,如图 16-19 所示。

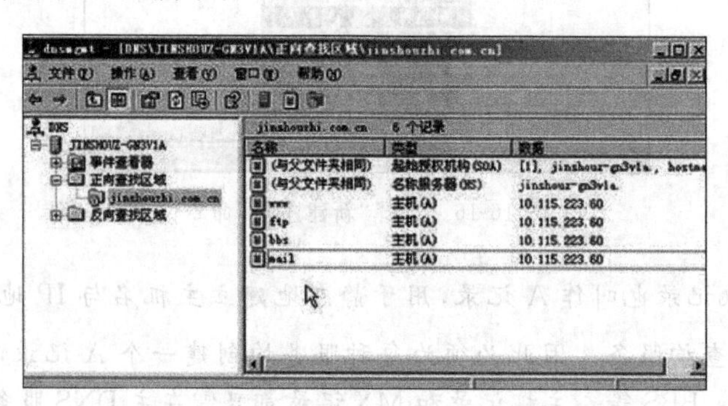

图 16-19　主机与 IP 地址映射记录

试验五　添加 MX 记录

MX(Mail eXchanger,邮件交换)记录用于向用户指明可以为该域接收邮件的服务器。那么为什么要添加 MX 记录呢？首先举一个例子。如用户准备发邮件给 chhuian@jinshouzhi.com.cn,这个邮件地址只能表明收邮件人在 jinshouzhi.com.cn 域上拥有一个账户。可是仅仅知道这些并不够,因为电子邮件程序并不知道该域的邮件服务器地址,因此不能将这封邮件发送到目的地。而 MX 记录就是专门为电子邮件程序指路的，在 DNS 服务器中添加 MX 记录后电子邮件程序就能知道邮件服务器的具体位置(即 IP 地址)了。在主 DNS 服务器中添加 MX 记录的操作步骤如下。

(1) 在 DNS 控制台窗口中首先添加一个主机名为 mail 的主机记录，并将域名 mail.jinshouzhi.com.cn 映射到提供邮件服务的计算机 IP 地址上。

(2) 在"正向查找区域"目录中右击准备添加 MX 邮件交换记录的域名，选择快捷菜单中的"新建邮件交换器(MX)"命令，如图 16-20 所示。

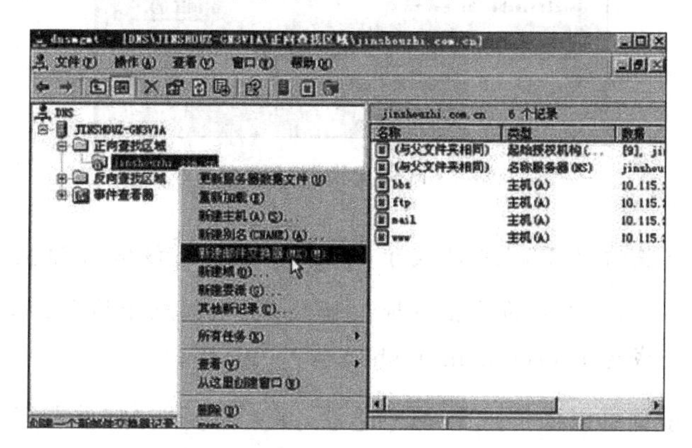

图 16-20 选择"新建邮件交换器(MX)"命令

(3) 打开"新建资源记录"对话框，在"邮件服务器的完全合格的域名(FQDN)"文本框中输入事先添加的邮件服务器的主机域名(如 mail.jinshouzhi.com.cn)，或单击"浏览"按钮，在打开的"浏览"对话框中找到并选择作为邮件服务器的主机名称(如 mail)，如图 16-21 所示。

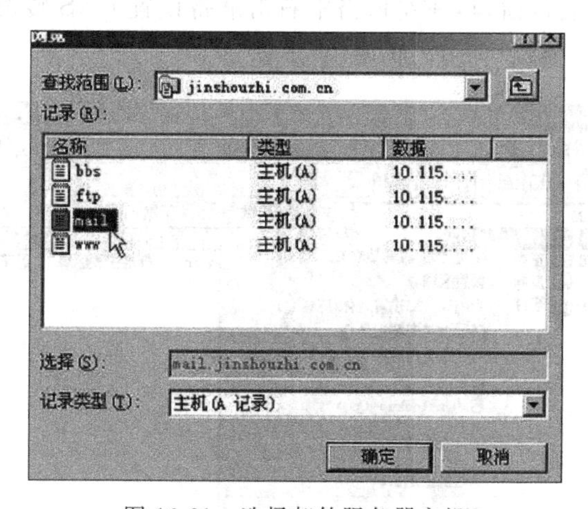

图 16-21 选择邮件服务器主机

(4) 返回"新建资源记录"对话框，当该区域中有多个 MX 记录(即有多个邮件服务器)时，则需要在"邮件服务器优先级"文本框中输入数值来确定其优先级。通过设置优先级数字来指明首选服务器，数字越小表示优先级越高。最后单击"确定"按钮使设置生效，如图 16-22 所示。

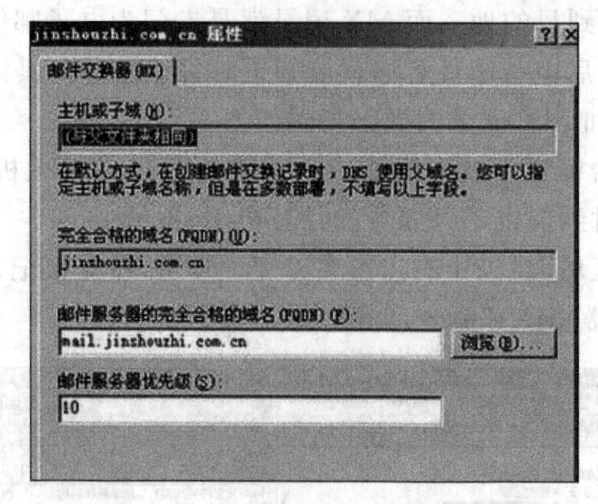

图 16-22 “邮件交换器(MX)”选项卡

【注意】 一般情况下，“主机或子域”文本框中应该保持为空，这样才能得到如 user@jinshouzhi.com.cn 之类的信箱地址。如果在“主机或子域”文本框中输入内容(如 mail)，则信箱名将会成为 user@mail.jinshouzhi.com.cn。

(5) 重复上述步骤可以添加多个 MX 记录，并且需要在“邮件服务器优先级”文本框中分别设置其优先级。

试验六 设置 DNS 转发器

尽管在 DNS 安装配置的过程中已经设置了 DNS 转发器，但有时还需要添加多个 DNS 转发器或调整 DNS 转发器的顺序。设置 DNS 转发器的操作步骤如下。

(1) 打开 DNS 控制台窗口，在左窗格中右击准备设置 DNS 转发器的 DNS 服务器名称，选择快捷菜单中的“属性”命令，如图 16-23 所示。

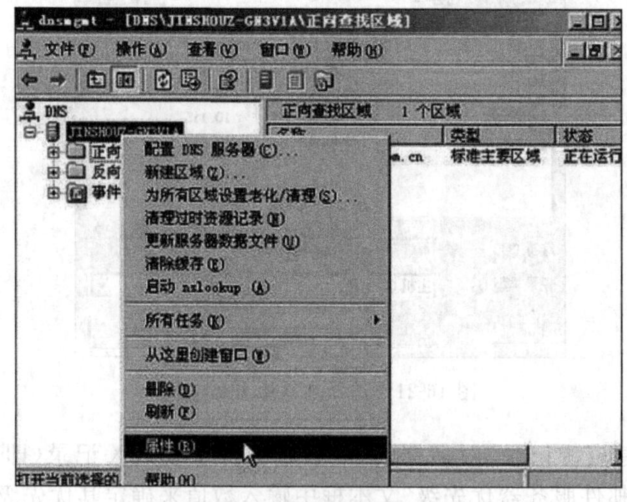

图 16-23 选择“属性”命令

（2）打开服务器属性对话框，并切换到“转发器”选项卡。在“所选域的转发器的 IP 地址列表”文本框中输入 ISP 提供的 DNS 服务器的 IP 地址，并单击“添加”按钮，如图 16-24 所示。

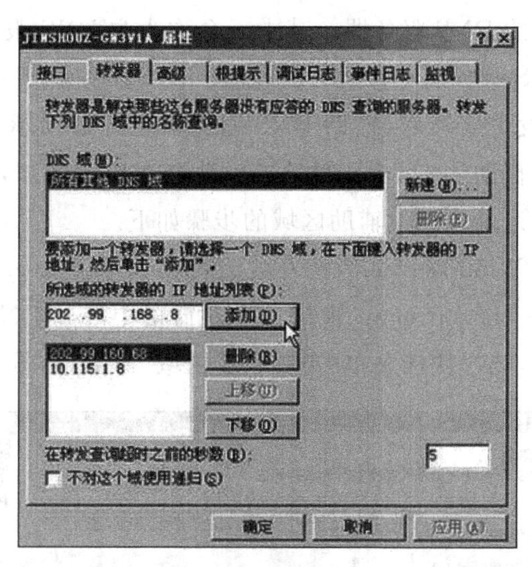

图 16-24　添加转发目标 IP 地址

【提示】 重复操作可以添加多个 DNS 服务器的 IP 地址。需要注意的是，除了可以添加本地 ISP 提供的 DNS 服务器 IP 地址外，还可以添加其他地区 ISP 的 DNS 服务器 IP 地址。

（3）用户还可以调整 IP 地址列表的顺序。在转发器的 IP 地址列表中选中准备调整顺序的 IP 地址，单击“上移”或“下移”按钮即可进行相关操作。一般情况下应将响应速度较快的 DNS 服务器 IP 地址调整至顶端。单击“确定”按钮使设置生效，如图 16-25 所示。

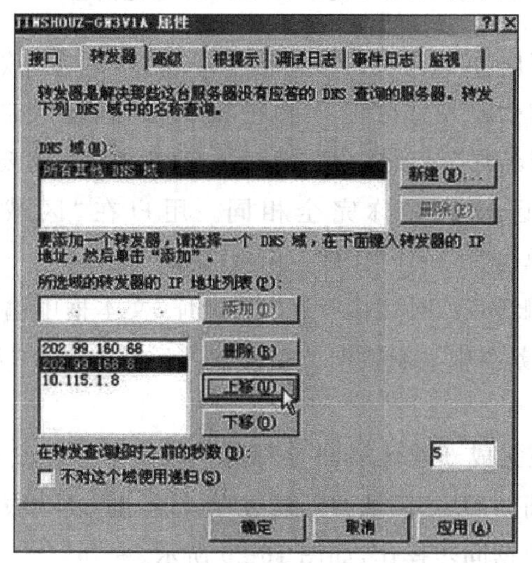

图 16-25　调整 DNS 服务器顺序

试验七　创建辅助区域

为了防止DNS服务器由于各种软硬件故障导致停止DNS服务，建议在同一个网络中部署两台或两台以上的DNS服务器。其中一台作为主DNS服务器，其他的作为辅助DNS服务器。当主DNS服务器正常运行时，辅助DNS服务器只起备份作用。

当主DNS服务器发生故障后，辅助DNS服务器立即启动承担DNS解析服务。另外，辅助DNS服务器会自动从主DNS服务器中获取相应的数据，因此无须在辅助DNS服务器中添加各个主机记录。创建辅助区域的步骤如下。

(1) 在另一台运行Windows Server 2003或Windows Server 2008的服务器中安装DNS服务器组件，然后打开dnsmgmt窗口。在左窗格中展开DNS服务器目录，然后右击“正向查找区域”目录，选择快捷菜单中的“新建区域”命令，如图16-26所示。

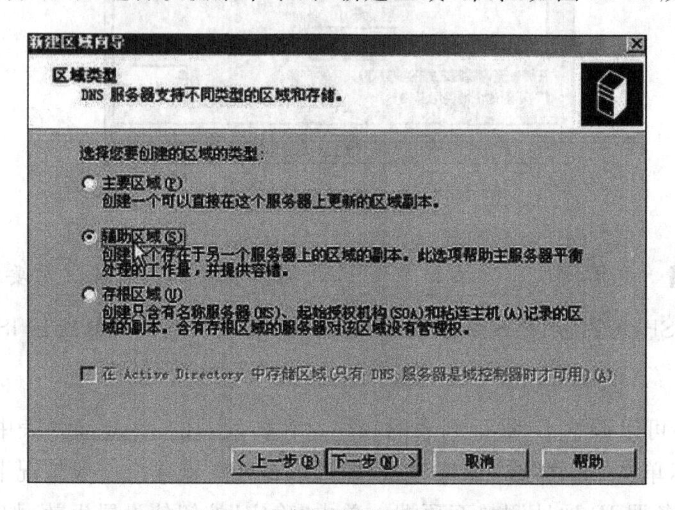

图16-26　选中“辅助区域”单选按钮

(2) 打开“新建区域向导”，在欢迎对话框中单击“下一步”按钮。在打开的“区域类型”对话框中选中“辅助区域”单选按钮，并单击“下一步”按钮，如图16-26所示。

(3) 在打开的“区域名称”对话框中需要输入区域名称。需要注意的是，这里输入的区域名称必须和主要区域的名称完全相同。用户在“区域名称”文本框中输入jinshouzhi.com.cn，并单击“下一步”按钮，如图16-27所示。

(4) 打开“主DNS服务器”对话框。在“IP地址”文本框中输入主DNS服务器的IP地址，以便从主DNS服务器中复制数据。完成输入后依次单击“添加”“下一步”按钮，如图16-28所示。

(5) 最后打开“正在完成新建区域向导”对话框，列出已经设置的内容。确认无误后单击“完成”按钮，完成辅助DNS区域的创建过程，该辅助DNS服务器会每隔15min自动和主DNS服务器进行数据同步操作，如图16-29所示。

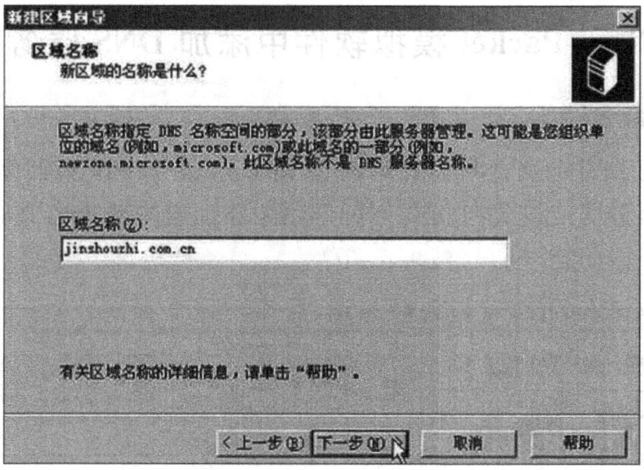

新建区域向导

区域名称

新区域的名称是什么?

区域名称指定 DNS 名称空间的部分,该部分由此服务器管理。这可能是您组织单位的域名(例如,microsoft.com)或此域名的一部分(例如,newzone.microsoft.com)。此区域名称不是 DNS 服务器名称。

区域名称(Z):

jinshouzhi.com.cn

有关区域名称的详细信息,请单击"帮助"。

< 上一步(B) 下一步(N) > 取消 帮助

图 16-27 输入"区域名称"

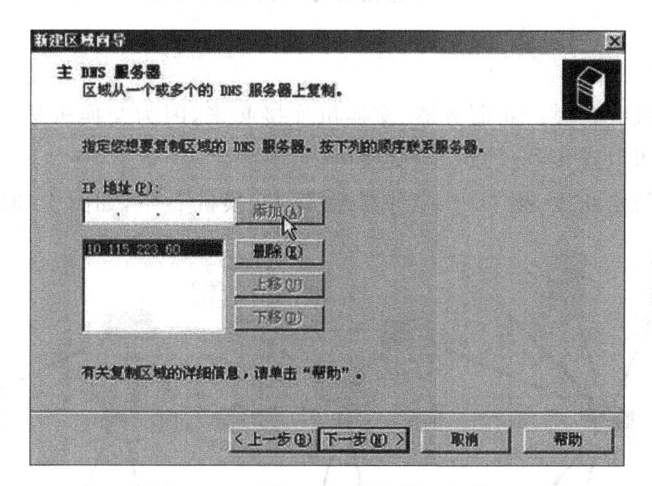

图 16-28 "主 DNS 服务器"对话框

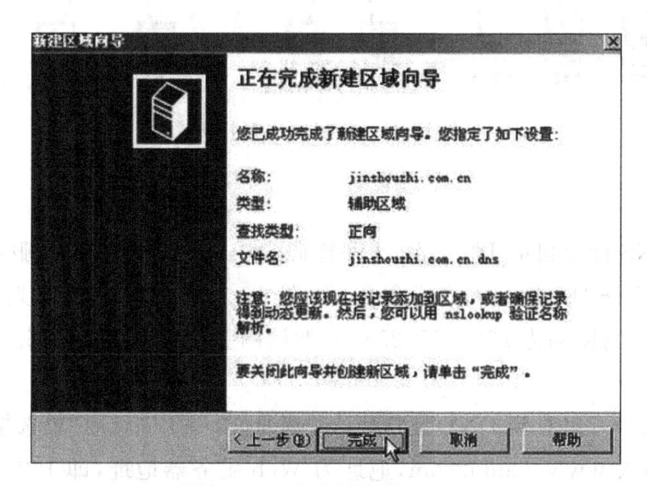

图 16-29 成功创建辅助区域

试验八 Cisco Packet 模拟软件中添加 DNS 服务器

1. 添加设备、命名设备

添加 DNS 服务器并命名。可以在原有的 DHCP 服务中添加服务，为了更好地理解过程，新添加一个服务器，在 192.168.1.0 的网络中添加服务器 192.168.1.103，如图 16-30 所示，命名为 DNS_1.103。

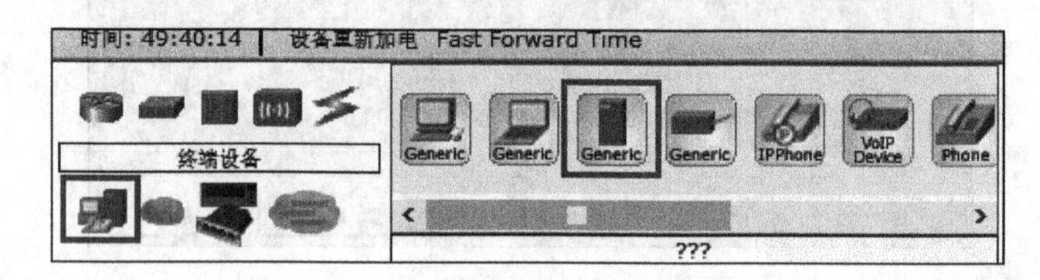

图 16-30 连接完成拓扑图软件配置

2. 连接设备

需要使用双绞线(网线)将服务器、交换机连接起来，因为交换机是堆叠的，所以在连通性方面考虑是可以连接到任意一台交换机中。

同样从数据流量角度，把 DNS 服务器连接到交换机 B 中，如图 16-31 所示。

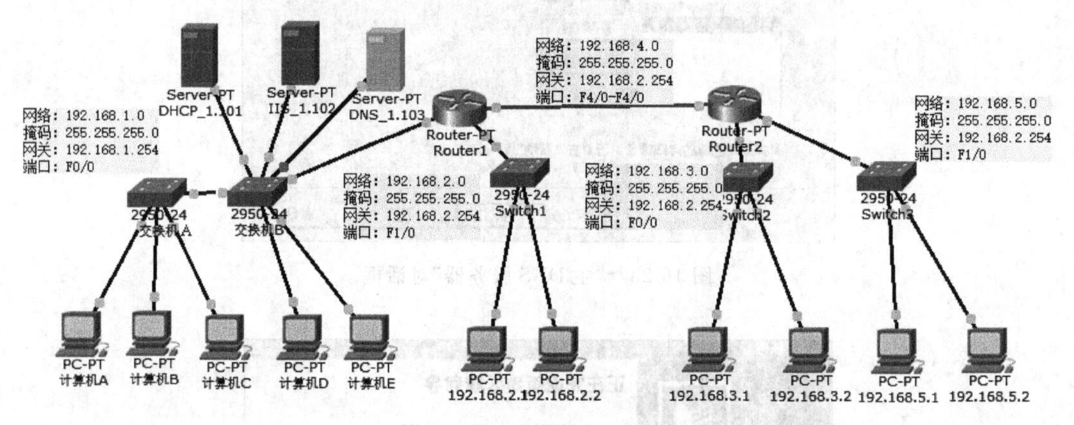

图 16-31 连接完成拓扑图

3. 软件配置

首先配置 DNS 计算机的 IP 地址、子网掩码、默认网关，单击 IIS 服务器，如图 16-32 所示，执行“桌面”→“IP 地址配置”命令，如图 16-33 所示，输入规划好的 IP 地址为 192.168.1.103，子网掩码为 255.255.255.0，默认网关为 255.255.255.0，DNS 服务器为 192.168.1.103。

进入配置页面，可以看到 DNS 服务默认是关闭的，选中“启用”单选按钮，在“名称”中输入域名，这里输入 www.baidu.com，地址为 Web 服务器地址，即 192.168.1.101，单击“保存”按钮，可以看到下面增加了一条 A Record 的记录，如图 16-34 所示。

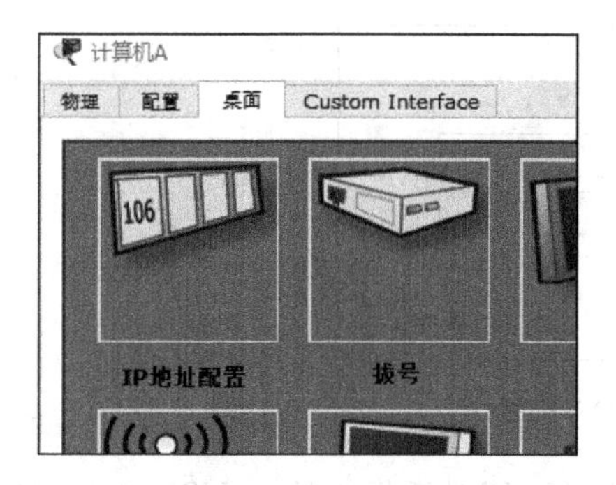

图 16-32 IP 配置

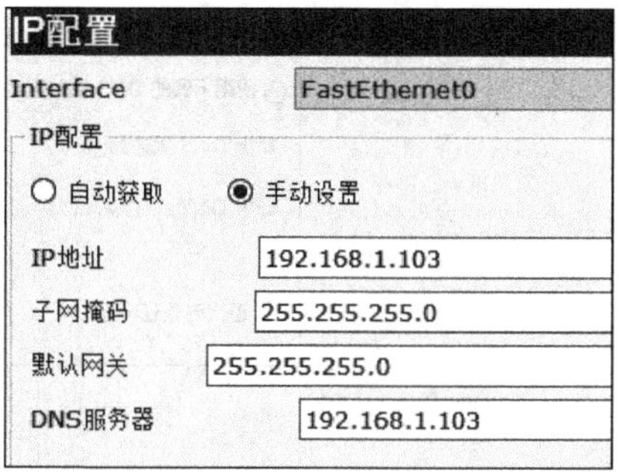

图 16-33 IP 地址和子网掩码

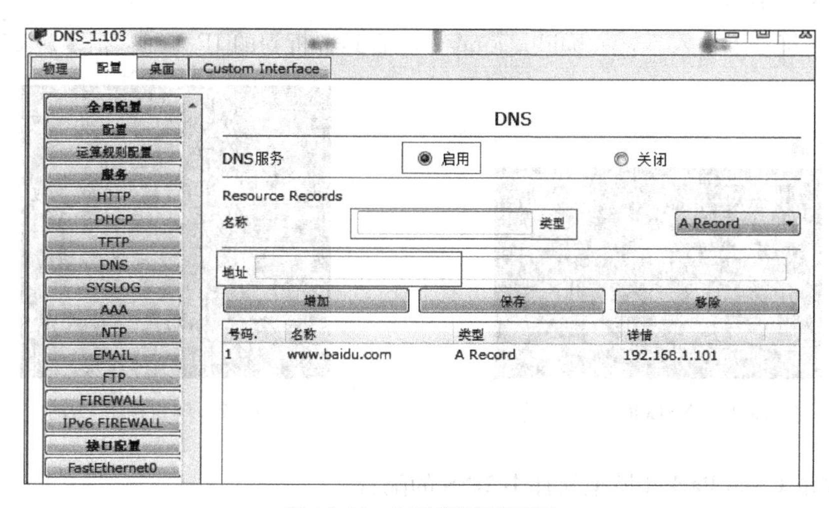

图 16-34 DNS“配置”界面

【验证方法】

1. 验证 DNS 服务器

1）配置 DNS 客户端

确定客户机上已经正确安装了 TCP/IP，然后通过设置 TCP/IP 属性来配置 DNS 客户机。在“网络和拨号连接”窗口中，右击“本地连接”，在弹出的快捷菜单中选择“属性”命令，打开“本地连接 属性”对话框，双击“Internet 协议（TCP/IP）”选项，打开“Internet 协议（TCP/IP）属性”对话框。

在“Internet 协议（TCP/IP）属性”对话框中，可以选中“自动获得 DNS 服务器地址”单选按钮，配置自动获得 DNS 地址（由 DHCP 服务器提供），也可以在“首选 DNS 服务器”文本框中输入 DNS 服务器以及备用 DNS 服务器的 IP 地址，如图 16-35 所示。

2）使用 NSLOOKUP 测试域名解析

使用 NSLOOKUP 命令来测试 DNS 服务器能否正常将域名解析成 IP 地址。在局域

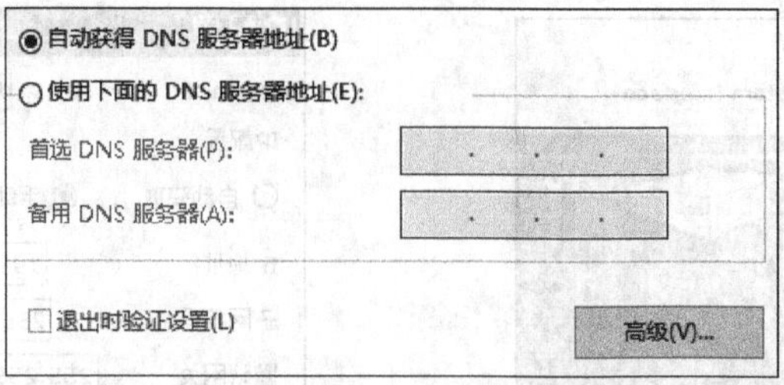

图 16-35　客户机 DNS 配置

网客户机中，执行“开始”→“运行”命令，在弹出的“运行”对话框中输入 NSLOOKUP 命令，如图 16-36 所示。

在“>”符号下输入 www.baidu.com，可以看到解析到的 IP 地址，如图 16-37 所示。

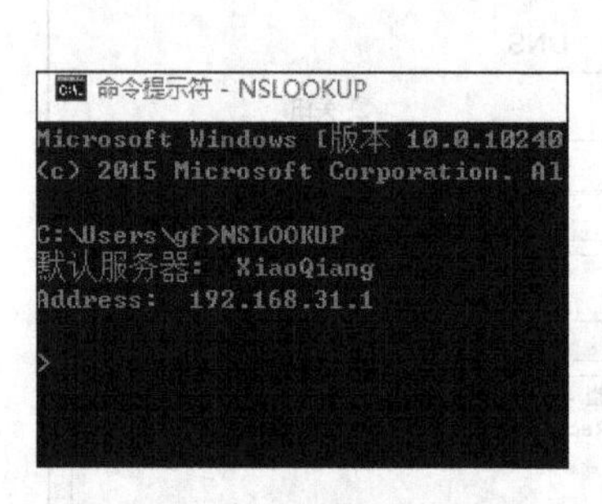

图 16-36　NSLOOKUP 命令

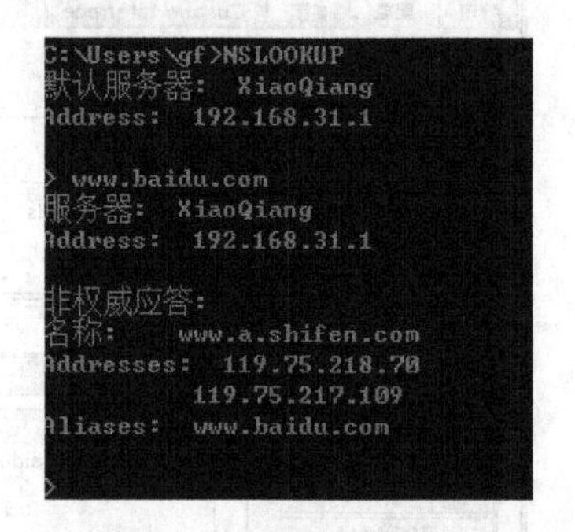

图 16-37　解析网站 DNS

2. 验证 Cisco Packet 模拟软件中 DNS 的配置

(1) 选中局域网中的一台计算机，配置 DNS 地址，如图 16-38 所示。

(2) 使用域名 www.baidu.com 访问网站，配置正确，如图 16-39 所示。

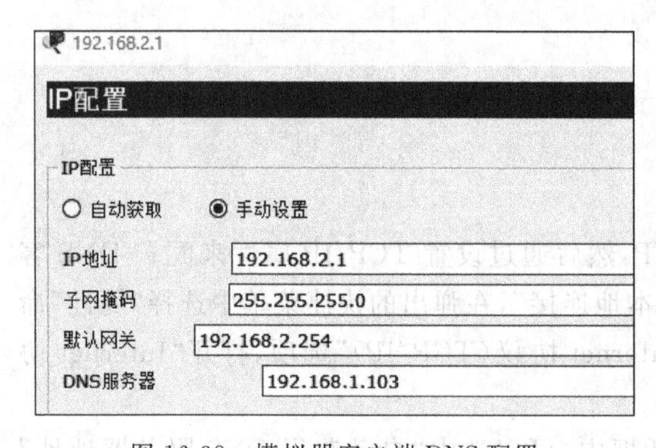

图 16-38　模拟器客户端 DNS 配置

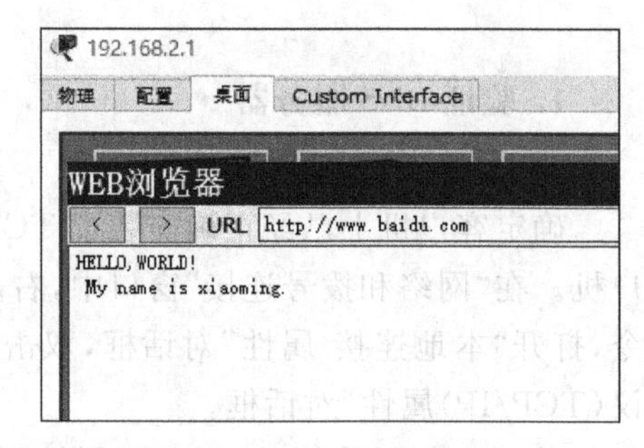

图 16-39　使用域名访问网站

(3) 在 DHCP 中加入 DNS 的配置选项，使得客户机自动获得 DNS，无须手工配置。

单击 DHCP 服务器，进入配置界面，选中 serverpool 池，在“DNS 服务器”文本框中输入 IP 地址 192.168.1.103，单击“保存”按钮，可以看到下面的记录也随之发生变化，如图 16-40 所示。

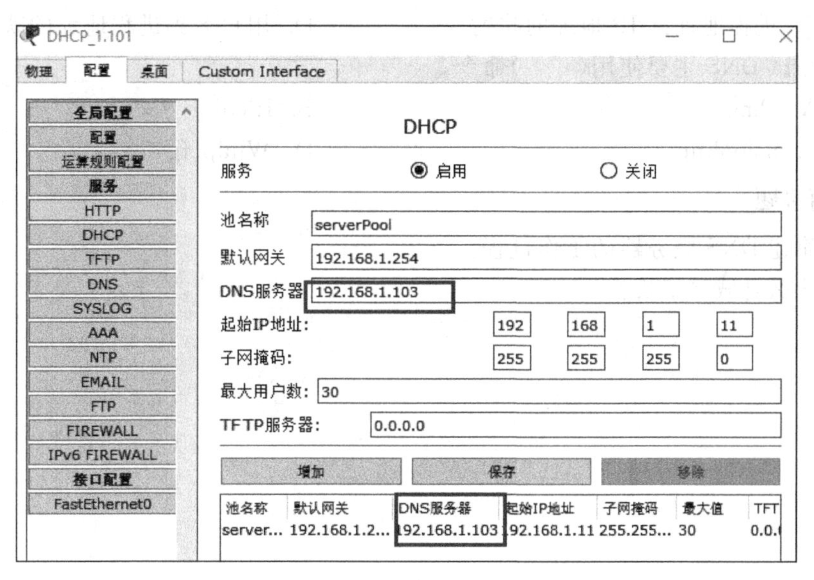

图 16-40　DHCP 配置

单击 192.168.1.0 网络中的任意一台计算机图标,将 IP 配置成自动获取,可以看到 DNS 地址也自动分配过来了,如图 16-41 所示。

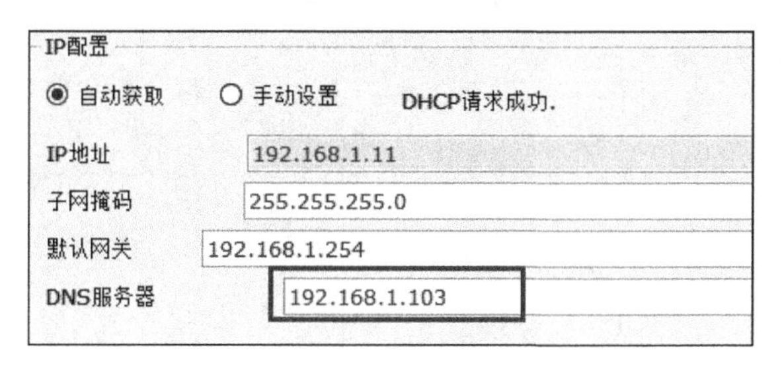

图 16-41　IP 配置

【思考与练习】

1. 填空题

(1) DNS 是一个分布式数据库系统,它提供将域名转换成对应的________信息。

(2) 域名空间由________和________两部分组成。

2. 选择题

(1) DNS 区域有 3 种类型,分别是(　　)。

A. 标准辅助区域　　　　B. 逆向解析区域

C. ActiveDirectory 集成区域　　　　D. 标准主要区域

(2) 应用层 DNS 协议主要用于实现(　　)网络服务功能。

A. 网络设备名字到 IP 地址的映射　　　　B. 网络硬件地址到 IP 地址的映射

C. 进程地址到 IP 地址的映射　　D. 用户名到进程地址的映射

(3) 测试 DNS 主要使用(　　)命令。

A. Ping　　B. IPcofig

C. nslookup　　D. Winipcfg

3. 简答题

(1) 简述 DNS 服务器的工作过程。

(2) 什么是域名解析?

FTP服务器的安装和配置

内容提示

本项目主要讲述通过搭建FTP服务器，进行网络文档管理，方便文档资料的共享和高效利用。

学习目标

1. 理解FTP服务的概念和作用。
2. 理解FTP的工作原理。

技能要求

1. 掌握FTP的安装方法。
2. 掌握FTP的权限设定方法。

【情景导入】

随着企业的发展，文案管理需求日益增强，规章制度、方案等资料不断增多，各个部门员工依据各自权限需要上传和下载资料，如何解决此问题？

【解决方案】

“下载”(Download)文件就是从远程主机复制文件至自己的计算机上；“上传”(Upload)文件就是将文件从自己的计算机中复制至远程主机上。用Internet语言来说，用户可通过客户机程序向(从)远程主机上传(下载)文件。

这时就需要搭建FTP服务器，可以依据各自权限上传和下载资料，满足用户需求。

【技术原理】

1. FTP 的基本概念

FTP(File Transfer Protocol,文件传输协议)用于 Internet 上的控制文件的双向传输。同时,它也是一个应用程序(Application)。基于不同的操作系统有不同的 FTP 应用程序,而所有这些应用程序都遵守同一种协议传输文件。DNS 是域名管理系统,它的作用是把域名转换为网络中计算机可以识别的 IP 地址。

2. FTP 的运行机制

简单地说,支持 FTP 的服务器就是 FTP 服务器。

与大多数 Internet 服务一样,FTP 也是一个客户机/服务器系统。用户通过一个支持 FTP 的客户机程序,连接到在远程主机上的 FTP 服务器程序。用户通过客户机程序向服务器程序发出命令,服务器程序执行用户所发出的命令,并将执行的结果返回到客户机。比如说,用户发出一条命令,要求服务器向用户传送某一个文件的一份副本,服务器会响应这条命令,将指定文件送至用户的机器上。客户机程序代表用户接收到这个文件,将其存放在用户目录中。

使用 FTP 时必须首先登录,在远程主机上获得相应的权限以后,方可下载或上传文件。也就是说,要想通过哪一台计算机传送文件,就必须具有哪一台计算机的适当授权。换言之,除非有用户 ID 和口令;否则便无法传送文件。这种情况违背了 Internet 的开放性,Internet 上的 FTP 主机千千万万,不可能要求每个用户在每一台主机上都拥有账号。匿名 FTP 就是为解决这个问题而产生的。

匿名 FTP 是这样一种机制,用户可通过它连接到远程主机上,并从其下载文件,而无须成为其注册用户。系统管理员建立了一个特殊的用户 ID,名为 anonymous, Internet 上的任何人在任何地方都可使用该用户 ID。

通过 FTP 程序连接匿名 FTP 主机的方式同连接普通 FTP 主机的方式差不多,只是在要求提供用户标识 ID 时必须输入 anonymous,该用户 ID 的口令可以是任意的字符串。习惯上,用自己的 E-mail 地址作为口令,使系统维护程序能够记录下来谁在存取这些文件。

值得注意的是,匿名 FTP 不适用于所有 Internet 主机,它只适用于那些提供了这项服务的主机。

当远程主机提供匿名 FTP 服务时,会指定某些目录向公众开放,允许匿名存取。系统中的其余目录则处于隐匿状态。作为一种安全措施,大多数匿名 FTP 主机都允许用户从其下载文件,而不允许用户向其上传文件,也就是说,用户可将匿名 FTP 主机上的所有文件全部复制到自己的机器上,但不能将自己机器上的任何一个文件复制至匿名 FTP 主机上。即使有些匿名 FTP 主机确实允许用户上传文件,用户也只能将文件上传至某一指定上传目录中。随后,系统管理员会去检查这些文件,他会将这些文件移至另一个公共下载目录中,供其他用户下载,利用这种方式,远程主机的用户得到了保护,避免了有人上传有问题的文件，如带病毒的文件。

3. FTP的使用方式

TCP/IP中，FTP标准命令TCP端口号为21，Port方式数据端口号为20。FTP的任务是从一台计算机将文件传送到另一台计算机，不受操作系统的限制。

需要进行远程文件传输的计算机必须安装和运行FTP客户程序。在Windows操作系统的安装过程中，通常都安装了TCP/IP软件，其中就包含了FTP客户程序。但是该程序是字符界面而不是图形界面，这就必须以命令提示符的方式进行操作，很不方便。

启动FTP客户程序工作的另一途径是使用IE浏览器，用户只需要在IE地址栏中输入以下格式的URL地址：FTP：//[用户名：口令@]FTP服务器域名：[端口号]。

（在CMD命令行下也可以用上述方法连接，通过put命令和get命令达到上传和下载的目的，通过ls命令列出目录，除了上述方法外还可以在cmd下输入ftp并按Enter键，然后输入open IP来建立一个连接，此方法还适用于在Linux下连接FTP服务器。）

通过IE浏览器启动FTP的方法尽管可以使用，但是速度较慢，还会将密码暴露在IE浏览器中，因而很不安全。因此一般都安装并运行专门的FTP客户程序。

（1）在本地计算机上登录到国际互联网。

（2）搜索有文件共享主机或者个人计算机（一般有专门的FTP服务器网站上公布的，上面有进入该主机或个人计算机的名称、口令和路径）。

（3）当与远程主机或者对方的个人计算机建立连接后，用对方提供的用户名和口令登录到该主机或对方的个人计算机。

（4）在远程主机或对方的个人计算机登录成功后，就可以上传用户想跟别人分享的东西或者下载别人授权共享的东西（这里的东西是指能放到计算机里去又能在显示屏上看到的东西）。

（5）完成工作后关闭FTP下载软件，切断连接。

4. FTP的传输方式

FTP的传输有两种方式，即ASCII、二进制。

1）ASCII传输方式

假定用户正在复制的文件包含简单ASCII码文本，如果在远程机器上运行的不是UNIX，当文件传输时FTP通常会自动地调整文件的内容，以便于把文件解释成另外那台计算机存储文本文件的格式。

但是常常有这样的情况，用户正在传输的文件包含的不是文本文件，它们可能是程序、数据库、字处理文件或者压缩文件。在复制任何非文本文件之前，用binary命令告诉FTP逐字复制。

2）二进制传输模式

在二进制传输中，保存文件的位序，以便原始文件和副本是逐位一一对应的。即使目的地机器上包含位序列的文件是没有意义的。例如，Macintosh以二进制方式传送可执行文件到Windows系统，在对方系统上，此文件不能执行。

如在ASCII方式下传输二进制文件，即使不需要也仍会转译，这会损坏数据。

(ASCII 方式一般假设每一字符的第一有效位无意义,因为 ASCII 字符组合不使用它。如果传输二进制文件,所有的位都是重要的。)

5. FTP 的支持模式

FTP 支持两种模式,即 Standard (Port,主动方式)、Passive (Pasv,被动方式)。

1) Port 模式

FTP 客户端首先和服务器的 TCP 21 端口建立连接,用来发送命令,客户端需要接收数据的时候在这个通道上发送 Pprt 命令。Port 命令包含了客户端用什么端口接收数据。在传送数据的时候,服务器端通过自己的 TCP 20 端口连接至客户端的指定端口发送数据。

2) Pasv 模式

与建立控制通道和 Standard 模式类似,但建立连接后发送 Pasv 命令。服务器收到 Pasv 命令后,打开一个临时端口(端口号大于 1023 且小于 65535),并且通知客户端在这个端口上传送数据的请求,客户端连接 FTP 服务器此端口,然后 FTP 服务器将通过这个端口传送数据。

很多防火墙在设置的时候都是不允许接受外部发起的连接的,所以许多位于防火墙后或内网的 FTP 服务器不支持 Pasv 模式。

【网络规划】

网络地址规划表

名　称	IP 地址	子 网 掩 码
FTP 服务器	192.168.1.104	255.255.255.0

【试验拓扑】

本项目拓扑如图 17-1 所示。

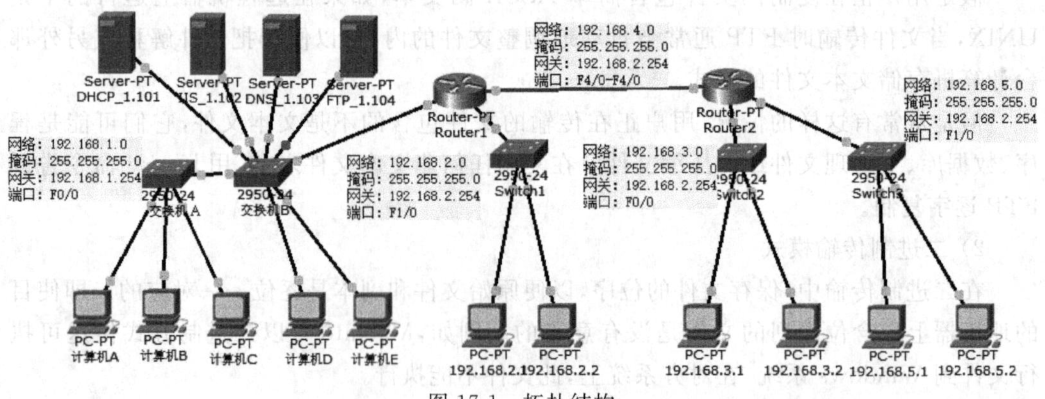

图 17-1　拓扑结构

【试验步骤】

试验一　安装 FTP 服务

(1) 将系统安装盘放在光驱中。如图 17-2 所示，执行“开始”→“控制面板”命令，打开图 17-3 所示的“控制面板”窗口，单击“添加或删除程序”选项，进入图 17-4 所示的界面。

图 17-2　打开“控制面板”

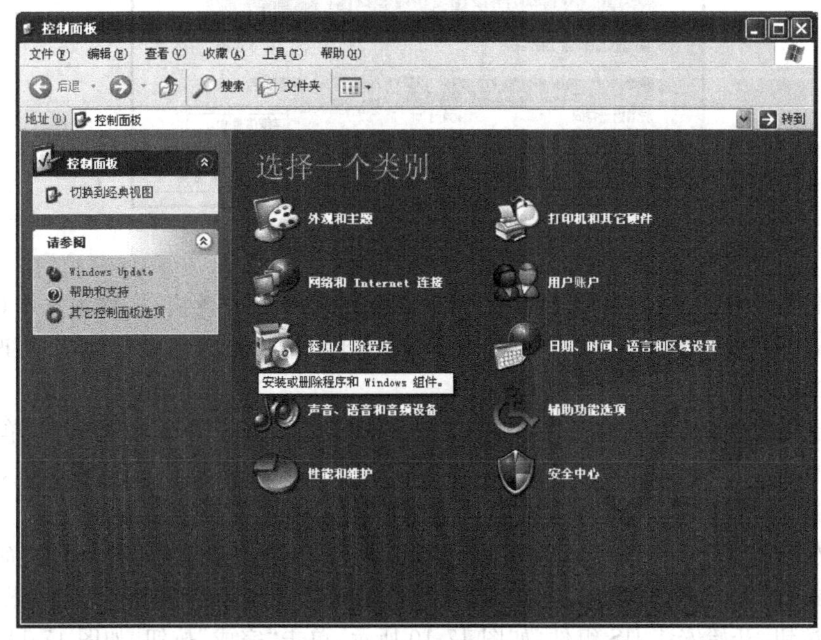

图 17-3　“控制面板”窗口

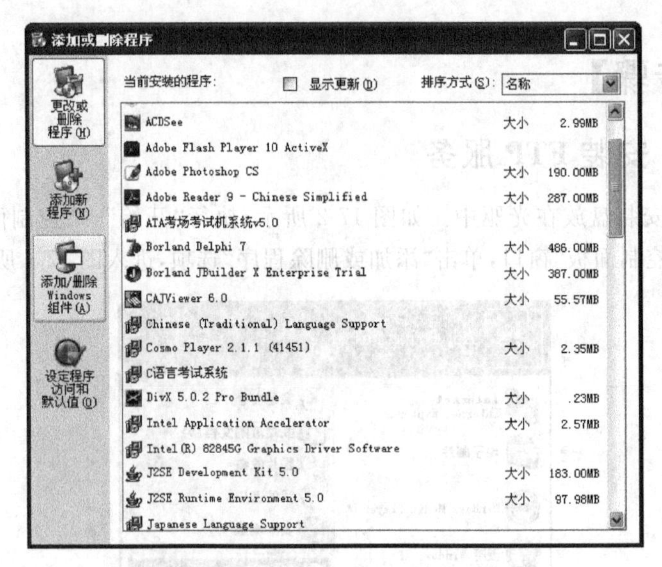

图 17-4 “添加或删除程序”窗口

(2) 在其中单击“添加/删除 Windows 组件”图标按钮，弹出图 17-5 所示的对话框。

图 17-5 “Windows 组件”对话框

(3) 需要注意的是，如果要删除 Windows 组件，仍然打开此窗口，取消选中该组件复选框，单击“下一步”按钮，即可完成删除，并不像删除普通的安装程序，需在“更改或删除程序”中操作。

(4) 这里需要安装 IIS 服务器。选中“Internet 信息服务(IIS)”复选框，并单击“详细信息”按钮，弹出图 17-6 所示的对话框，选中“文件传输协议(FTP)服务”复选框，单击“确定”按钮。

(5) 在图 17-7 所示的对话框中，单击“下一步”按钮，进入图 17-8 所示的界面，检查已经安装的组件，在图 17-9 所示的对话框中单击“浏览”按钮，路径设置为光盘安装目录，单击“确定”按钮，开始安装 IIS 组件，如图 17-10 所示，单击“完成”按钮，如图 17-11 所示。

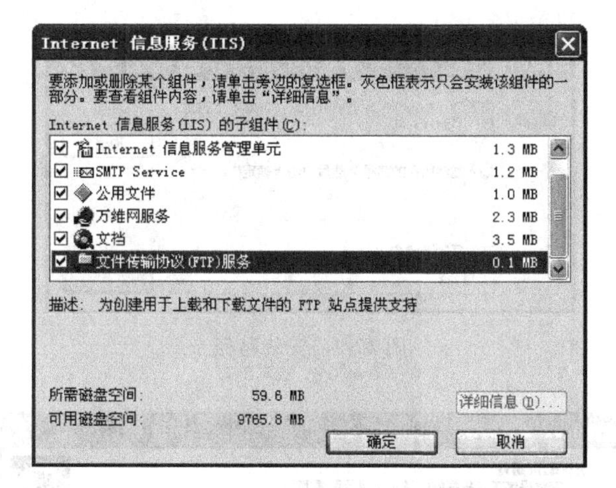

图 17-6　"Internet 信息服务(IIS)"对话框

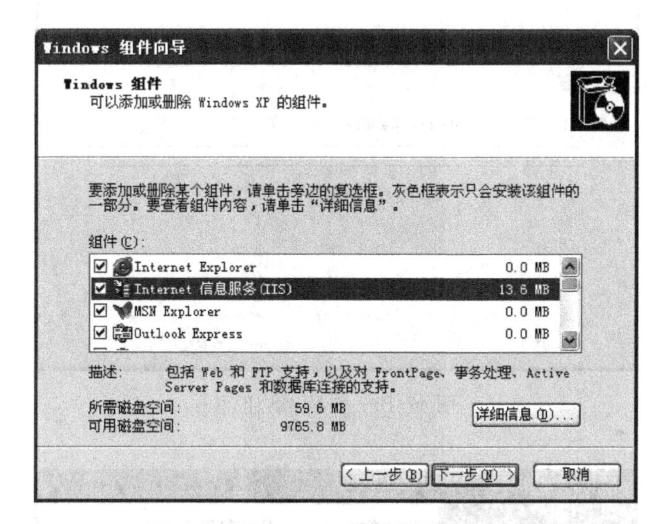

图 17-7　"Windows 组件向导"对话框

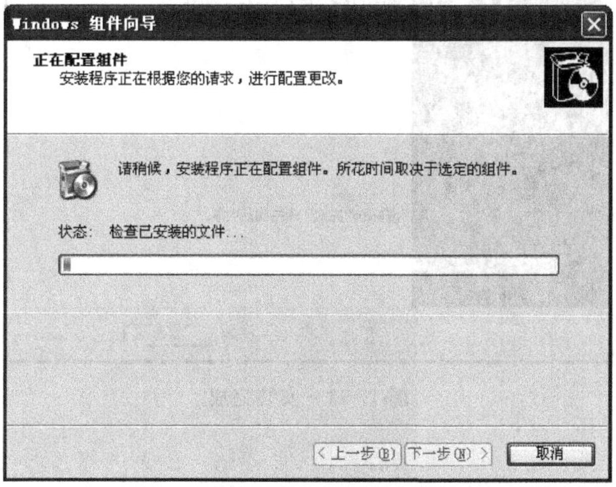

图 17-8　组件安装向导

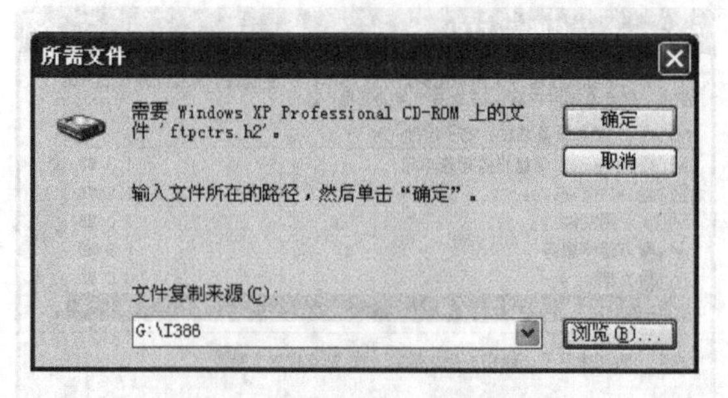

图 17-9 安装路径

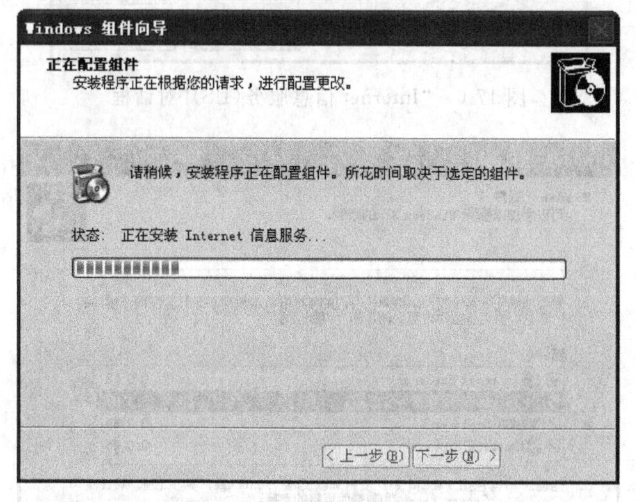

图 17-10 安装 IIS 组件

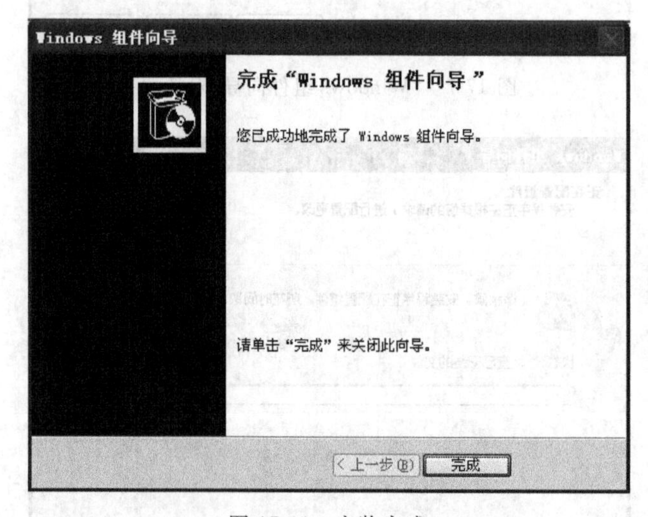

图 17-11 安装完成

试验二　配置 FTP 服务

(1) 将共享文件放入默认 FTP 目录。

(2) 打开“我的电脑”窗口，进入目录 C:\Inetpub\ftproot，即 FTP 服务默认网站文件根目录，如图 17-12 所示，放入共享文件。

图 17-12　FTP 服务根目录文件

(3) 设置默认网站属性。右击桌面上的“我的电脑”图标，选择快捷菜单中的“管理”命令，打开“计算机管理”窗口，如图 17-13 所示。

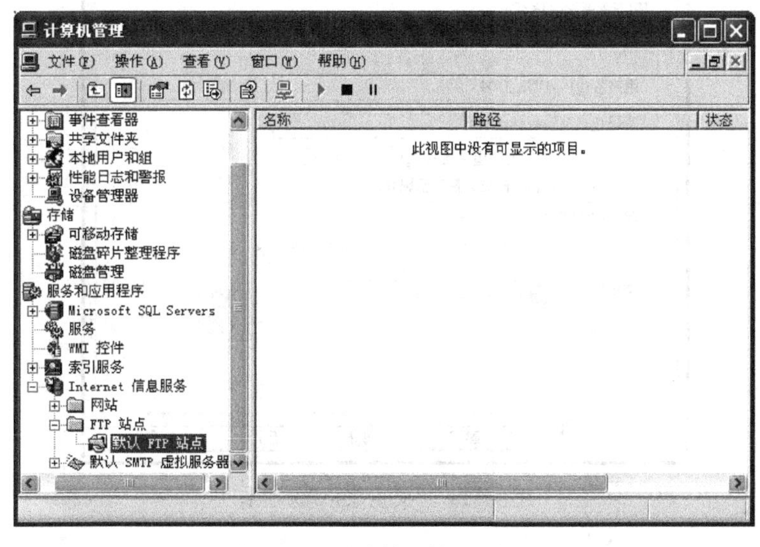

图 17-13　“计算机管理”窗口

在左侧目录树中，右击“默认 FTP 站点”，选择快捷菜单中的“属性”命令，弹出图 17-14 所示的对话框。在“FTP 站点”选项卡中设置“IP 地址”为本机地址。

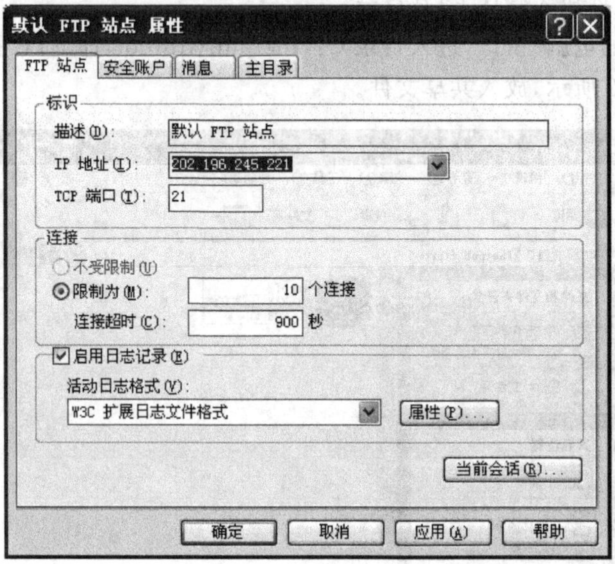

图 17-14 “FTP 站点”选项卡

在“安全账户”选项卡中设置访问方式，在“主目录”选项卡中设置主目录，如图 17-15 和图 17-16 所示。

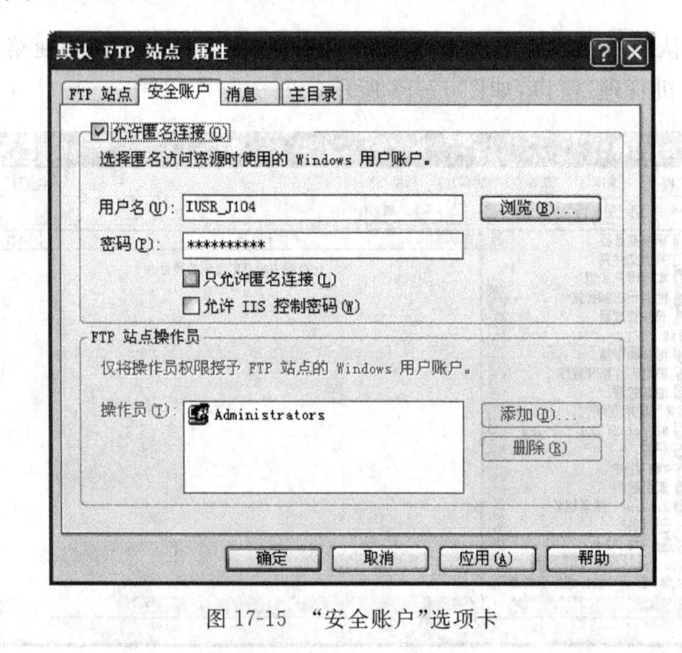

图 17-15 “安全账户”选项卡

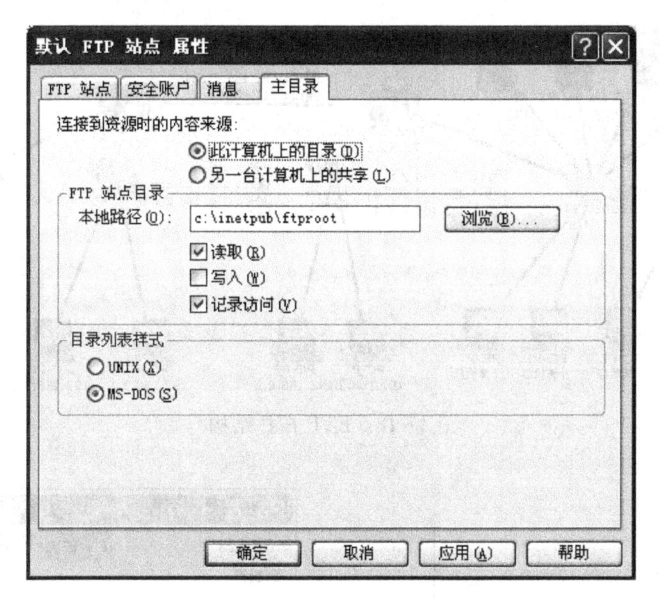

图 17-16 “主目录”选项卡

试验三　Cisco Packet 模拟软件中添加 FTP 服务器

1. 添加设备、命名设备

添加 FTP 服务器,并命名。可以在原有的 DHCP 服务器中添加服务,为了更好地理解过程,新添加一个服务器,在 192.168.1.0 的网络中添加服务器 192.168.1.104,如图 17-17 所示,命名为 FTP_1.104。

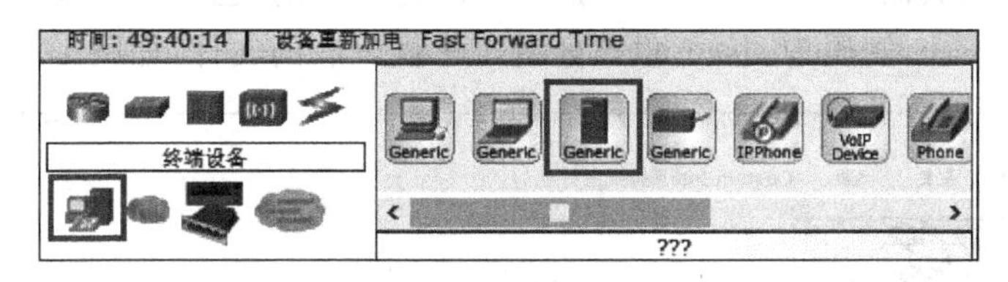

图 17-17　添加服务器

2. 连接设备

需要使用双绞线(网线)将服务器、交换机连接起来,因为交换机是堆叠的,所以从连通性方面考虑是可以连接到任意一台交换机中的。

同样从数据流量角度,把 FTP 服务器连接到交换机 B 中,如图 17-18 所示。

3. 软件配置

(1) 首先配置 FTP 计算机的 IP 地址、子网掩码、默认网关,单击 IIS 服务器,如图 17-19 所示,单击“桌面”→“IP 地址配置”命令,如图 17-20 所示,输入规划好的“IP 地址”为 192.168.1.104,“子网掩码”为 255.255.255.0,“默认网关”为 192.168.1.254,“DNS 服务器”为 192.168.1.103。

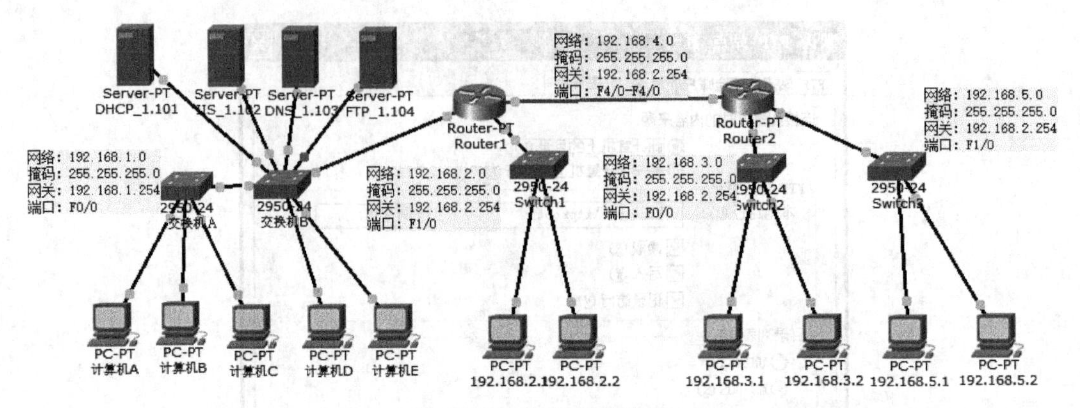

图 17-18　FTP 拓扑结构

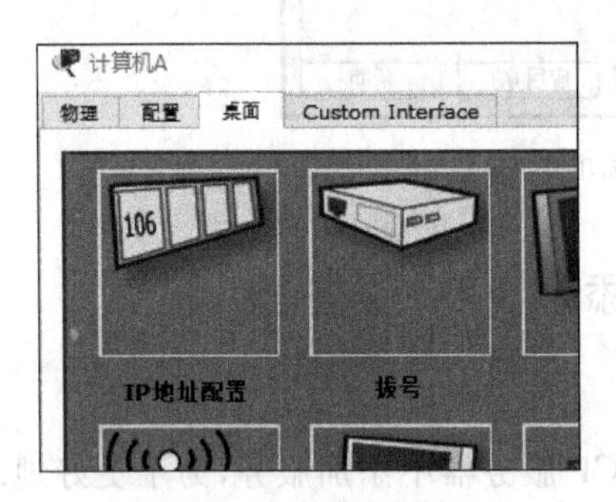

图 17-19　IP 配置

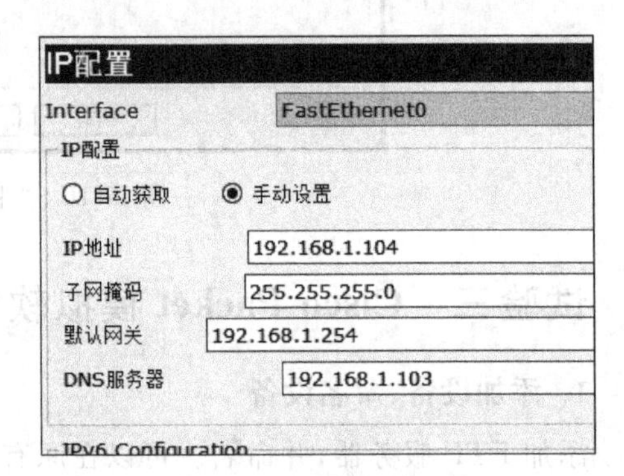

图 17-20　IP 地址和子网掩码

(2) 进入配置页面，可以看到 FTP 服务默认是开启的，已经有一个具有所有权限的用户，用户名是 cisco，密码为 cisco，也已经有了可供下载的文件，如图 17-21 所示。

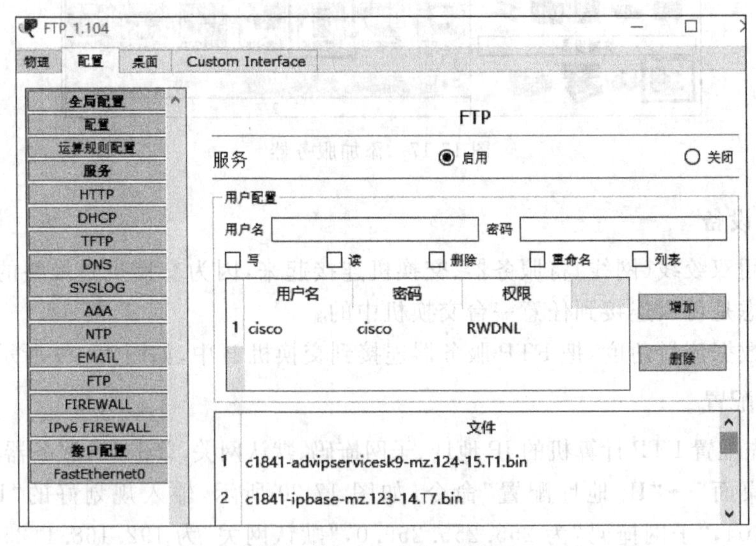

图 17-21　FTP 配置页面

(3) 增加两个用户,一个用户名为 1,密码也为 1,权限为写、读、删除;另一个用户名为 2,密码为 2,权限只有读,如图 17-22 所示。

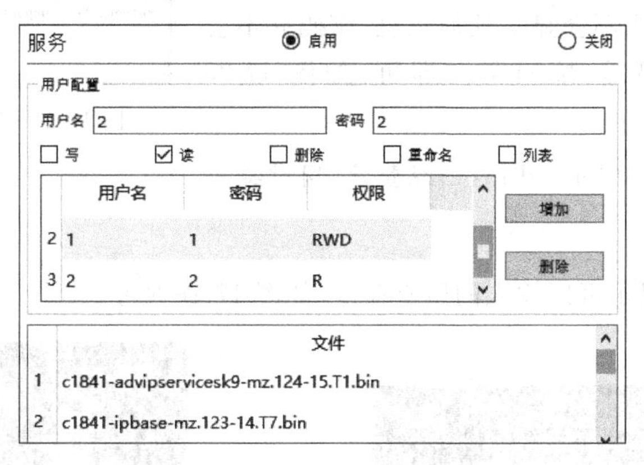

图 17-22 增加两个权限用户

【验证方法】

1. 验证 FTP 服务器

在 PC 的 IE 浏览器地址栏中输入 ftp://202.196.245.221 并按回车键,即可打开图 17-23 所示的窗口,成功访问服务器。

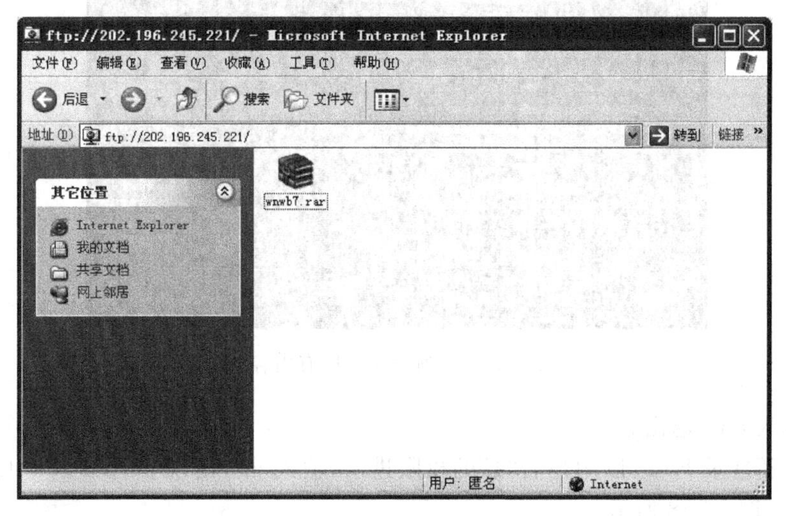

图 17-23 FTP 测试

2. 验证 Cisco Packet 模拟软件中 FTP 的配置

(1) 选中局域网中的一台计算机,进入命令提示符。模拟器中,如果在 Web 浏览器中输入 ftp://192.168.1.104,出现错误如图 17-24 所示。模拟器不支持在浏览器中使用 FTP 协议。

(2) 在命令提示符下输入 ftp 192.168.1.104,按回车键,要求输入用户名,输入 cisco,提示输入密码,输入 cisco。注意这里不会显示任何信息,密码并不会以常见的“*”号显示,按回车键即可,如图 17-25 所示。

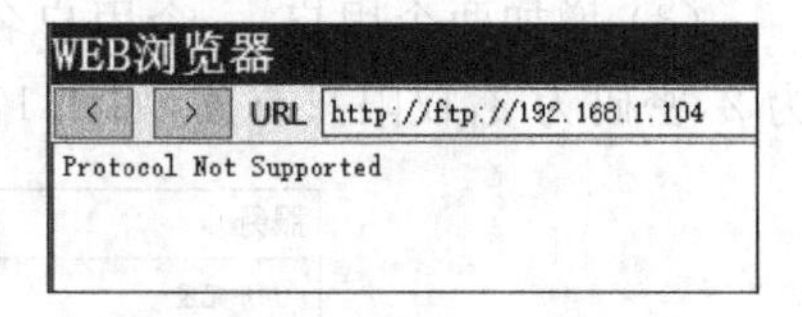

图 17-24　Web 浏览器测试

【提示】 230-logged in,已经登录,同时提示符变为 ftp>。

(3) 输入“?”,显示可以输入的所有命令,如图 17-26 所示。

```
PC>ftp 192.168.1.104
Trying to connect...192.168.1.104
Connected to 192.168.1.104
220- Welcome to PT Ftp server
Username:cisco
331- Username ok, need password
Password:
230- Logged in
(passive mode On)
ftp>
```

图 17-25　IP 配置

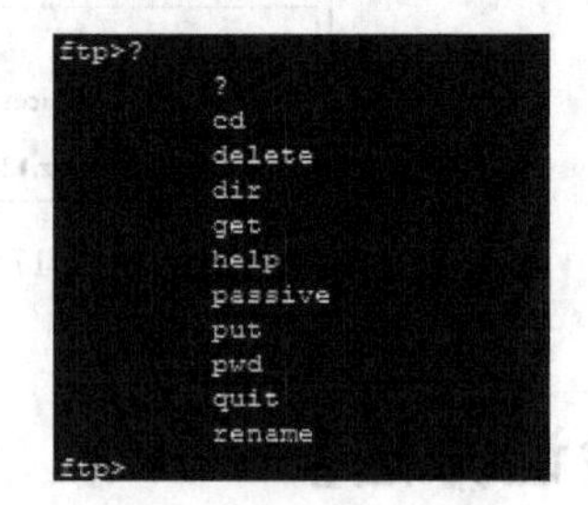

图 17-26　IP 地址和子网掩码

(4) 输入 dir,列表显示所有内容,如图 17-27 所示。

```
ftp>dir

Listing /ftp directory from 192.168.1.104:
0    : c1841-advipservicesk9-mz.124-15.T1.bin              33591768
1    : c1841-ipbase-mz.123-14.T7.bin                       13832032
2    : c1841-ipbasek9-mz.124-12.bin                        16599160
3    : c2600-advipservicesk9-mz.124-15.T1.bin              33591768
4    : c2600-i-mz.122-28.bin                               5571584
5    : c2600-ipbasek9-mz.124-8.bin                         13169700
6    : c2800nm-advipservicesk9-mz.124-15.T1.bin            50938004
7    : c2800nm-advipservicesk9-mz.151-4.M4.bin             33591768
8    : c2800nm-ipbase-mz.123-14.T7.bin                     5571584
9    : c2800nm-ipbasek9-mz.124-8.bin                       15522644
10   : c2950-i6q4l2-mz.121-22.EA4.bin                      3058048
11   : c2950-i6q4l2-mz.121-22.EA8.bin                      3117390
12   : c2960-lanbase-mz.122-25.FX.bin                      4414921
13   : c2960-lanbase-mz.122-25.SEE1.bin                    4670455
14   : c3560-advipservicesk9-mz.122-37.SE1.bin             8662192
15   : pt1000-i-mz.122-28.bin                              5571584
16   : pt3000-i6q4l2-mz.121-22.EA4.bin                     3117390
```

图 17-27　列表显示所有内容

(5) 输入 quit 退出。

(6) 重新登录 FTP,以用户名“1”的权限进入,输入 dir,出现 permission denied,提示没有权限,如图 17-28 所示。

```
ftp>dir

Listing /ftp directory from 192.168.1.104:
%Error ftp://192.168.1.104/ (No such file or directory Or Permission denied)
550-Requested action not taken. permission denied).

ftp>
```

图 17-28　无权限提示

【思考与练习】

1. 填空题

(1) FTP 服务器,提供文件________和________功能。

(2) FTP 客户端列表命令是________。

(3) FTP 客户端改变当前工作目录命令是________

(4) FTP 客户端删除命令是________。

(5) 匿名登录,用于下载公共文件,但不能匿名________。

(6) 不隔离用户模式不启用 FTP 用户隔离。该模式最适合于只提供________内容下载功能的站点或不需要在________间进行数据访问保护的站点。

(7) 隔离所有用户的主目录都在________ FTP 主目录下,每个用户均被安放和限制在自己的________中。不允许用户浏览自己________外的内容。

(8) 对于文件传输而言,FTP 比 HTTP ________高得多。

(9) FTP 和所有________家族成员一样,与________平台无关。

(10) FTP 客户端退出命令是________。

2. 简答题

什么是 FTP 服务?

项目十八

无线路由器的安装和配置

内容提示

本项目主要讲述了通过搭建无线路由器，使得无线设备如手机、笔记本、Pad 等能够接入网络。

学习目标

1. 理解无线路由器的作用。
2. 理解无线路由器的应用环境。

技能要求

1. 掌握无线路由器的配置方法。
2. 掌握无线路由器中各个端口的作用。

【情景导入】

随着移动计算机和手机的广泛使用，企业需要搭建无线网满足移动办公需求，如何解决此问题？

【解决方案】

在中小企业中，依据现有网络架构，使用物美价廉的无线路由器即可满足无线上网的需求。

【技术原理】

1. 无线路由器基础知识

无线路由器是应用于用户上网、带有无线覆盖功能的路由器。

无线路由器可以看作一个转发器，将家中墙上接出的宽带网络信号通过天线转发给附近的无线网络设备（笔记本计算机、支持 Wi-Fi 的手机以及所有带有 Wi-Fi 功能的设备）。

市场上流行的无线路由器一般都支持专线 XDSL/Cable、动态 XDSL，PPTP 等 4 种接入方式，它还具有其他一些网络管理的功能，如 DHCP 服务、NAT 防火墙、MAC 地址过滤等。

市场上流行的无线路由器一般只能支持 15～20 个设备同时在线使用。

现在已经有部分无线路由器的信号范围达到了 3000m。

2. 无线路由器基本工作原理

无线路由器（Wireless Router）好比将单纯性无线 AP 和宽带路由器合二为一的扩展型产品，它不仅具备单纯性无线 AP 所有功能，如支持 DHCP 客户端、支持 VPN、防火墙、支持 WEP 加密等，还包括网络地址转换（NAT）功能，可支持局域网用户的网络连接共享，可实现家庭无线网络中的 Internet 连接共享，实现 ADSL、Cable MODEM 和小区宽带的无线共享接入。无线路由器可以与所有以太网接的 ADSL MODEM 或 Cable MODEM 直接相连，也可以在使用时通过交换机/集线器、宽带路由器等局域网方式再接入。其内置有简单的虚拟拨号软件，可以存储用户名和密码拨号上网，可以实现为拨号接入 Internet 的 ADSL、CM 等提供自动拨号功能，而无须手动拨号或占用一台计算机做服务器使用。此外，无线路由器一般还具备相对更完善的安全防护功能。

3G 路由器主要在原路由器嵌入无线 3G 模块。首先用户使用一张资费卡（USIM 卡）插 3G 路由器，通过运营商 3G 网络 WCDMA、TD-SCDMA 等进行拨号联网，就可以实现数据传输、上网等。路由器有 Wi-Fi 功能实现共享上网，只要手机、计算机、PSP 有无线网卡或者带 Wi-Fi 功能就能通过 3G 无线路由器接入 Internet，为实现无线局域网共享 3G 无线网提供了极大的方便。部分厂家的路由器还带有有线宽带接口，不用 3G 也能正常接入互联网。通过 3G 无线路由器，可以实现宽带连接，达到或超过当前 ADSL 的网络带宽，在互联网等应用中变得非常广泛。

3. 无线路由器的优势

1）具有智能管理配备

双 WAM3.75G Wireless-N 宽带无线路由器，让用户在 Wi-Fi 安全保证下，随时随地享受极速联网生活，永不掉线，智能管理配备了最新的 3G 和 Wireless-N 技术，能够自由享受无忧的网络连接，无论是在室外会议、展会、会场、工厂还是在家里。通过 USB 2.0 接口，该硬件可以让你的台式计算机和笔记本享用有线或者无线网络。轻松下载图片，拥有高清晰视频，可运行多媒体软件，观赏电影或者与你客户、团队成员、朋友及家人共享文件。这个路由器甚至可以作为打印机服务器、Webcam 或者 FTP 服务器使用,实现硬件的网络共享。

2) 方便的在线连接

使用无线路由器,可以将一个 3G/HSDPA USB MODEM 连接到它的内置 USB 接口,这能够让你连接上超过 3.5G/HSDPA、3.75G/HSUPA、HSPA+、UMTS、GDGE、GPRS 的网络或 GSM 网络。下载速率高达 14.4Mb/s。JGR-N605 支持 EthernetWAN 接口,可以作为 ADSL/Cable MODEM 使用。当有线网络连接失败时,通过 JGR-N605 内置的故障自动转换功能,可以快速顺畅地连接到 3G 无线网络,保证最大化连接和最小干扰。当有线网络恢复后,它还能够自动再次连接,减少或最小化连接费用。此功能特别适合办公环境,因为那里的网络持续连通是非常重要的。

3) 具有多项服务功能

无线路由器的 USB 接口,它可以作为多功能服务器来帮助你建立一个属于你自己的网络,当外出的时候,可以使用办公室打印机,通过 Webcam 监控你的房子,与同事或者朋友共享文件,甚至可以下载 FTP 或 BT 文件。市面上具备 USB 接口的无线路由器较为罕见,其中,飞鱼星的一款路由器 VE982W 就是具备 USB 接口的无线路由器。

4) 多功能展示工具

独特 3G 管理中心是一个多功能展示工具,它在视觉上展示信号情况,可使用户最大限度地利用它们的连接。利用上传速度、下载速度可以监视带宽。这种工具可以计算出每月运用的数据总量或者小时总量。

5) 增益天线信号

在无线网络中,天线可以达到增强无线信号的目的,可以把它理解为无线信号的放大器。天线对空间不同方向具有不同的辐射或接收能力,而根据方向性的不同,天线有全向和定向两种。

全向天线:在水平面上,辐射与接收无最大方向的天线称为全向天线。全向天线由于无方向性,所以多用在点对多点通信的中心台。比如:想要在相邻的两幢楼之间建立无线连接,就可以选择这类天线。

定向天线:有一个或多个辐射与接收能力最大方向的天线称为定向天线。定向天线能量集中,增益相对全向天线要高,适合于远距离点对点通信,同时由于具有方向性,抗干扰能力比较强。比如:一个小区里,需要横跨几幢楼建立无线连接时,就可以选择这类天线。

4. 无线路由器接口

常见的无线路由器一般都有一个 RJ45 口为 WAN 口,也就是 UPLink 到外部网络的接口,其余 2～4 个口为 LAN 口,用来连接普通局域网,内部有一个网络交换机芯片,专门处理 LAN 接口之间的信息交换,如图 18-1 所示。通常无线路由器的 WAN 口和 LAN 之间的路由工作模式一般都采用 NAT(Network Address Translation)方式。

所以,其实无线路由器也可以作为有线路由器使用。

5. 无线路由器的加密

Wi-Fi 联盟制定的过渡性无线网络安全标准,相当于 802.11i 的精简版,使用了

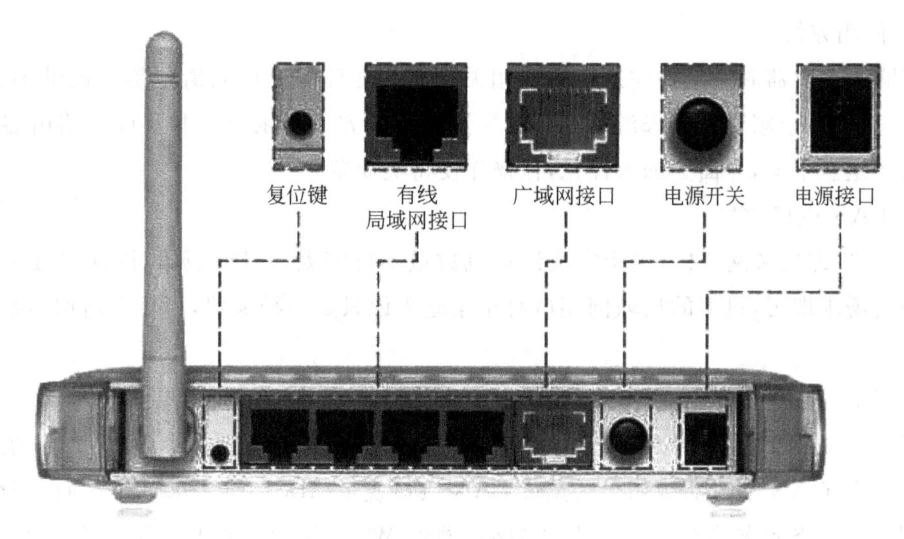

图 18-1　无线路由器

TKIP(Temporal Key Integrity Protocal)数据加密技术,虽然仍使用 RC4 加密算法,但使用了动态会话密钥。

TKIP 引入了 4 个新算法,即 48 位初始化向量(IV)和 IV 顺序规则(IV Sequencing Rules)、每包密钥构建(Per-Packet Key Construction)、Michael 消息完整性代码(Message Integrity Code,MIC)以及密钥重获/分发。WPA 极大提高了无线网络中数据传输的安全性,但还没有一劳永逸地解决无线网络的安全性问题,因此厂商采纳的积极性似乎不高。到 2013 年,Windows XP SP1 可以支持 WPA。

静态 WEP 密钥难以管理,改变密钥时要通知所有人,如果有一个地方泄露了密钥就无安全性可言,而且静态 WEP 加密有严重的安全漏洞,通过无线侦听收到一定数量的数据后就可以破解得到 WEP 密钥。

802.1x 最初用于有线以太网的认证接入,防止非法用户使用网络,后来人们发现 802.1x 用于无线网可以较好地解决无线网络的安全接入问题。

802.1x 的 EAP-TLS 通过数字证书实现了用户与网络之间的双向认证,既可以防止非法用户使用网络,也可以防止用户连入非法的 AP。

802.1x 使用动态 WEP 加密防止 WEP Key 被破解。为解决数字证书的发放难题人们对 TLS 认证进行了改进,产生了 TTLS 和 PEAP,可以用传统的用户名口令方式认证入网。

6. 无线路由器的选购

随着宽带网络的逐步普及,宽带路由器已经得到越来越广泛的应用,衍生并发展了宽带路由器市场,路由器产品也是种类繁多,使大多数想要购买路由器但又缺乏基本技术的消费者无从选择,因此,在这里对选购宽带路由器的主要性能指标逐一进行分析解读,希望对选择宽带路由器有所帮助。

1）使用方便

在购买路由器时一定要注意路由器相关说明或在商家处询问清楚是否提供 Web 界面管理；否则对于家庭用户来说可能存在配置或维护方面的困难。并且许多路由器维护界面已经是全中文，界面更加人性化，让操作变得更简单。

2）LAN 端口数量

LAN 口即局域网端口，由于家庭计算机数量不可能太多，所以局域网端口数量只要能够满足需求即可，过多的局域网端口对于家庭来说只是一种浪费，而且会增加不必要的开支。

3）WAN 端口数量

WAN 端口即宽带网端口，它是用来与 Internet 网连接的广域网接口。通常在家庭宽带网络中 WAN 端口都接在小区宽带 LAN 接口或是 ADSL MODEM 等。而一般家庭宽带用户对网络要求并不是很高，所以，路由器的 WAN 端口一般只需要一个就够了，不必要为了过分追求网络带宽而采用多 WAN 端口路由器，也不必要花多余的钱。

4）带宽分配方式

需要了解所购买的路由器 LAN 端口的带宽分配方式。到 2013 年，市面上有些不知名品牌厂商所生产的家用路由器实际上是采用了集线器的共享宽带分配方式，即在局域网内部的所有计算机共同分享这 10/100Mb/s 的带宽，而不是路由器的独享带宽分配方式。路由器的分配方式是在局域网内所有计算机都能单独拥有 10/100Mb/s 的带宽，因此这种产品在局域网内部传送数据时对网络传输速度有很大影响。

5）功能适用

2013 年，市面上很多宽带路由器都提供了防火墙、动态 DNS、网站过滤、DMZ、网络打印机等功能。其中，有的功能对于家庭宽带用户来说比较实用，如防火墙、网站过滤、DHCP、虚拟拨号功能等。但有些功能对于一般家庭宽带用户来说几乎用不上，如 DMZ、VPN、网络打印机功能等。

【网络规划】

网络地址规划表

名称	IP 地址（外网）	IP 地址（内网）	子网掩码
无线路由器	自动获取	192.169.100.0	255.255.255.0

【试验拓扑】

本项目拓扑如图 18-2 所示。

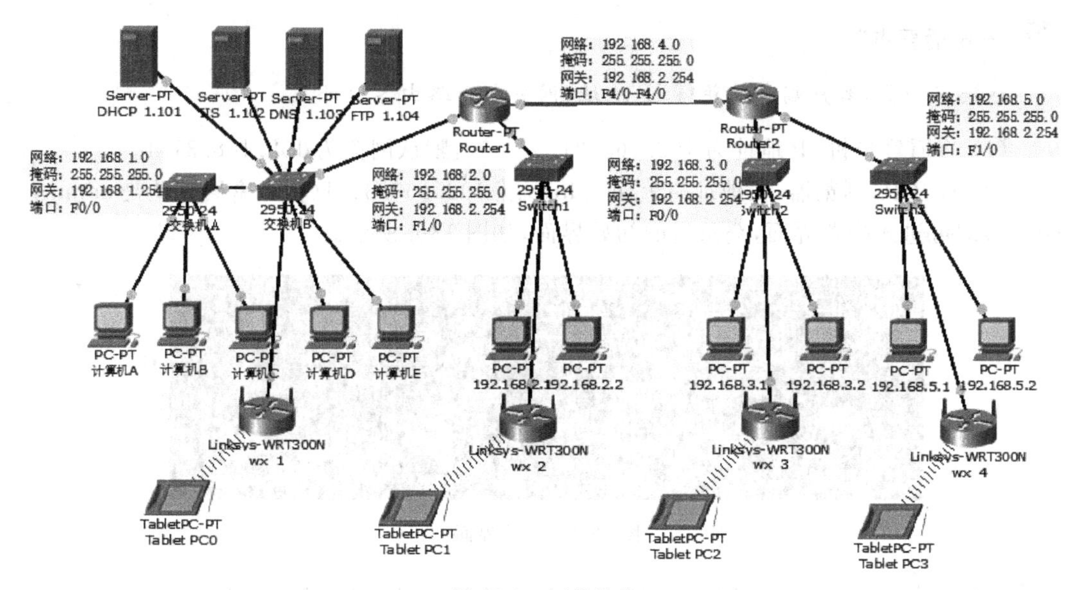

图 18-2 拓扑结构

【试验步骤】

试验一 硬件连接无线路由器

1. 物理连接

首先进行物理连接，如图 18-3 所示，WAN 口连接宽带进线，LAN 口连接局域网内的计算机。

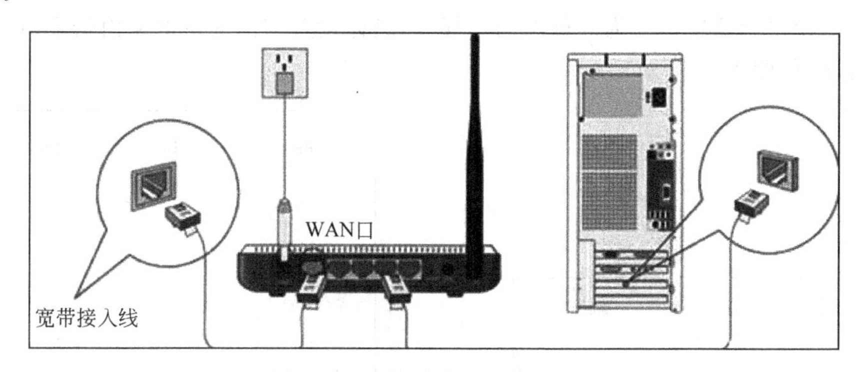

图 18-3 无线路由器连接示意图

2. 软件配置

以小米路由器为例，在第一次配置无线宽带路由器时，参照说明书找到无线宽带路由器默认的 IP 地址是 192.168.31.1，默认子网掩码是 255.255.255.0。

“一句话要点”

连接路由器，客户端自动获得 IP 地址，网关即为路由器地址。

(1) 查看客户机 IP 地址为 192.168.31.×××，默认网关为 192.168.31.1。

(2) 打开 IE 浏览器，在地址栏上输入 http://192.168.31.1(输入密码默认是 admin，admin)即可进入配置界面，登录后的初始界面，如图 18-4 所示。

图 18-4　初始界面

(3) 首先看“上网设置”模块，有“PPPoE”“DHCP”“静态 IP”三个选择。

“一句话要点”

PPP(Point to Point Protocol)协议，即点到点协议，该协议具有用户认证及通知 IP 地址的功能。PPP over Ethernet(PPPoE) 协议是在以太网络中转播 PPP 帧信息的技术，尤其适用于 ADSL 等方式。

如果是家庭上网，一般是通过网通、联通拨号上网，选择 PPPoE，如图 18-5 所示，填入用户名、密码信息，路由器即可每次开机时自动拨号上网。

在企业或家庭网络中，无线路由器作为一个扩展设备，可以使用 DHCP 方式或者静态 IP 设置，使得 WAN 口成为局域网的一部分，具体设置与前面讲的路由器端口一致，在此不再赘述，如图 18-6 所示。

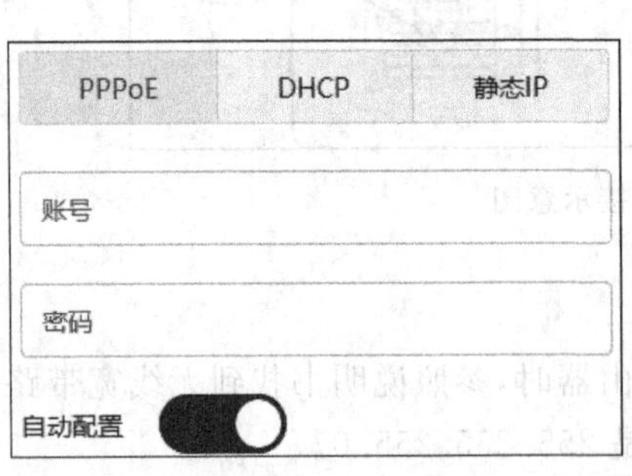

图 18-5　PPPoE 上网方式

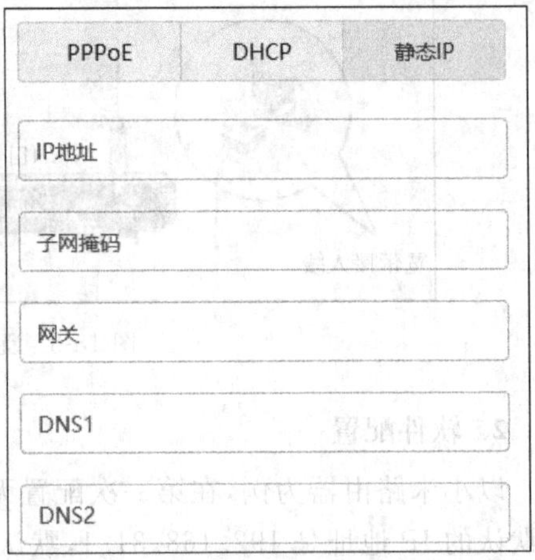

图 18-6　DHCP 和静态 IP

(4) 单击“Wi-Fi 设置”图标来配置无线网络，如图 18-7 所示，名称中默认显示 Xiaomi_A19D，此名称相当于 SSID，也就是当无线终端设备搜索无线信号显示的名称。如果勾选“隐藏网络不被发现”，则终端设备搜索不到此路由器，必须手工输入才可以，与其他路由器中的“允许 SSID 广播”是相同的功能。这进一步保证了安全性，一般在企业内部使用。

(5) 值得注意的是小米路由器为双频路由器，还有 1 个 5G 的 Wi-Fi，如图 18-8 所示。

图 18-7　PPPoE 上网方式

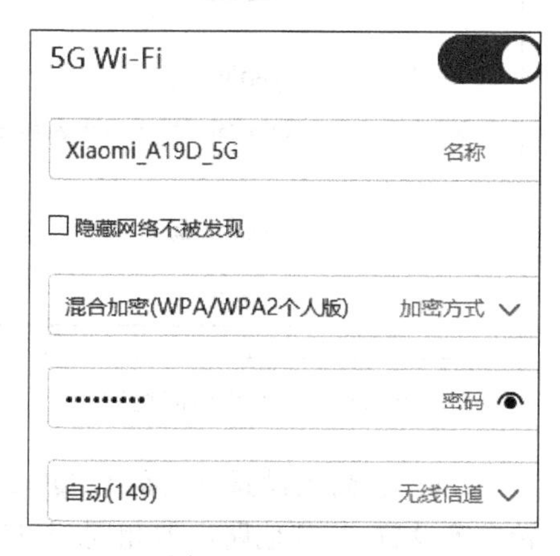

图 18-8　5G Wi-Fi

“一句话要点”

2.4G 和 5G 指的是 Wi-Fi 工作的频率，2.4G 的速度慢些，但是穿墙能力强点，5G 速度快些，但是穿墙能力差。5G 是比较新的技术，支持 5G 的路由器一般也有 2.4G 的功能。

(6) 单击“局域网设置”图标，如图 18-9 所示，为局域网内客户端提供 DHCP 服务，界面简单清晰，比传统路由器少了些专业配置。下面是“局域网 IP 地址”的设置，即就是此路由器的 IP 地址，也是局域网的网关。

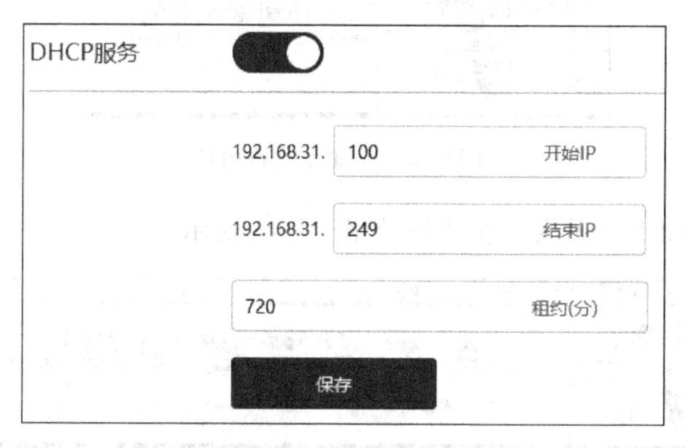

图 18-9　局域网设置

(7) 单击“安全中心”图标，如图 18-10 所示，为无线访问控制列表，有黑名单和白名单，黑名单是拒绝设备访问，一般很少用到。白名单是只允许列表中的设备访问，其他的设备均禁止访问。单击下面的“手工添加”，如图 18-11 所示，看到依据 MAC 地址进行访问控制的。

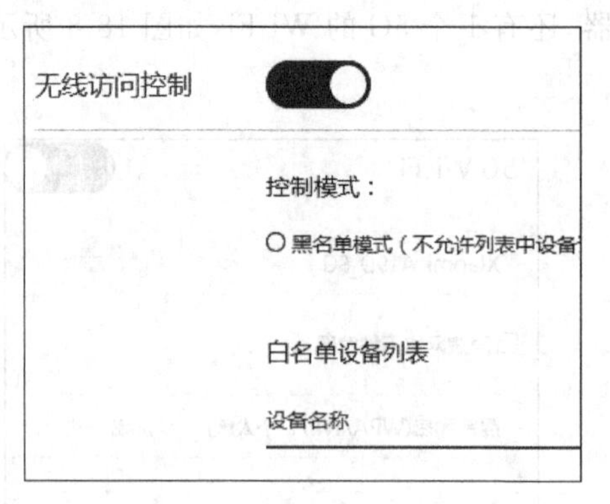

图 18-10　无线访问控制

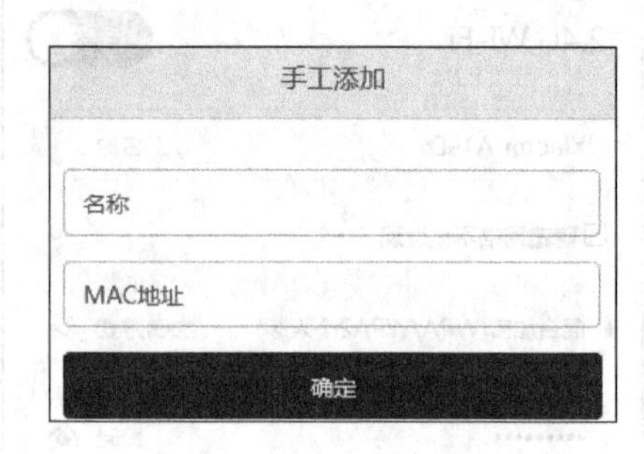

图 18-11　访问控制列表

(8) 单击“高级设置”图标，有 QOS 智能限速、UPnP、DHCP 静态 IP 分配、DDNS、端口转发等设置，与其他路由器相同，不过位置不一样而已。值得注意的是“DHCP 静态 IP 分配”功能就是在 DHCP 服务器讲的“保留”功能，可以将一个固定 IP 地址分配给某台客户机。

试验二　Cisco Packet 模拟软件中添加无线路由器

1. 添加设备、命名设备

4 个网络各添加 1 个无线路由器，如图 18-12 所示，并分别命名为 wx_1、wx_2、wx_3 和 wx_4。

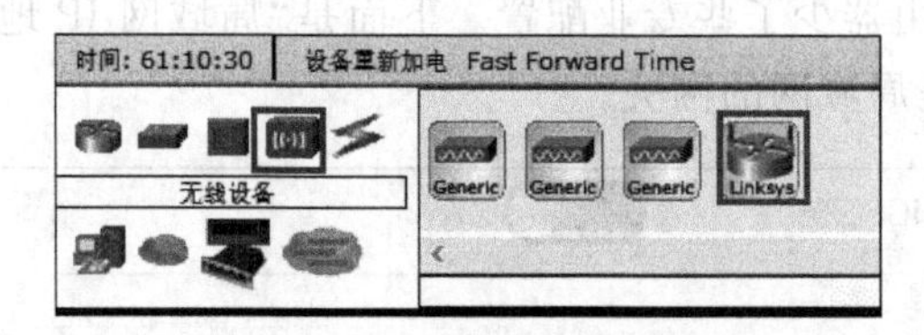

图 18-12　添加无线路由器

每个局域网添加 1 个无线终端设备，如图 18-13 所示。

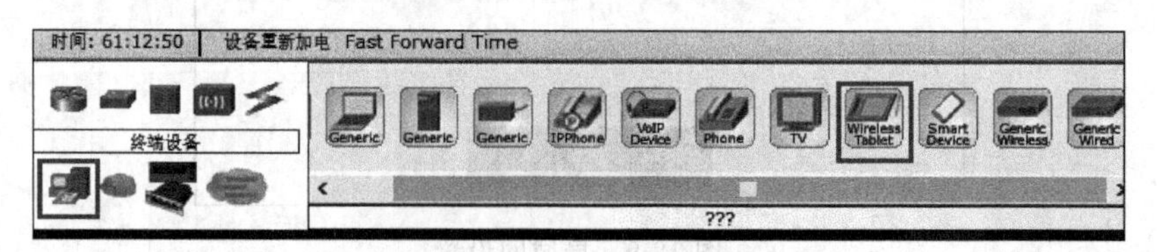

图 18-13　添加无线终端设备

2. 连接设备

需要使用双绞线(网线)将无线路由器、交换机连接起来,将无线路由器中的WAN口(Internet口)连接至交换机,如图18-14所示。

3. 软件配置

(1) 进入无线路由器配置界面,将显示名称更改为wx1,如图18-15所示。

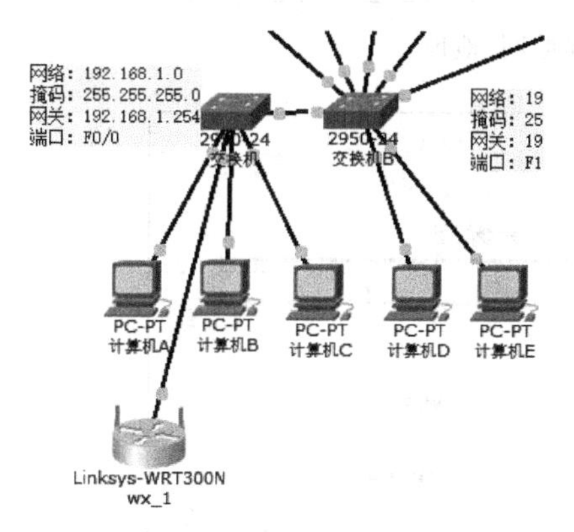

图18-14　无线路由器连接

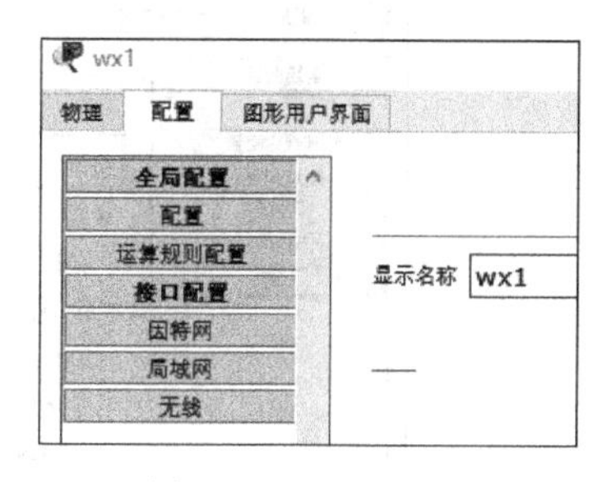

图18-15　显示名称

(2) 单击"因特网"配置页面,可以看到已经能够自动获得局域网192.168.1.0的IP地址了,如图18-16所示。

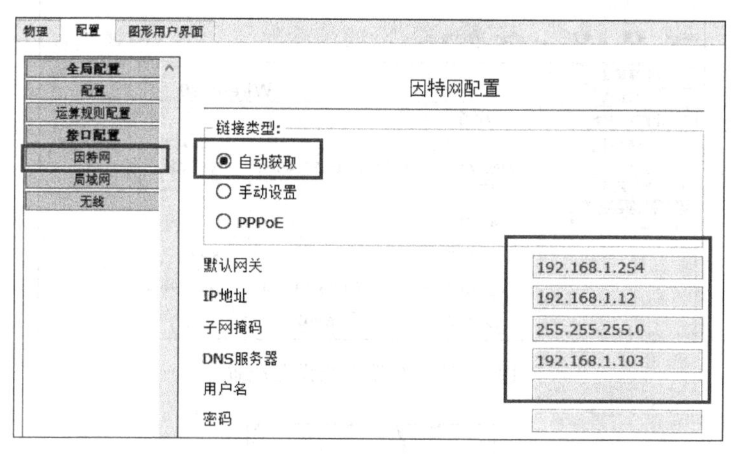

图18-16　因特网配置页面

(3) 单击"局域网",默认IP地址为192.168.0.1,此地址为管理地址,也是网关,如图18-17所示。

(4) 单击"无线",默认SSID为Default,更改为wx1,无线终端设备搜寻的网络名称即为此名称,如图18-18所示。

(5) 单击无线终端设备,进入"配置"选项卡,单击Wireless0,在右面配置页面将SSID更改为wx1,如图18-19所示。关闭配置页面,过一会儿就能连接上无线路由器了,如图18-20所示。

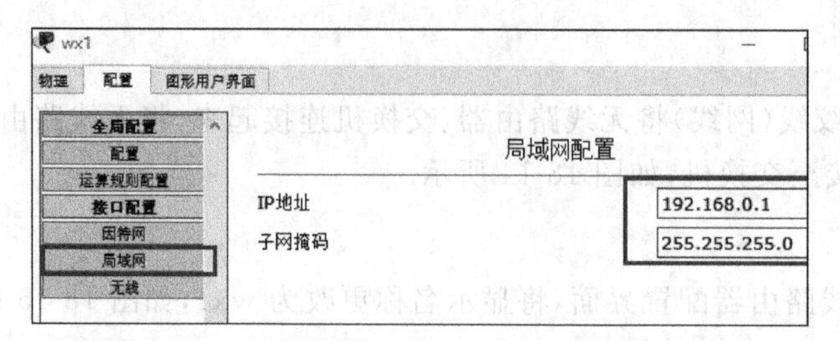

图 18-17 “局域网”地址

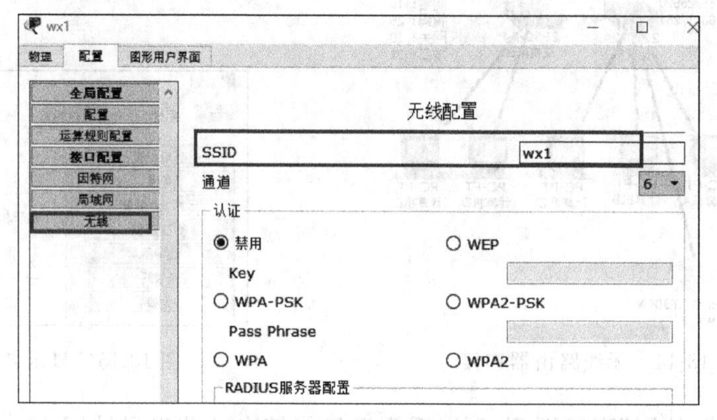

图 18-18 SSID 配置

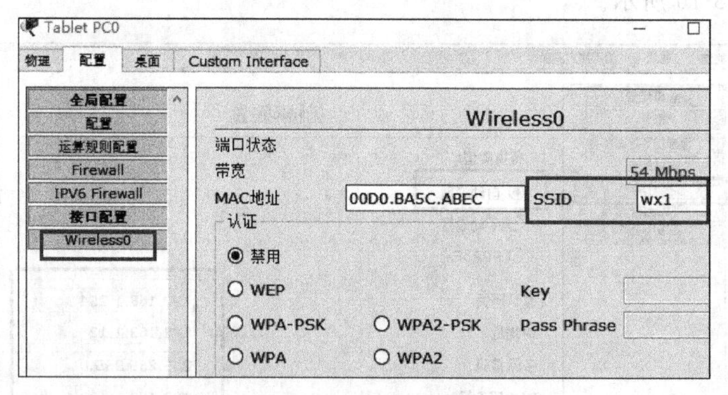

图 18-19 终端无线设备配置

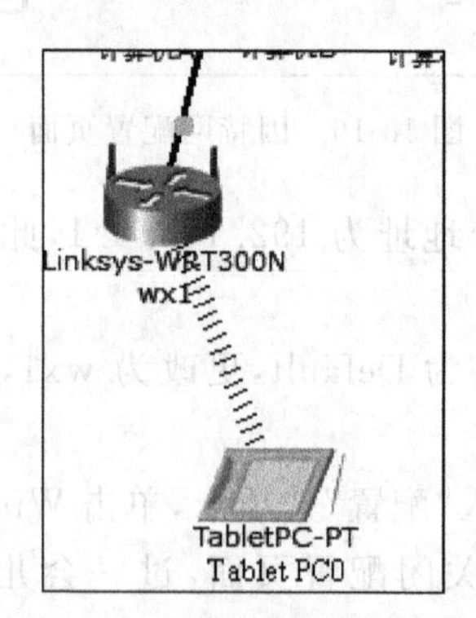

图 18-20 连接无线路由器

【验证方法】

1. 验证无线路由器配置

(1) 使用 ping 命令测试与路由器的连通。

在 Windows XP 环境中，单击“开始”→“运行”命令，在随后出现的“运行”窗口中输入 cmd 命令，按回车键或单击“确定”按钮进入图 18-21 所示界面。

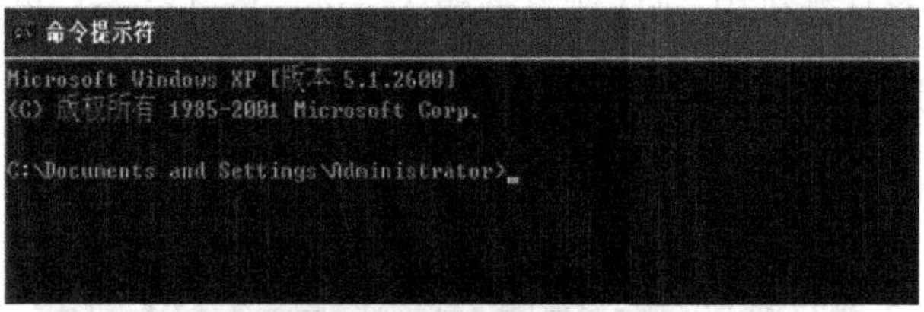

```
命令提示符
Microsoft Windows XP [版本 5.1.2600]
(C) 版权所有 1985-2001 Microsoft Corp.

C:\Documents and Settings\Administrator>_
```

图 18-21　cmd 命令界面

使用 ping 命令测试连通性，如图 18-22 和图 18-23 所示。

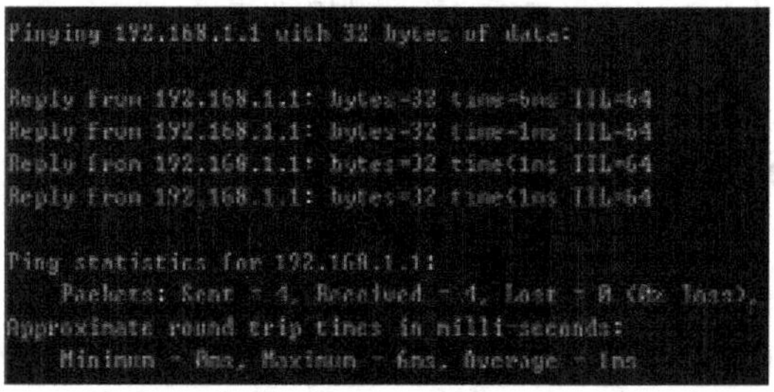

```
Pinging 192.168.1.1 with 32 bytes of data:

Reply from 192.168.1.1: bytes=32 time=6ms TTL=64
Reply from 192.168.1.1: bytes=32 time=1ms TTL=64
Reply from 192.168.1.1: bytes=32 time<1ms TTL=64
Reply from 192.168.1.1: bytes=32 time<1ms TTL=64

Ping statistics for 192.168.1.1:
    Packets: Sent = 4, Received = 4, Lost = 0 (0% loss),
Approximate round trip times in milli-seconds:
    Minimum = 0ms, Maximum = 6ms, Average = 1ms
```

图 18-22　测试连通

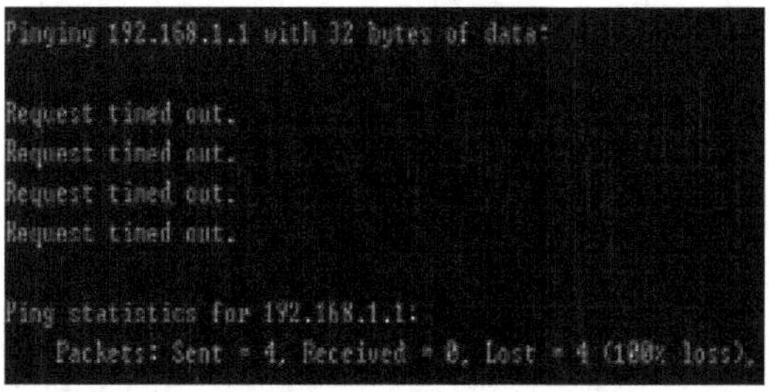

```
Pinging 192.168.1.1 with 32 bytes of data:

Request timed out.
Request timed out.
Request timed out.
Request timed out.

Ping statistics for 192.168.1.1:
    Packets: Sent = 4, Received = 0, Lost = 4 (100% loss),
```

图 18-23　测试未连通

(2) 如果没有 ping 通，说明设备还未安装好，请按照下列顺序检查。

① 硬件连接是否正确？

路由器面板上对应局域网端口的 Link/Act 指示灯和计算机上的网卡指示灯必须亮。

② 计算机的 TCP/IP 设置是否正确？

若计算机的 IP 地址为前面介绍的自动获取方式，则无须进行设置。若手动设置 IP，请注意如果路由器的 IP 地址为 192.168.1.1，那么计算机 IP 地址必须为 192.168.1.x（x 是 2～254 之间的任意整数），子网掩码须设置为 255.255.255.0，默认网关须设置为 192.168.1.1。

2. 验证 Cisco Packet 模拟软件中无线路由器的配置

（1）选中局域网中的一台计算机，进入命令提示符，使用 ping 命令进行测试，如果能够通信，则配置成功。

（2）在无线终端计算机中，进入浏览器输入 www.baidu.com，出现图 18-24 所示界面，说明配置成功。

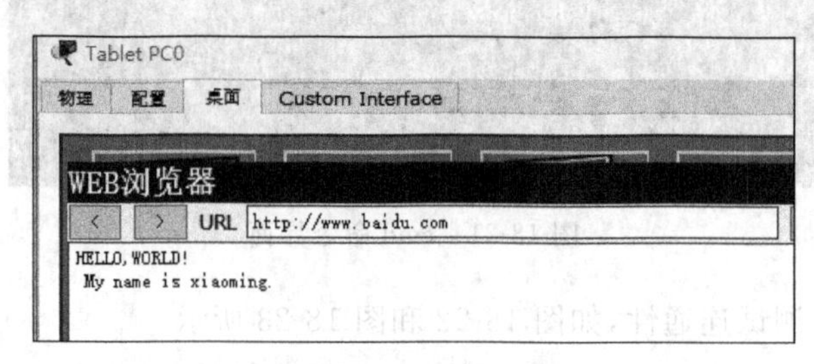

图 18-24 无权限提示

【思考与练习】

1. 无线路由器的主要作用是什么？
2. 若忘记无线路由器的管理密码，如何重置设备？

项目十九

网络安全访问策略的应用

内容提示

本项目简单讲述了网络安全中访问控制技术的概念、类型和策略，并通过访问控制列表的试验理解网络安全。

学习目标

1. 理解访问控制技术的概念、类型和机制。
2. 领悟网络安全管理的意义。

技能要求

1. 掌握访问控制列表的命令。
2. 掌握路由器中访问控制列表的应用顺序和策略。

【情景导入】

随着企业规模的扩大和资源的增多，企业要求更加明确的权限管理，要求开发部门不能访问公司 FTP 服务器，但其中开发部门经理能够访问 FTP 服务器。

【解决方案】

在本项目下，要求开发部门不能访问，但其中经理能够访问，那么在路由器中定义访问控制列表即可实现。

【技术原理】

随着企业网络规模的扩大，权限要求也越来越细化，对公司资源要求进行授权访问，这就需要访问控制技术来实现。

1. 访问控制技术的基本概念

防止对任何资源进行未授权的访问,从而使计算机系统在合法的范围内使用。意指,用户身份及其所归属的某项定义组来限制用户对某些信息项的访问,或限制对某些控制功能的使用的一种技术,如 UniNAC 网络准入控制系统的原理就是基于此技术之上。访问控制通常用于系统管理员控制用户对服务器、目录、文件等网络资源的访问。

访问控制(Access Control)指系统对用户身份及其所属的预先定义的策略组限制其使用数据资源能力的手段。通常用于系统管理员控制用户对服务器、目录、文件等网络资源的访问。访问控制是系统保密性、完整性、可用性和合法使用性的重要基础,是网络安全防范和资源保护的关键策略之一,也是主体依据某些控制策略或权限对客体本身或其资源进行的不同授权访问。

访问控制的主要目的是限制访问主体对客体的访问,从而保障数据资源在合法范围内得以有效使用和管理。为了达到上述目的,访问控制需要完成两个任务,即识别和确认访问系统的用户、决定该用户可以对某一系统资源进行何种类型的访问。

访问控制包括 3 个要素,即主体、客体和控制策略。

(1) 主体 S(Subject)。主体是指提出访问资源具体请求。是某一操作动作的发起者,但不一定是动作的执行者,可能是某一用户,也可以是用户启动的进程、服务和设备等。

(2) 客体 O(Object)。客体是指被访问资源的实体。所有可以被操作的信息、资源、对象都可以是客体。客体可以是信息、文件、记录等集合体,也可以是网络上硬件设施、无线通信中的终端,甚至可以包含另外一个客体。

(3) 控制策略 A(Attribution)。控制策略是主体对客体的相关访问规则集合,即属性集合。访问策略体现了一种授权行为,也是客体对主体某些操作行为的默认。

访问控制可以分为两个层次,即物理访问控制和逻辑访问控制。物理访问控制如符合标准规定的用户、设备、门、锁和安全环境等方面的要求,而逻辑访问控制则是在数据、应用、系统、网络和权限等层面实现的。对银行、证券等重要金融机构的网站,信息安全重点关注的是二者兼顾,物理访问控制则主要由其他类型的安全部门负责。

2. 访问控制的类型

主要的访问控制类型有 3 种模式,即自主访问控制(DAC)、强制访问控制(MAC)和基于角色访问控制(RBAC)。

1) 自主访问控制

自主访问控制(Discretionary Access Control,DAC)是一种接入控制服务,通过执行基于系统实体身份及其到系统资源的接入授权,包括在文件、文件夹和共享资源中设置许可。用户有权对自身所创建的文件、数据表等访问对象进行访问,并可将其访问权授予其他用户或收回其访问权限。允许访问对象的属主制定针对该对象访问的控制策略,通常,可通过访问控制列表来限定针对客体可执行的操作。

(1) 每个客体有一个所有者,可按照各自意愿将客体访问控制权限授予其他主体。

(2) 各客体都拥有一个限定主体对其访问权限的访问控制列表(ACL)。

(3) 每次访问时都以基于访问控制列表检查用户标志,实现对其访问权限控制。

(4) DAC 的有效性依赖于资源的所有者对安全政策的正确理解和有效落实。

DAC 提供了适合多种系统环境的灵活方便的数据访问方式,是应用最广泛的访问控制策略。然而,它所提供的安全性可被非法用户绕过,授权用户在获得访问某资源的权限后,可能传送给其他用户。主要是在自由访问策略中,用户获得文件访问后,若不限制对该文件信息的操作,即没有限制数据信息的分发。所以 DAC 提供的安全性相对较低,无法对系统资源提供严格保护。

2) 强制访问控制

强制访问控制(MAC)是系统强制主体服从访问控制策略。是由系统对用户所创建的对象,按照规定的规则控制用户权限及操作对象的访问。主要特征是对所有主体及其所控制的进程、文件、段、设备等客体实施强制访问控制。在 MAC 中,每个用户及文件都被赋予一定的安全级别,只有系统管理员才可确定用户和组的访问权限,用户不能改变自身或任何客体的安全级别。

系统通过比较用户和访问文件的安全级别,决定用户是否可以访问该文件。此外,MAC 不允许通过进程生成共享文件,以通过共享文件将信息在进程中传递。MAC 可通过使用敏感标签对所有用户和资源强制执行安全策略,一般采用 3 种方法,即限制访问控制、过程控制和系统限制。MAC 常用于多级安全军事系统,对专用或简单系统较有效,但对通用或大型系统并不太有效。

MAC 的安全级别有多种定义方式,常用的分为 4 级,即绝密级 T(Top Secret)、秘密级 S(Secret)、机密级 C(Confidential)和无级别级 U(Unclassified),其中 T＞S＞C＞U。所有系统中的主体(用户、进程)和客体(文件、数据)都分配安全标签,以标识安全等级。

通常 MAC 与 DAC 结合使用,并实施一些附加的、更强的访问限制。一个主体只有通过自主与强制性访问限制检查后,才能访问其客体。用户可利用 DAC 来防范其他用户对自己客体的攻击,由于用户不能直接改变强制访问控制属性,所以强制访问控制提供了一个不可逾越的、更强的安全保护层,以防范偶然或故意地滥用 DAC。

3) 基于角色的访问控制

角色(Role)是一定数量的权限的集合,指完成一项任务必须访问的资源及相应操作权限的集合。角色作为一个用户与权限的代理层,表示为权限和用户的关系,所有的授权应该给予角色而不是直接给用户或用户组。

基于角色的访问控制(Role-Based Access Control,RBAC)是通过对角色的访问所进行的控制。使权限与角色相关联,用户通过成为适当角色的成员而得到其角色的权限。可极大地简化权限管理。为了完成某项工作创建角色,用户可依其责任和资格分派相应的角色,角色可依新需求和系统合并赋予新权限,而权限也可根据需要从某角色中收回。减小了授权管理的复杂性,降低了管理开销,提高了企业安全策略的灵活性。

RBAC 模型的授权管理方法,主要有 3 种。

(1) 根据任务需要定义具体不同的角色。

(3) 为不同角色分配资源和操作权限。

(3) 给一个用户组(Group,权限分配的单位与载体)指定一个角色。

RBAC 支持 3 个著名的安全原则，即最小权限原则、责任分离原则和数据抽象原则。第一个原则可将其角色配置成完成任务所需要的最小权限集。第二个原则可通过调用相互独立互斥的角色共同完成特殊任务，如核对账目等。第三个原则可通过权限的抽象控制一些操作，如财务操作可用借款、存款等抽象权限，而不用操作系统提供的典型的读、写和执行权限。这些原则需要通过 RBAC 各部件的具体配置才可实现。

3. 访问控制机制

访问控制机制是检测和防止系统未授权访问，并对保护资源所采取的各种措施。是在文件系统中广泛应用的安全防护方法，一般在操作系统的控制下，按照事先确定的规则决定是否允许主体访问客体，贯穿于系统全过程。

访问控制矩阵(Access Control Matrix)是最初实现访问控制机制的概念模型，以二维矩阵规定主体和客体间的访问权限。其行表示主体的访问权限属性，列表示客体的访问权限属性，矩阵格表示所在行的主体对所在列的客体的访问授权，空格为未授权，Y 为有操作授权，以确保系统操作按此矩阵授权进行访问。通过引用监控器协调客体对主体访问，实现认证与访问控制的分离。在实际应用中，对于较大系统，由于访问控制矩阵将变得非常大，其中许多空格造成较大的存储空间浪费，因此，较少利用矩阵方式，主要采用以下两种方法。

1) 访问控制列表

访问控制列表(Access Control List，ACL)是应用在路由器接口的指令列表，用于路由器利用源地址、目的地址、端口号等的特定指示条件对数据包的抉择。是以文件为中心建立访问权限表，表中记载了该文件的访问用户名和权限隶属关系。利用 ACL 容易判断出对特定客体的授权访问、可访问的主体和访问权限等。当将该客体的 ACL 置为空，可撤销特定客体的授权访问。

基于 ACL 的访问控制策略简单、实用。在查询特定主体访问客体时，虽然需要遍历查询所有客体的 ACL，耗费较多资源，但仍是一种成熟且有效的访问控制方法。许多通用的操作系统都使用 ACL 来提供该项服务。如 UNIX 和 VMS 系统利用 ACL 的简略方式，以少量工作组的形式，而不许单个个体出现，可极大地缩减列表大小，增加系统效率。

2) 能力关系表

能力关系表(Capabilities List)是以用户为中心建立访问权限表。与 ACL 相反，表中规定了该用户可访问的文件名及权限，利用此表可方便地查询一个主体的所有授权；相反，检索具有授权访问特定客体的所有主体，则需查遍所有主体的能力关系表。

4. 访问控制的安全策略原则

访问控制的安全策略是指在某个自治区域内(属于某个组织的一系列处理和通信资源范畴)，用于所有与安全相关活动的一套访问控制规则。由此安全区域中的安全权力机构建立，并由此安全控制机构来描述和实现。访问控制的安全策略有 3 种类型，即基于身份的安全策略、基于规则的安全策略和综合访问控制方式。

访问控制安全策略原则集中在主体、客体和安全控制规则集三者之间的关系。

(1) 最小特权原则。在主体执行操作时，按照主体所需权利的最小化原则分配给主体权力。优点是最大限度地限制了主体实施授权行为，可避免来自突发事件、操作错误和未授权主体等意外情况的危险。为了达到一定目的，主体必须执行一定操作，但只能做被允许的操作，其他操作除外。这是抑制特洛伊木马和实现可靠程序的基本措施。

（2）最小泄露原则。主体执行任务时，按其所需最小信息分配权限，以防泄密。

（3）多级安全策略原则。主体和客体之间的数据流向和权限控制，按照安全级别的绝密（TS）、秘密（S）、机密（C）、限制（RS）和无级别（U）5 级来划分。其优点是避免敏感信息扩散。具有安全级别的信息资源，只有高于安全级别的主体才可访问。

在访问控制实现方面，实现的安全策略包括 8 个方面，即入网访问控制、网络权限限制、目录级安全控制、属性安全控制、网络服务器安全控制、网络监测和锁定控制、网络端口和节点的安全控制和防火墙控制。

5. 基于身份和规则的安全策略

授权行为是建立身份安全策略和规则安全策略的基础，两种安全策略如下。

1）基于身份的安全策略

其主要是过滤主体对数据或资源的访问。只有通过认证的主体才可以正常使用客体的资源。这种安全策略包括基于个人的安全策略和基于组的安全策略。

（1）基于个人的安全策略。是以用户个人为中心建立的策略，主要由一些控制列表组成。这些列表针对特定的客体，限定了不同用户所能实现的不同安全策略的操作行为。

（2）基于组的安全策略。基于个人策略的发展与扩充，主要指系统对一些用户使用同样的访问控制规则，访问同样的客体。

2）基于规则的安全策略

在基于规则的安全策略系统中，所有数据和资源都标注了安全标记，用户的活动进程与其原发者具有相同的安全标记。系统通过比较用户的安全级别和客体资源的安全级别，判断是否允许用户进行访问。这种安全策略一般具有依赖性与敏感性。

6. ACL 的概念

ACL 是应用在路由器接口的指令列表，这些指令列表用来告诉路由器哪些数据包可以接收、哪些数据包需要拒绝。

访问控制是网络安全防范和保护的主要策略，它的主要任务是保证网络资源不被非法使用和访问。它是保证网络安全最重要的核心策略之一。访问控制涉及的技术也比较广，包括入网访问控制、网络权限控制、目录级控制及属性控制等多种手段。

ACL 是应用在路由器接口的指令列表。这些指令列表用来告诉路由器哪些数据包可以接收、哪些数据包需要拒绝。至于数据包是被接收还是被拒绝，可以由类似于源地址、目的地址、端口号等的特定指示条件来决定。

ACL 不但可以起到控制网络流量、流向的作用，而且在很大程度上起到保护网络设备、服务器的关键作用。作为外网进入企业内网的第一道关卡，路由器上的 ACL 成为保护内网安全的有效手段。

此外，在路由器的许多其他配置任务中都需要使用 ACL，如网络地址转换（Network Address Translation，NAT）、按需拨号路由（Dial on Demand Routing，DDR）、路由重分布(Routing Redistribution)、策略路由(Policy-Based Routing,PBR)等很多场合都需要 ACL。

ACL 从概念上来讲并不复杂,复杂的是对它的配置和使用,许多初学者往往在使用 ACL 时出现错误。

7. ACL 的分类

1) 标准 IP 访问列表

一个标准 IP ACL 匹配 IP 包中的源地址或源地址中的一部分,可对匹配的包采取拒绝或允许两个操作。编号范围是为 1~99 的 ACL 是标准 IP ACL。

2) 扩展 IP 访问

扩展 IP ACL 比标准 IP ACL 具有更多的匹配项,包括协议类型、源地址、目的地址、源端口、目的端口、建立连接和 IP 优先级等。编号范围为 100~199 的 ACL 是扩展 IP ACL。

3) 命名的 IP 访问

命名的 IP ACL 是以列表名代替列表编号来定义 IP ACL,同样包括标准和扩展两种列表,定义过滤的语句与编号方式中相似。

4) 标准 IPX 访问

标准 IPX ACL 的编号范围是 800~899,它检查 IPX 源网络号和目的网络号,同样可以检查源地址和目的地址的结点号部分。

5) 扩展 IPX 访问

扩展 IPX ACL 在标准 IPX ACL 的基础上,增加了对 IPX 报头中以下几个字段的检查,它们是协议类型、源 Socket、目标 Socket。扩展 IPX ACL 的编号范围是 900~999。

6) 命名的 IPX 访问

与命名的 IP ACL 一样,命名的 IPX ACL 是使用列表名取代列表编号。从而方便定义和引用列表,同样有标准和扩展之分。

【网络规划】

网络地址规划表

名　称	IP 地址	网关/备注
开发部	192.168.1.0/24	192.168. 1.254/放置各类服务器
市场部	192.168.2. 0/24	192.168. 2.254
财务部	192.168.3.0/24	192.168. 3.254
分部	192.168.5.0/24	192.168. 5.254
经理	192.168.5.1/24	允许访问 192.168.1.104
员工	192.168.5.2/24	不允许访问 192.168.1.104

【试验拓扑】

本项目拓扑如图 19-1 所示。

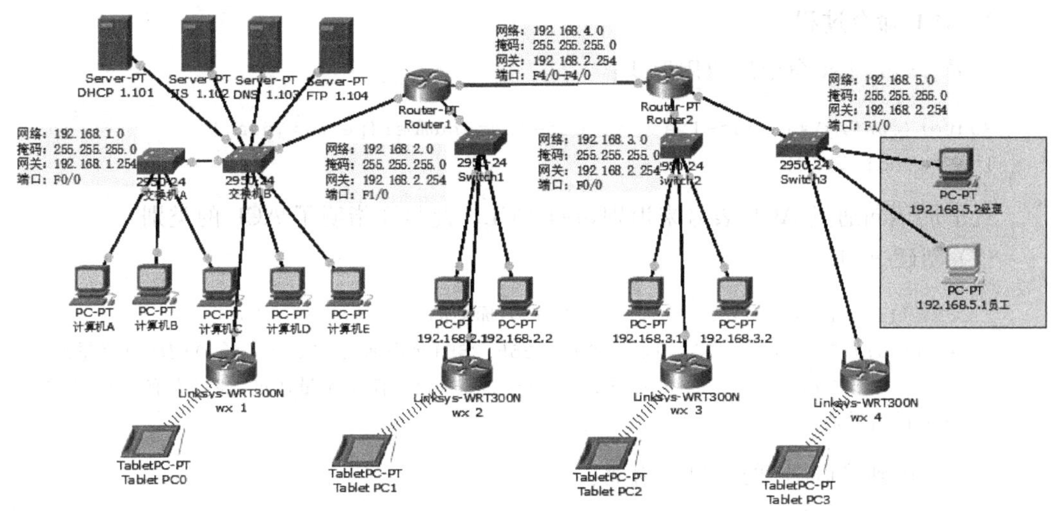

图 19-1　拓扑结构

【试验步骤】

试验一　依据命令熟悉 ACL 规则

1. 路由器对 ACL 的处理过程

(1) 如果接口上没有 ACL，就对这个数据包继续进行常规处理。

(2) 如果对接口应用了 ACL，与该接口相关的一系列 ACL 语句组合将会检测它。

① 若第一条不匹配，则依次往下进行判断，直到有一条语句匹配，则不再继续判断。路由器将决定该数据包允许通过或拒绝通过。

② 若最后没有任一语句匹配，则路由器根据默认处理方式丢弃该数据包。

③ 基于 ACL 的测试条件，数据包要么被允许，要么被拒绝。

(3) ACL 的出与入。

使用命令 ipaccess-group，可以把 ACL 应用到某一个接口上。

in 或 out 指明 ACL 是对进来的还是对出去的数据包进行控制。

"一句话要点"

在接口的一个方向上，只能应用一个 access-list。

路由器对进入的数据包先检查进入 ACL，对允许传输的数据包才查询路由表，而对于外出的数据包先检查路由表，确定目标接口后才检查看出 ACL，应该尽量把 ACL 应用到入站接口,因为它比应用到出站接口的效率更高,将要丢弃的数据包在路由器调用了路由表查询处理之前就拒绝它。

(4) ACL 中的 deny 和 permit。

deny 为拒绝,permit 为允许。

2. ACL 命令过程

全局 access-list 命令的通用形式:

```
Router(config)#access-list  access-list-number{permit|deny}
{testconditions}
```

这里的语句通过 ACL 表号来识别访问 ACL。此号还指明了 ACL 的类别。

(1) 创建 ACL。

```
access-list 1 deny  172.16.4.130.0.0.0(标准的 ACL)
access-list 1 permit  172.16.0.00.0.255.255(允许网络 172.16.0.0)的所有流量通过
access-list 1 permit 0.0.0.0255.255.255.255(允许任何流量通过,如果没有只允许 172.
16.0.0 的流量通过)
```

(2) 应用到接口 E0 的出口方向上。

```
interfacefastehernet0/0
ip access-group 1 out(把 ACL 绑定到接口)
```

(3) 删除一个 ACL,首先在接口模式下输入命令:

```
No ip  access-group
```

然后在全局模式下输入命令:

```
No access-list
```

3. ACL 命令举例

(1) 拒绝所有从 172.16.4.0~172.16.3.0 的 FTP 通信流量通过 E0。

创建 ACL:

```
Router(config)#access-list 101 deny tcp 172.16.4.0 0.0.0.255 172.16.3.0 0.0.0.
255 eq 21
Router(config)#access-list 101 permit ip any any
```

应用到接口上:

```
Router(config)#interfacefastethernet0/0
Router(config-if)#ip access-group 101 out
```

拒绝来自指定子网的 Telnet 通信流量:

```
Router(config)#access-list 101 deny tcp 172.16.4.0 0.0.0.255 172.16.3.0 0.0.0.
255 eq 23
Router(config)#access-list 101 permit ip any any
```

应用到接口：

```
Router(config)#interfacefastethernet0/0
Router(config-if)#ip  access-group  101  out
```

（2）拒绝通过 E0 口从 172.16.4.0～172.16.3.0 的 Telnet 通信流量而允许其他的通信流量。

创建名为 jie 的命名 ACL：

```
Router(config)#ipaccess-list extended cisco
```

指定一个或多个 permit 及 deny 条件：

```
Router(config-ext-nacl)#deny tcp 172.16.4.0 0.0.0.255 172.16.3.0 0.0.0.255 eq 23
Router(config-ext-nacl)#permit ip any any
```

（3）应用到接口 E0 的出方向：

```
Router(config)#interfacefastethernet0/0
Rouer(config-if)#ip access-group jie out
```

试验二　在模拟器中按项目要求实施

1. 首先测试整体网络的连通性

从 192.168.5.0 中经理客户机 192.168.5.2 和代表员工的客户机 192.168.5.1 分别访问 FTP 服务器 192.168.1.104，说明可以连通，如图 19-2 所示。

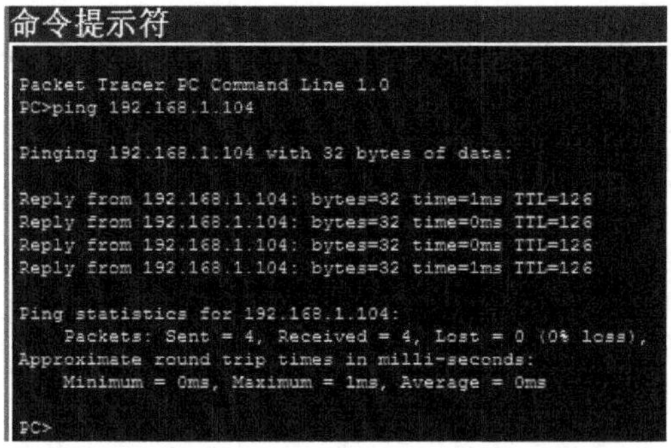

```
命令提示符

Packet Tracer PC Command Line 1.0
PC>ping 192.168.1.104

Pinging 192.168.1.104 with 32 bytes of data:

Reply from 192.168.1.104: bytes=32 time=1ms TTL=126
Reply from 192.168.1.104: bytes=32 time=0ms TTL=126
Reply from 192.168.1.104: bytes=32 time=0ms TTL=126
Reply from 192.168.1.104: bytes=32 time=1ms TTL=126

Ping statistics for 192.168.1.104:
    Packets: Sent = 4, Received = 4, Lost = 0 (0% loss),
Approximate round trip times in milli-seconds:
    Minimum = 0ms, Maximum = 1ms, Average = 0ms

PC>
```

图 19-2　测试 FTP 服务器连通性

2. 创建访问列表

从项目中分析，是要允许经理机器能够访问另一台计算机，即 FTP 服务器，而其他人不能访问，那么需要创建扩展访问列表。

（1）单击路由器 2，进入命令行模式，如图 19-3 所示。

（2）进入到配置模式，输入下面命令，如图 19-4 所示。

```
Router(config)#access-list 101 permit ip 192.168.5.2 255.255.255.0 192.168.1.
104 255.255.255.0
```

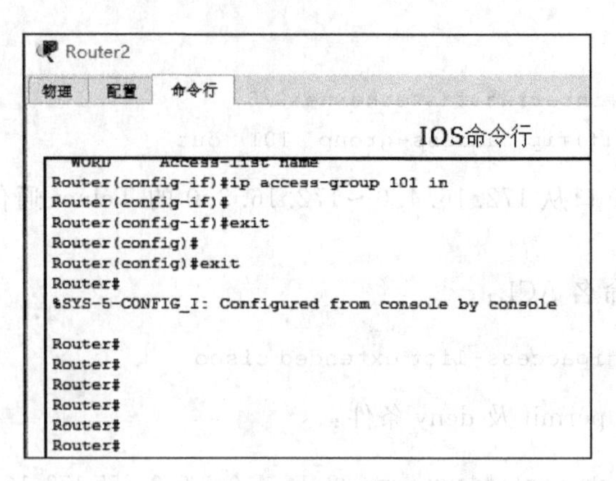

图 19-3 路由器命令行

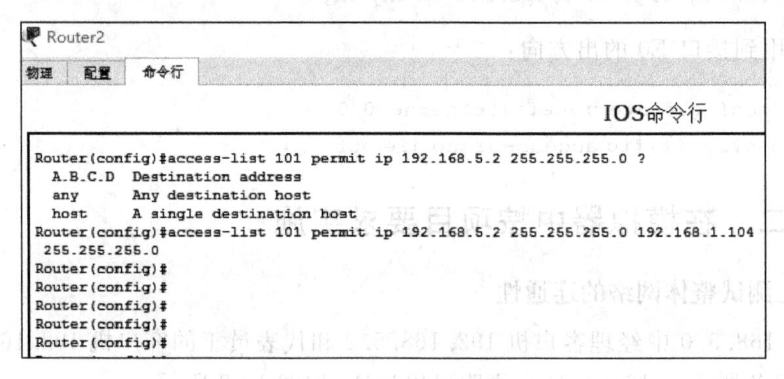

图 19-4 建立访问列表

释义：建立访问列表 101，允许 IP 地址为 192.168.5.2 的计算机访问 192.168.1.104 的计算机。

(3) 进入到端口模式，输入下面命令，如图 19-5 所示。

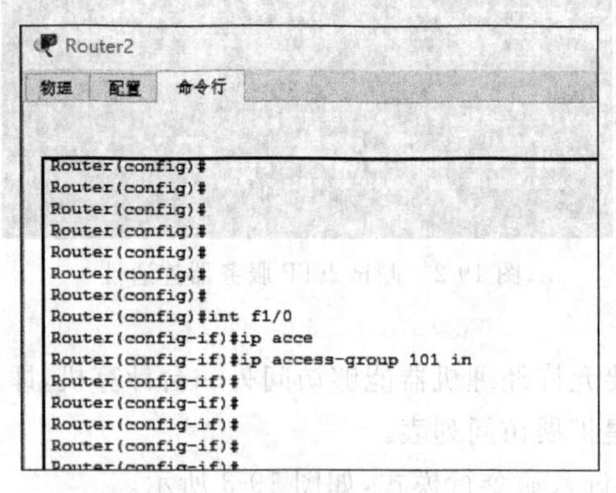

图 19-5 应用访问列表

```
Router(config)#int f1/0
```

释义：进入 192.168.5.0 网络连接的端口。

```
Router(config-if)#ip access-group 101 in
```

释义：在此端口应用访问列表 101，在 in 的方向。

【注意】 这里没有使用拒绝命令，是因为 Cisco 路由器在访问列表中默认最后一条为 deny any any，意思是拒绝任何计算机到任何计算机，以确保安全。

【验证方法】

从经理计算机使用 ping 命令测试 FTP 服务器，如图 19-6 所示，表示经理能够正常访问服务器，连接成功。

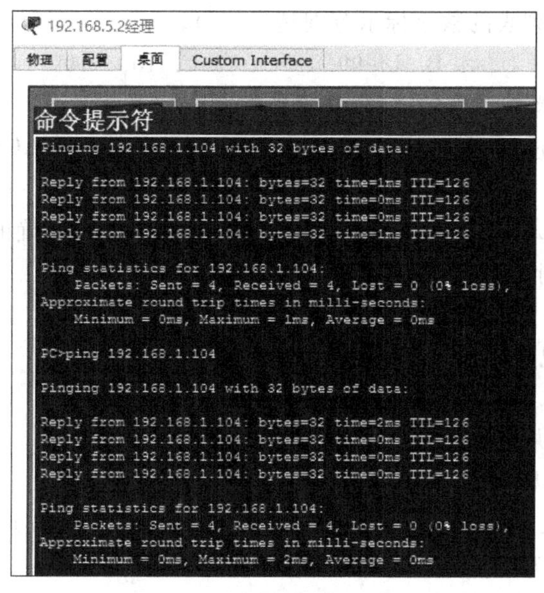

图 19-6 经理计算机到 FTP 服务器

从员工计算机使用 ping 命令测试 FTP 服务器，如果连接不成功，表示计算机不能够正常访问服务器，说明访问列表生效。

【思考与练习】

1. 填空题

(1) ________是用于控制和过滤通过路由器的不同接口去往不同方向信息流的一种机制。

(2) ACL 主要分为________和________。

(3) ACL 最基本的功能是________。

(4) 标准 ACL 的列表号范围是________。

(5) 将 66 号列表应用到 Fastethernet 0/0 接口的 in 方向上去，其命令是________。

(6) 定义 77 号列表，只禁止 192.168.5.0 网络的访问，其命令是________。

2. 选择题

(1) 标准 ACL 应被放置的最佳位置是在(   )。

A. 越靠近数据包的源越好　　B. 越靠近数据包的目的地越好

C. 无论放在什么位置都行　　D. 入接口方向的任何位置

(2) 标准 ACL 的数字标识范围是(   )。

A. 1～50　　B. 1～99　　C. 1～100　　D. 1～199

(3) 标准 ACL 以(   )作为判别条件。

A. 数据包的大小　　B. 数据包的源地址

C. 数据包的端口号　　D. 数据包的目的地址

(4) IP 扩展访问列表的数字标示范围是(   )。

A. 0～99　　B. 1～99　　C. 100～199　　D. 101～200

(5) 下面(   )操作可以使 ACL 真正生效。

A. 将 ACL 应用到接口上　　B. 定义扩展 ACL

C. 定义多条 ACL 的组合　　D. 用 access-list 命令配置 ACL

(6) 以下对 Cisco 系列路由器的访问列表设置规则描述不正确的是(   )。

A. 一条访问列表可以有多条规则组成

B. 一个接口只可以应用一条访问列表

C. 对冲突规则判断的依据是：深度优先

(7) 下列对 ACL 的描述不正确的是(   )。

A. ACL 能决定数据是否可以到达某处

B. ACL 可以用来定义某些过滤器

C. 一旦定义了 ACL，其所规范的某些数据包就会严格被允许或拒绝

D. ACL 可以应用于路由更新的过程当中

(8) 以下情况可以使用 ACL 准确描述的是(   )。

A. 禁止有 CIH 病毒的文件到我的主机

B. 只允许系统管理员可以访问我的主机

C. 禁止所有使用 Telnet 的用户访问我的主机

D. 禁止使用 UNIX 系统的用户访问我的主机

(9) 使配置的访问列表应用到接口上的命令(   )。

A. access-group　　B. access-list

C. ip access-list　　D. ip access-group

(10) 在配置 ACL 的规则时，关键字 any 代表的通配符掩码是(   )。

A. 0.0.0.0　　B. 所使用的子网掩码的反码

C. 255.255.255.255　　D. 无此命令关键字

项目二十

网络安全活动目录的应用

内容提示

本项目讲述了 Windows Server 中活动目录的概念、原理和配置方法，活动目录为用户管理网络环境各个组成要素的标识和关系提供了一种有效手段。

学习目标

1. 理解活动目录的逻辑结构。
2. 领悟网络管理的层次和方法。

技能要求

1. 掌握活动目录的安装。
2. 熟悉活动目录中域用户的创建和管理。
3. 熟悉活动目录中组的创建和配置。

【情景导入】

随着企业规模的不断扩大，人力成本不断提高，而网络的发展也使得员工的工作效率低下，为提高工作效率，需要进一步管理员工桌面，使得员工权限能进一步明确，在易于使用公司公共资源的同时限定权限。

【解决方案】

在本项目下，建议搭建 Windows 系统的域环境，能够细化权限。

【技术原理】

活动目录是指集中的、安全的存储网络资源信息的目录，以及让这些信息可供网络用户使用的所有服务。网络中的所有资源包括用户账户、文件数据、打印机、服务器、数据库、组、计算机和安全策略等,这些都可以存储在活动目录中。

也可以把活动目录理解为一个存储仓库,以计算机为操作工具,账户和资源用统一的命名、描述、定位、集中管理起来并保证这些数据的安全。活动目录通过域、组织单位、组、账户等组成它的逻辑空间,图 20-1 是活动目录的一个示例。

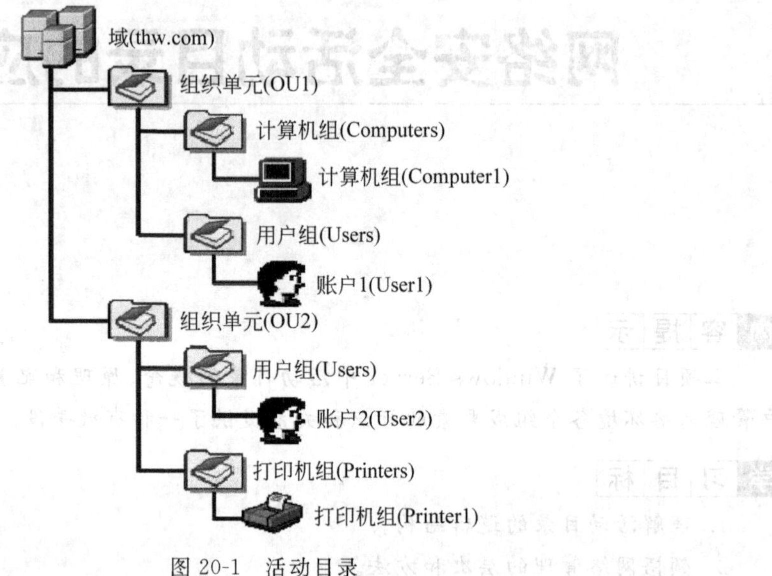

图 20-1 活动目录

1. 域模式管理原理

微软公司在其网络操作系统中采用了域模式来提高管理效率,其核心就在于将计算机加入到一个指定的逻辑单元——域中,然后对加入其的计算机实现统一、高效的管理,域对整个网络系统中的计算机、用户、资源进行了重新整合,以方便管理员和计算机用户的管理与使用。

在域模式的管理体系下,整个网络管理经过以下 4 个过程,实现对加入域的所有计算机和所有用户进行综合的管理。

(1) 建立一个域服务器,如图 20-2 所示。

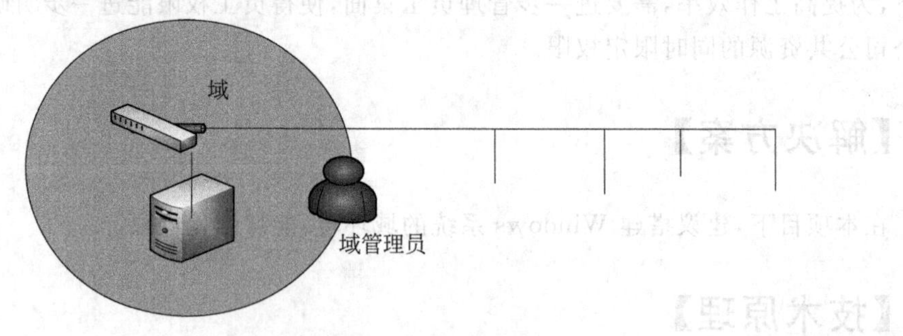

图 20-2 建立域和域管理员

（2）将被管理的计算机加入到域中，如图 20-3 所示。

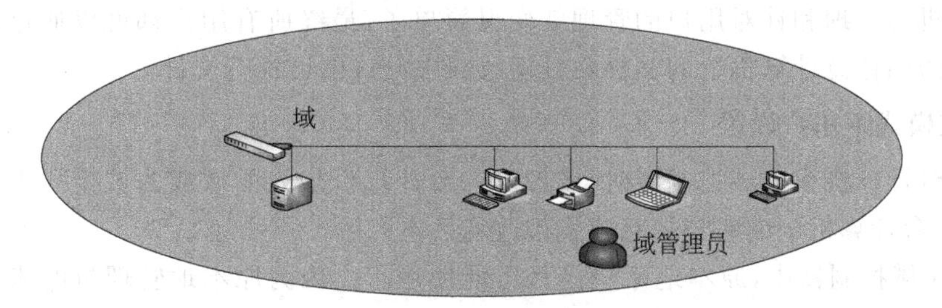

图 20-3　将计算机加入到指定的域中

（3）使用域下的管理员账户建立新的用户，如图 20-4 所示。

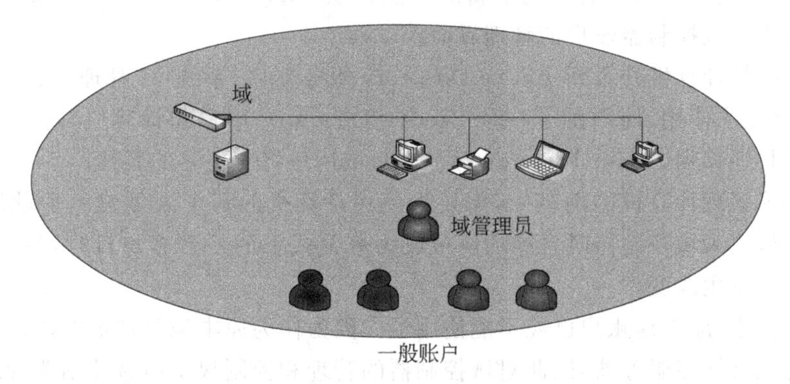

图 20-4　域管理员在域中任何计算机中创建账户

（4）在域中通过任何计算机对域中任何账户实现设置管理，如图 20-5 所示。

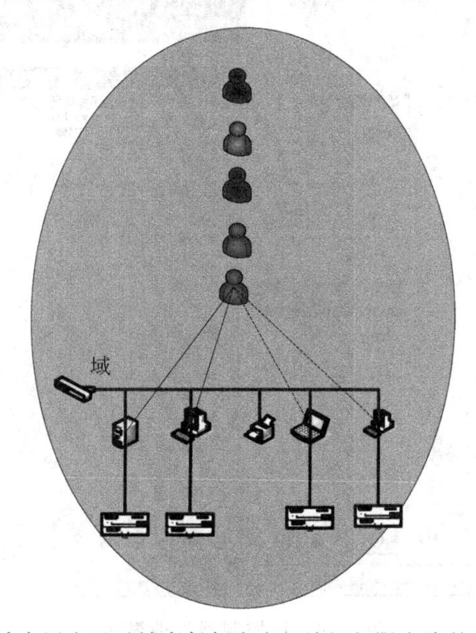

图 20-5　域中用户通过域中任何客户机访问权限允许的任何文件夹

从以上步骤和图示中可以看出，当计算机加入到域成为域模式下的一台客户机时，针对该计算机的管理和针对用户的管理就变得简单了，最终所有用户都可以通过任意指定的计算机访问任意计算机上的文件夹且运行权限允许的可执行文件。

2. 域模式下用户设置

当一台计算机成为域控制器时，或者当一台计算机加入的域成为域模式下的一台客户机时，每台计算机中的账户信息将发生改变。

(1) 在域控制器中，原本地账户已经不能使用了。因为原本地管理员的账户继续存在将有可能破坏域服务器，所以对域控制器的管理和控制交由域控制器管理员完成。

当域管理员登录域控制器时，在域控制器中出现了新的账户管理界面。选择"开始"→"程序"→"管理工具"后出现了新的功能选项"Active Directory 用户和计算机"，选择该命令可进入域控制器账户的管理界面。

在网络中将计算机升级到 Active Directory 服务器后，系统中"管理工具"的"计算机管理"选项将无法使用，而增加了一项"Active Directory 用户和计算机"选项，而原来的"本地用户"将迁移到 Active Directory 用户中，域用户将有更多的属性。

在域模式管理计算机的网络中，需要为使用计算机的每个人创建一个域用户账户。当一台计算机成为域控制器时且加入的域成为域模式下的一台客户机时，每台计算机中的账户信息将发生改变。

域控制器中，原本地账户已经不能使用了。因为作为原本地管理员的账户，如果继续存在将有可能破坏域服务器，因此对域控制器的管理和控制权交由域控制器管理员完成。进入域控制器的命令方法如图 20-6 所示。

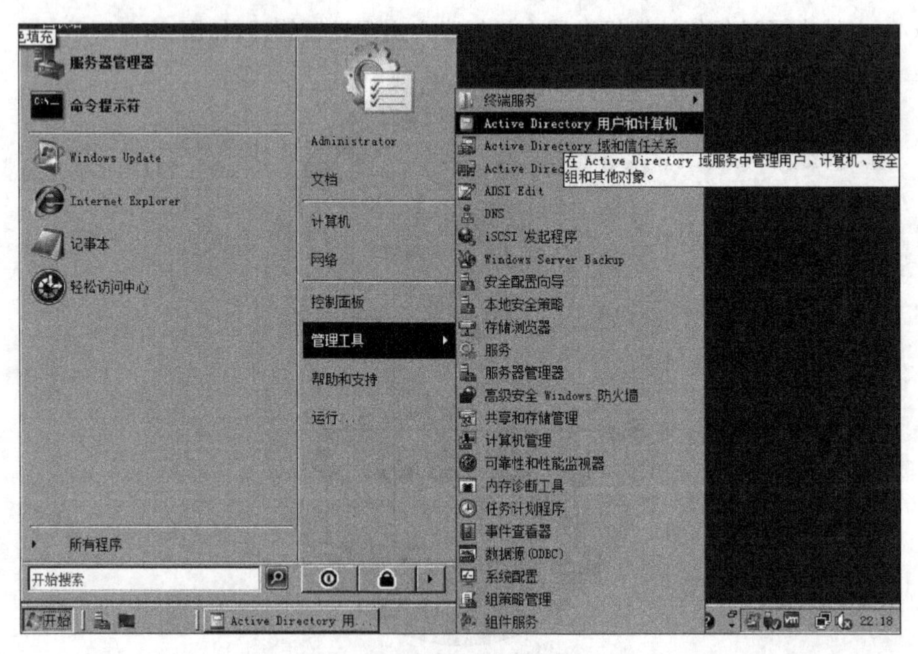

图 20-6 域控制器管理界面

当域管理员登录域控制器时，在域控制器中出现了新的账户管理界面。在进入“管理工具”后出现了“Active Directory 用户和计算机”功能图标，如图 20-7 所示，单击该图标可进入域控制器账户的管理界面。

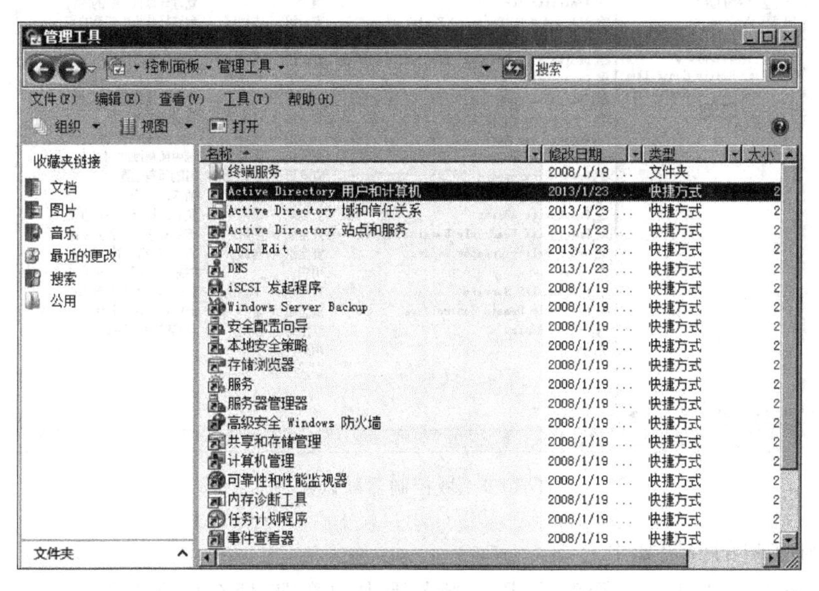

图 20-7 域控制器的“管理工具”窗口

(2) 通过客户机进入域控制器前，系统出现两个进入选项，一个是本地机进入选项，另一个是域控制器选项，如图 20-8 所示，作为客户机如果不进入域环境则选择本地机选项，如果进入域则选择域选项。作为客户机的本地管理账户，仍然保留对本地计算机控制的权力。

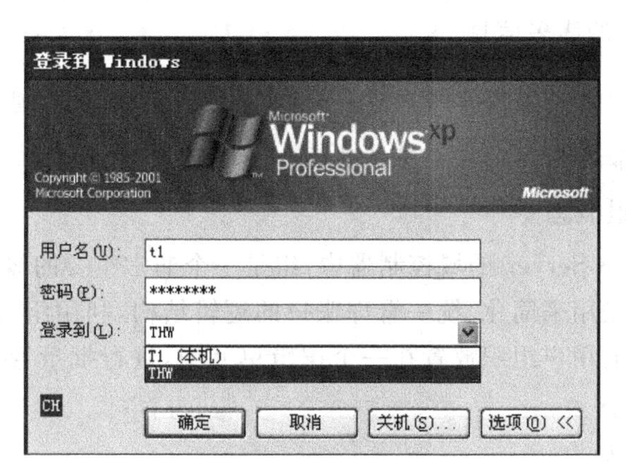

图 20-8 客户机开机界面

(3) 域模式下的默认账户。在域控制器中，与本地机情况相同，存在着系统创建的默认账户，这些账户有其特定的功能与权限，如图 20-9 所示。

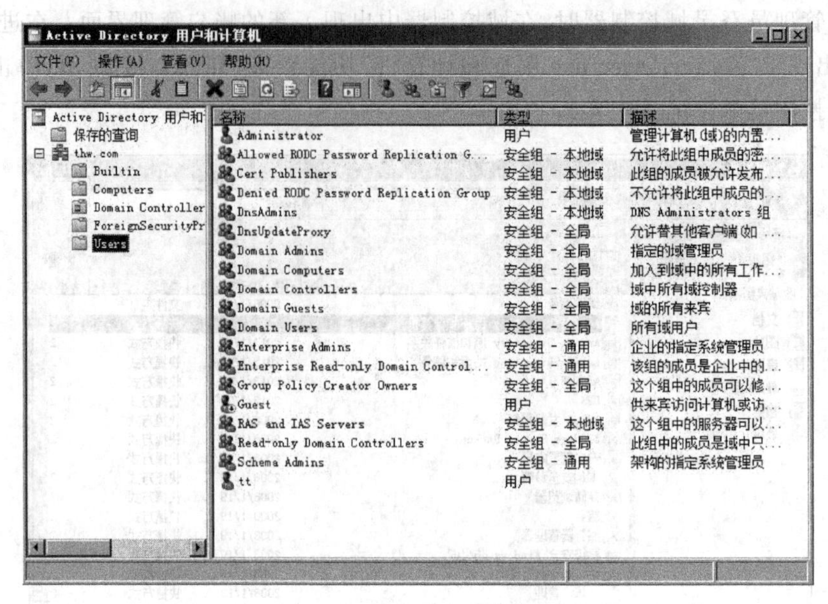

图 20-9　域控制器默认账户

对特殊账户的说明如下。

- Domain Admins 域管理员,用于域范围内的管理,拥有最高权限。
- Administrator 本地(域控制器)管理员,用于域控制器计算机自身的管理。
- Domain ...其他默认账户,如图 20-9 所示。

在基于域模式下的 Windows 2008 Server 的账户信息变得异常的丰富,域管理员被赋予了极大的权利,对于所有加入到域中用户的账户信息都要进行管理和维护,而账户信息将被域中所有有权需要账户信息的各个部门所使用,从这一点可以看出,对域模式下的账户管理涵盖了用户的诸多信息。

【注意】 建议在设置用户账户密码时不要只是有规律的字母,因为这样极易被网络中攻击者猜中,降低了网络的安全防范能力。

3. 域模式下的组概念

在 Windows 2008 Server 的域控制器中,组是一个非常重要的概念与应用,账号是进入系统的身份证,组是用来简化、统一管理账户的逻辑结构,利用组可以把具有相同权限需求、相同管理需求的用户组织放置在一个逻辑单元中,进行批量管理,便于管理和提高工作效率。

1) 组账号的特点

(1) 组是个逻辑结构。

(2) 一个账户可以同时加入多个组。

(3) 当一个用户加入到一个指定组时,该用户账号就拥有了该组所拥有的所有权限。

例如,当到企业进行实习时,每位同学事先准备了不同颜色的帽子,这时领队通知大家,戴红色帽子的同学进左手门,戴黄色帽子的同学进右手门,这时在各个门口守卫的保安并不认识同学,可他会根据每个人所戴帽子的颜色来判别是否允许进入。所以帽子赋予了每位同学相应的权利,帽子就是要表示的有一种逻辑组。

2) Windows Server 2008 组的分类

在 Windows Server 2008 中因组的作用不同,建立了不同类型的组,组有两种类型,即通信组和安全组。

(1) 通信组。用来组织用户账号,没有安全性,在通信组中可以存储用户账号等信息,可用于微软的其他相关软件,如 Exchange 2008 Server,如图 20-10 所示。

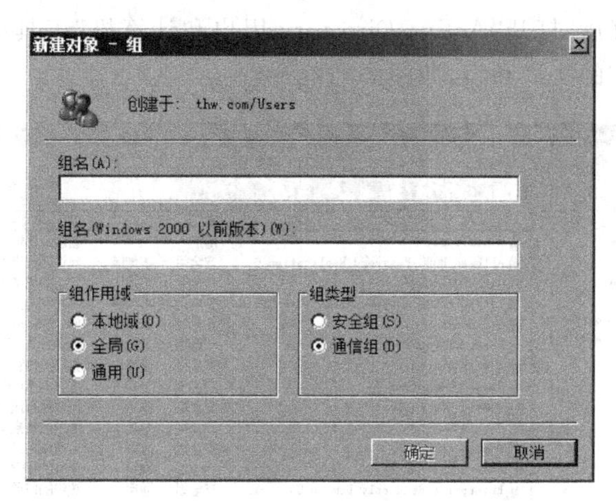

图 20-10 通信组

(2) 安全组。除了通信组所具备的功能外,主要是用于为用户和计算机设置权限,它是 Windows Server 2008 权限管理的重要组成部分,安全组主要是对所包含的账户在资源对象中的访问控制,如图 20-11 所示。

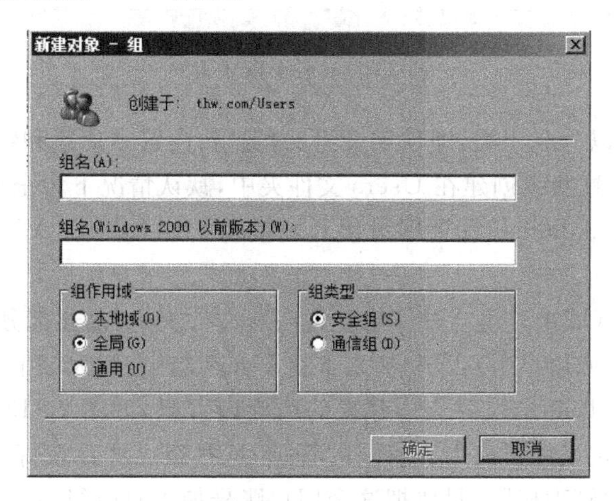

图 20-11 安全组

3) Windows Server 2008 组的范围

组的范围是用来管理组的作用域的,在域中根据组的范围进行分类,有 3 种类型,即全局组、本地组和通用组。

(1) 全局组。用来管理具有相同管理任务的用户账号,在该组中只能包括该组所在域的用户账户,该组可成为域的本地组的成员。

(2) 本地组。与全局组不同,本地组的目的是为了给本域中的资源分配权限,本地组只在本域中可见。该组可以包括任何域的用户账号和任何域的全局组和通用组。

(3) 通用组。具备以上两个组的作用,其成员灵活,作用主要是在多域模式下组织全局组。

4) Windows Server 2008 中的默认组

在一个域搭建好后,打开"Active Directory 用户和计算机"工具中 Users 文件夹,就出现了一些已经存在的账户和组,如图 20-12 所示。

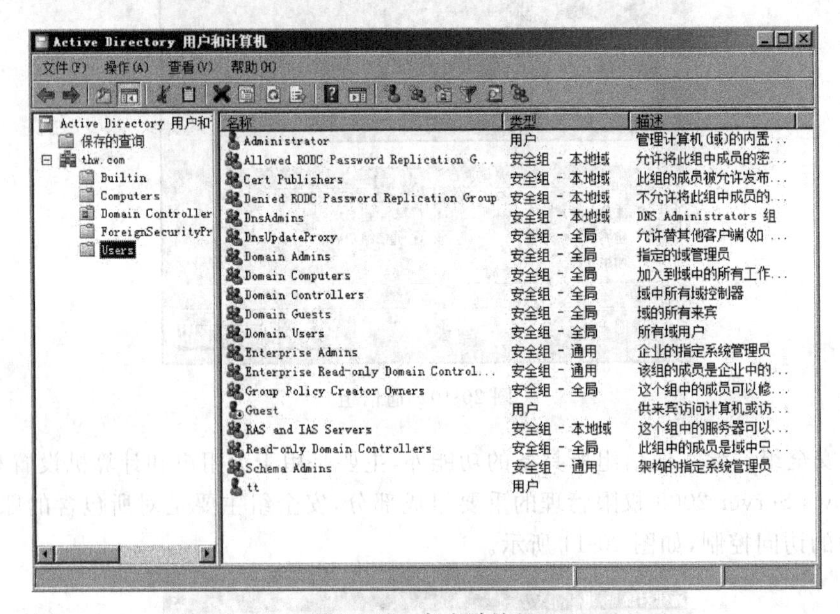

图 20-12 各个默认组

在这些组中,可以分成 4 类,即预定义组、内置组、内置本地组和特殊组。

(1) 预定义组。这些组创建在 Users 文件夹中,默认情况下为全局组,没有任何继承权力。例如,Domain Admins(域管理员组),自动将该组加入到 Administrators,具有域的管理权限。

Domain Guests (域来宾组),具体解释说明看文件夹中"描述部分"。

Domain Users (域用户组),自动加入本地 Users 组中,成为域中用户组成员。

(2) 内置组。在 Builtin 文件夹中建立的组为内置组,如图 20-13 所示。这些组都是安全本地组,提供预定义用户权力和权限的管理,这些组已经设置好相应的权限,如果让那些用户执行相应的管理权限,只要把这个用户账号加入对应组中即可。

Account Operators(用户账户操作员组):成员可以管理域用户和组账户,但不能修改 Administrators 组的任何信息。

Administrators(管理员组):管理员对计算机/域有不受限制的完全访问权。

Backup Operators(备份操作员组):备份操作员为了备份或还原文件,可以代替安全限制。

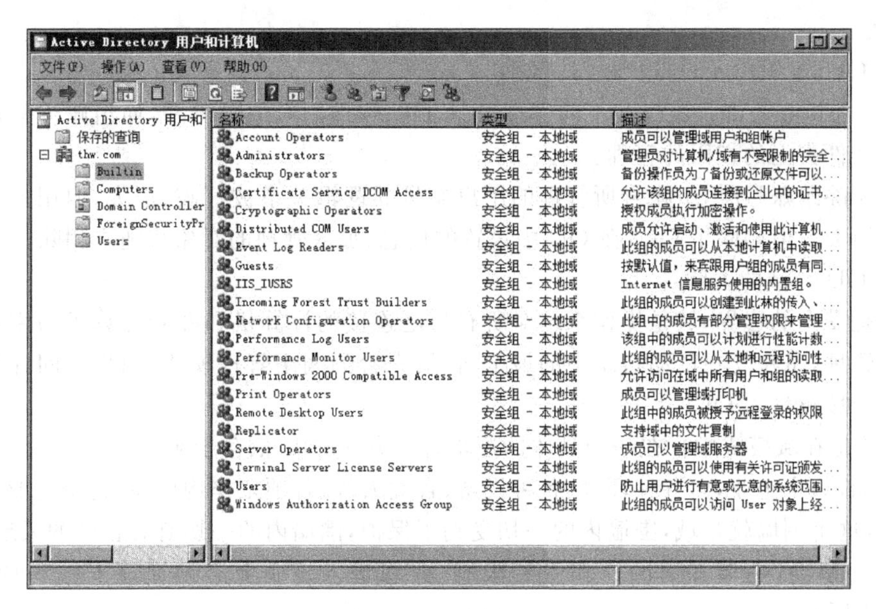

图 20-13 内置组

Users(备份操作员组)：用户无法进行有意或无意的改动。因此，用户可以运行经过验证的应用程序，但不可以运行大多数旧版应用程序。

(3) 内置本地组。该组不属于活动目录域模式下的组，前面已经讲述。

(4) 特殊组。该组没有特定用户账户，但可以在不同时候代表不同用户，如 Everyone(每人组)。

4. 组织单位(OU)

网络操作系统在日常的管理中有着丰富和复杂的内容，如对账户使用计算机的系统配置的管理、对网络环境的管理、对桌面设置的管理及对安全设置的管理等。在这样的需求下，如果管理员为每个用户账户都进行一一设置，那将是个天文数字的工作量。因此，应当通过一个适当的方法简化这些重复性工作。这就要分析企业对员工进行的管理活动。

在企业的日常管理往往是按照部门进行管理的，一个部门员工具有相同的工作环境、工作要求、相同的权利，这样就可以把员工的所有需求设置在一个属于部门的管理制度或管理方法中，当一个员工加入了该部门时，则所有的要求均依照部门要求执行。

在活动目录的域模式中，提供一个重要的概念与之对应，它就是 OU。OU 是非常重要的一个组件，在资源组织和管理上起着重要的作用，它可以将被管理的对象统一放置在一个逻辑机构内，这些对象包括用户账号、组账号、计算机、打印机、共享文件夹及子 OU。当这些对象被放置在 OU 容器中后，围绕着这个 OU 就可以进行一系列的管理设置了。

在 Active Directory 活动目录中的 OU 对象，使得整个域的规划与管理更有弹性，更能发挥“分层负责，授权自治”的优点。或者说，OU 就是一个比域要小的管理单元，如果善用 OU，可以避免形成多域的复杂架构。OU 纯粹是一个逻辑概念，它可以帮助我们简化管理工作。OU 可以包含各种对象。通过使用域模式 OU 管理体系使得管理变得简洁、高效。

1) OU(组织单元)与组账号的区别

OU与组账号都是域模式下的管理对象,OU管理的对象更多些,而组账号只对用户账户在文件夹上的权限的管理。

当删除组账号时,组账号所管理的用户账号的逻辑关系被打破、消失,但用户账户本身不会消失。但删除了OU,在OU中设置的信息、加入管理的对象将随之删除。

2) OU与域的关联

域是安全的边界,域是操作系统对所有与之连接的计算机和登录计算机的用户账户的全面管理,是建立在活动目录中的最全面、最完善的网络管理模式,用户访问计算机时需先登录域再进入OU。

OU是在域模式中存在一个具体的逻辑管理方式,OU依存于域。

例如,一个企业,由各种环境、各种设备、各类人等、各项工作构成,将这个企业周边筑起围墙,这个围墙就是域,围墙内的一切受到了保护,围墙内的一切有着自己的天地,相互协调相互帮助,围墙外面的一切受到限制,要想进入该企业必须通过安检和授权,如图20-14所示。

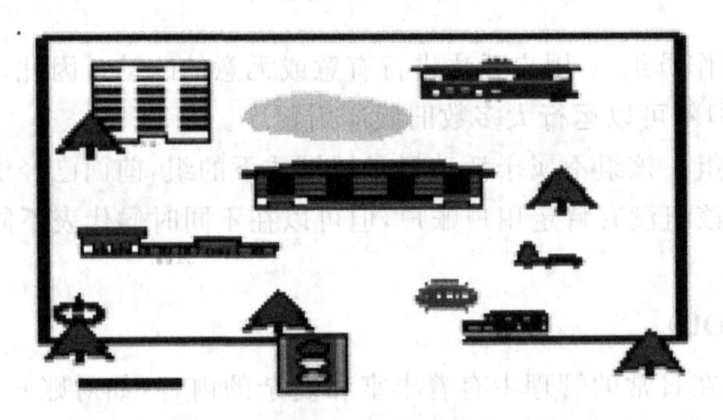

图20-14 企业构架图

在这个企业中每个人都有自己的分工,都有自己的职权范围,最重要的是每位员工都归属到一个部门,因为企业的管理模式、工作类别、权力范围都有对不同类别工作的规范性的要求,因此建立各个专业部门,一般情况下有技术、人事、财务等部门,如图20-15所示。

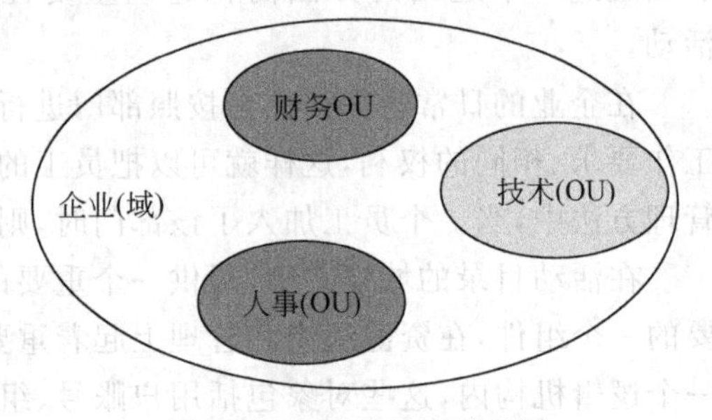

图20-15 企业机构示意图

在一个部门有一定的员工,有该部门专用的设备、自己独特的管理方式,有统一的着装,有特殊的办公环境,有独特的安全管理规定。

通过这些看出一个企业内部众多的员工被归属到各个部门,各个部门又有自己的相对独立的管理方式。而这些独立的部门就是讲授的OU(组织单元),各个部门独立的管理规范就是将要讲述的组策略。

【试验步骤】

试验一 Active Directory 创建域控制器

Windows Server 2008 系统的 Active Directory（活动目录）服务和以前的版本相比其不同之处是，可以通过“服务器管理”的角色添加来完成初始化的准备工作。

（1）选择“开始”→“管理工具”→“服务器管理器”命令，显示“服务器管理器”窗口，单击“服务器管理器”左侧列表中的“角色”选项，如图 20-16 所示。

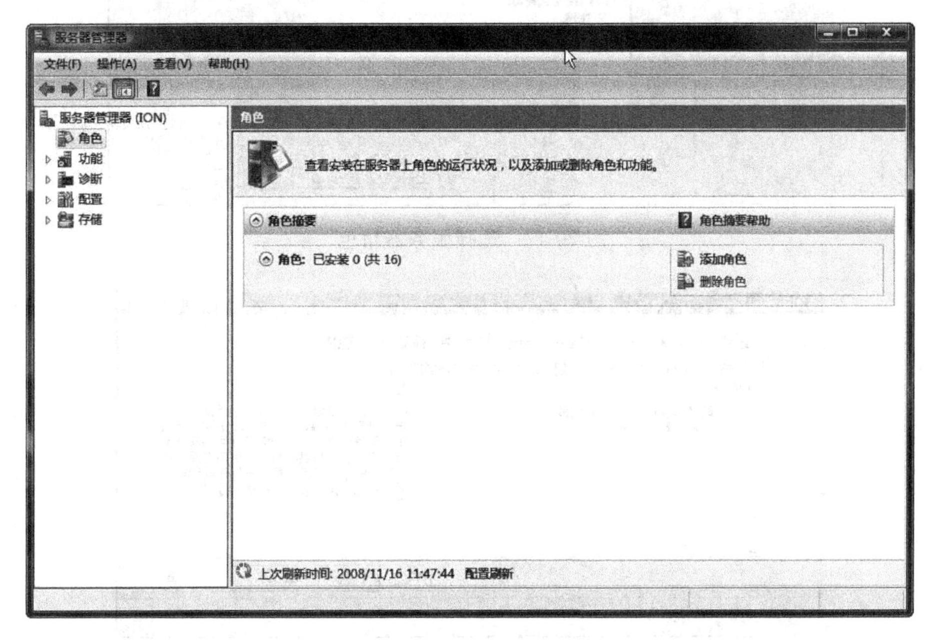

图 20-16 服务器管理器

（2）启动添加角色向导。在“服务器角色”列表框中勾选“Active Directory 域服务”复选框，此时，系统会自动弹出对话框，如图 20-17 所示。

要求安装“. NET Framework 3. 5. 1 功能”，由于 AD 在 Windows Server 2008 上必须有该功能的支持，如图 20-18 所示，所以在此必须单击“添加必需的功能”按钮，返回“选择服务器角色”对话框后单击“下一步”按钮，然后按向导的提示进行下一步的安装，如图 20-19 所示。

当出现“安装结果”对话框时，如果没有错误，证明 AD 的安装准备已经完成，但是由于该台计算机还不能完全正常运行 DC，所以提示需要启用 AD 安装向导(dcpromo. exe)来完成安装，如图 20-20 所示。可以直接单击“关闭该向导并启动 Active Directory 域服务安装向导(dcpromo. exe)”进入安装向导，也可以直接单击“关闭”按钮之后，手动打开 AD 安装向导。

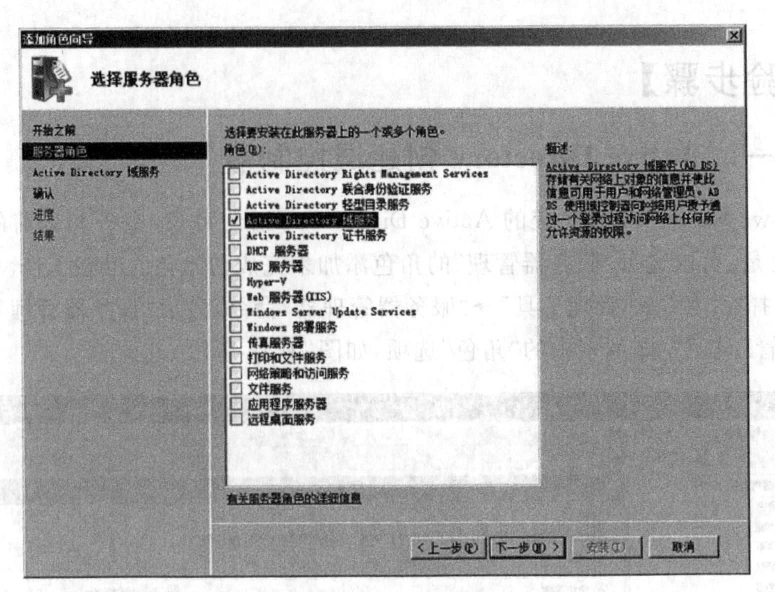

图 20-17　选择服务器角色

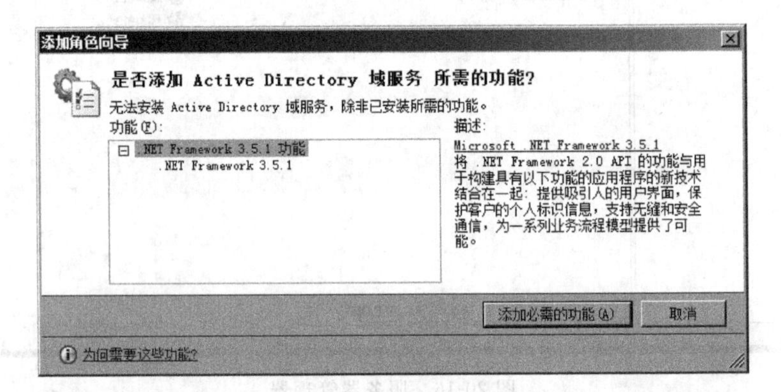

图 20-18　添加必需功能

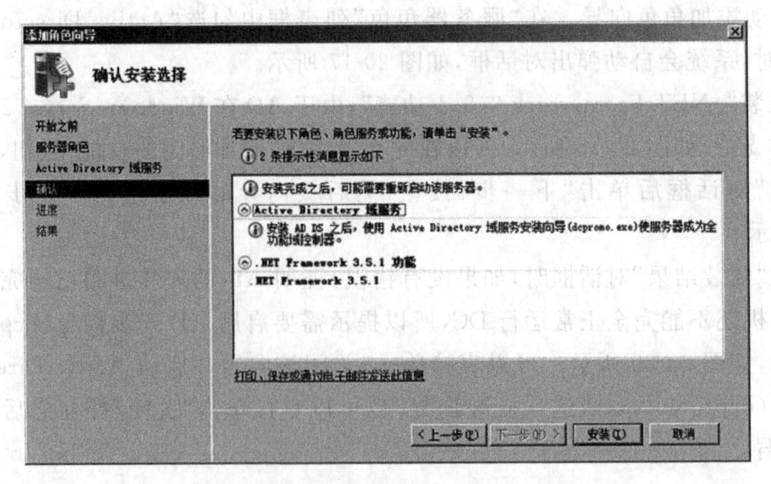

图 20-19　确认安装选择

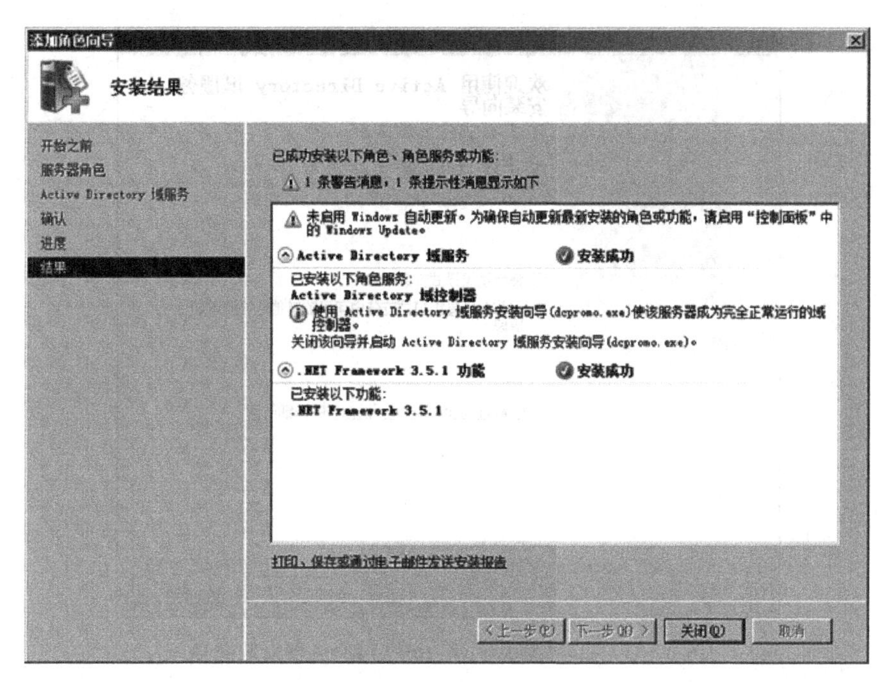

图 2-20　安装角色结果

（3）运行 dcpromo 命令安装活动目录服务。在网络服务器上安装 Windows Server 2008 操作系统后，使用 dcpromo 命令启动活动目录的安装向导，如图 20-21 所示。

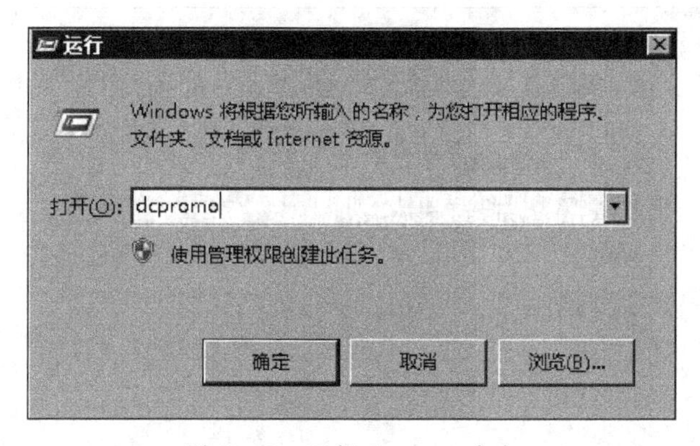

图 20-21　运行 dcpromo 命令

单击"确定"按钮后，启动"Active Directory 域服务器安装向导"对话框，单击"下一步"按钮，如图 20-22 所示。

（4）弹出"操作系统兼容性"对话框，单击"下一步"按钮，如图 20-23 所示。

（5）进入"选择某一部署配置"对话框，安装向导提供 Active Directory 安装模式，包括在现有 Active Directory 中添加域控制器（现有林）和全新的 Active Directory（在新林中新建域）两种，这里选择后者，"在新林中新建域"来全新安装 Active Directory，如图 20-24 所示。

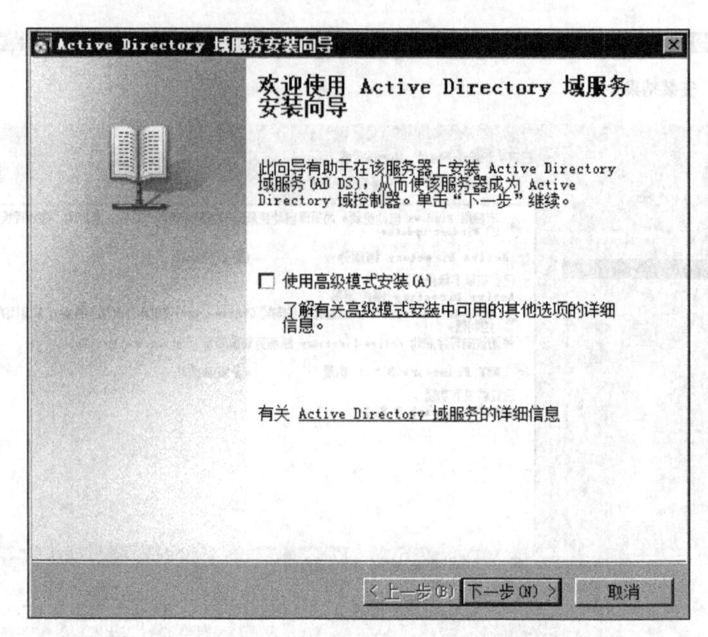

图 20-22 启动 Active Directory 域服务器安装向导

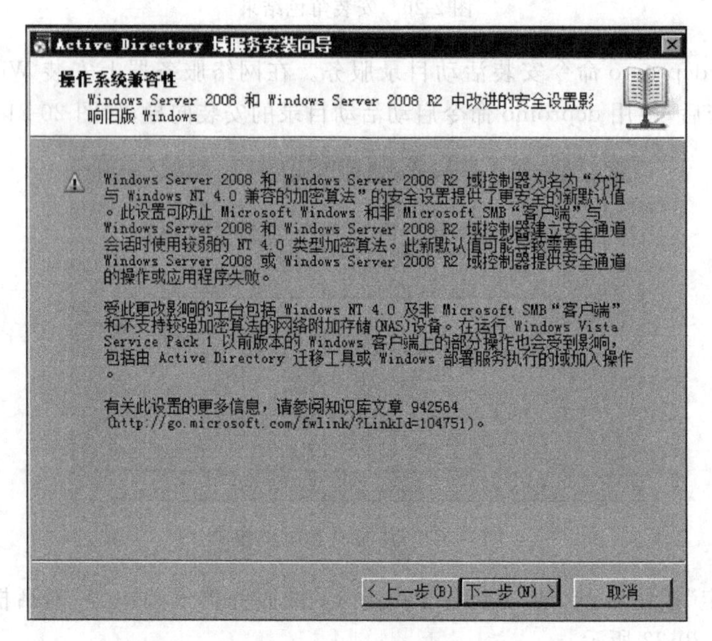

图 20-23 操作系统兼容性

(6) 然后单击"下一步"按钮,显示"命名林根域"对话框,在"目录林根级域的 FQDN (F)"文本框中输入新根域的名称 abc.com,如图 20-25 所示。

(7) 单击"下一步"按钮,显示"设置林功能级别"对话框,在"林功能级别"下拉列表框中选择欲使用的安装模式,如图 20-26 所示。

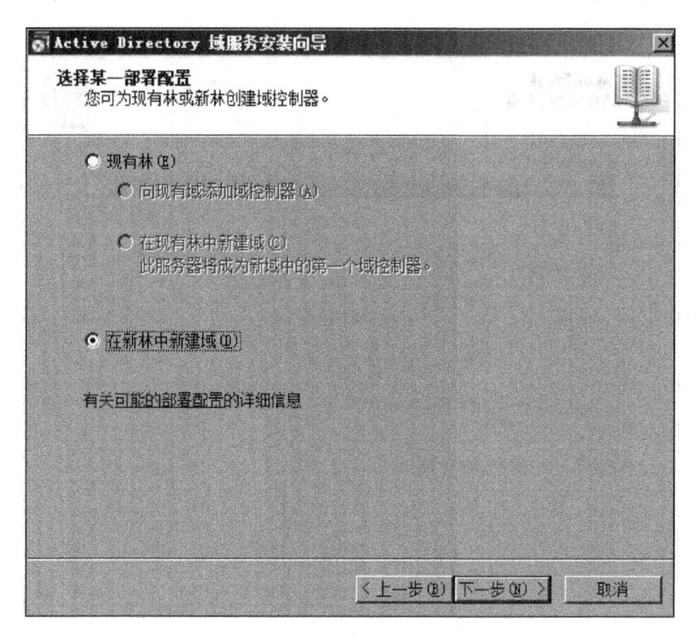

图 20-24　在新林中新建域

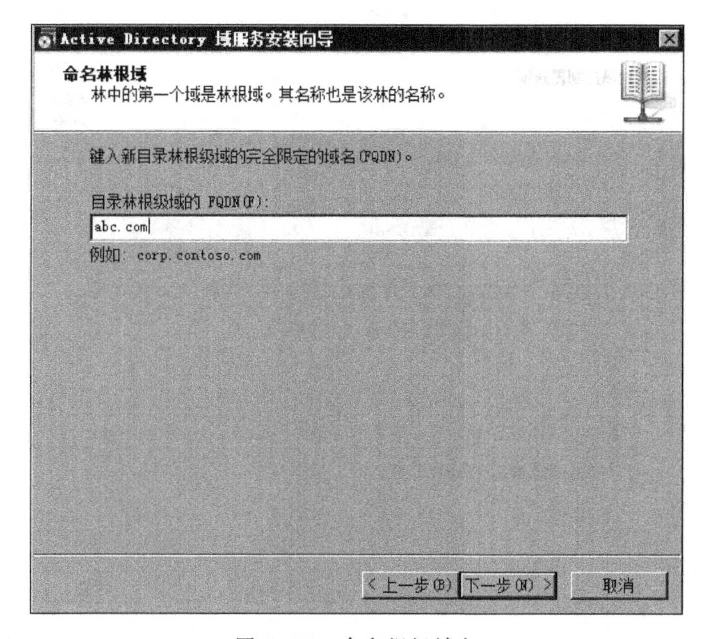

图 20-25　命名根级域名

(8) 单击“下一步”按钮显示“其他域控制器选项”对话框。默认在林根服务器安装 DNS 服务器，如果网络中使用单独的 DNS 服务器，可以取消选中“DNS 服务器”复选框，如图 20-27 所示。

(9) 单击“下一步”按钮，这时系统会检查本系统是否是静态 IP 地址，查找 DNS 的父区域。IP 地址使用静态 IP 地址，如图 20-28 和图 20-29 所示。

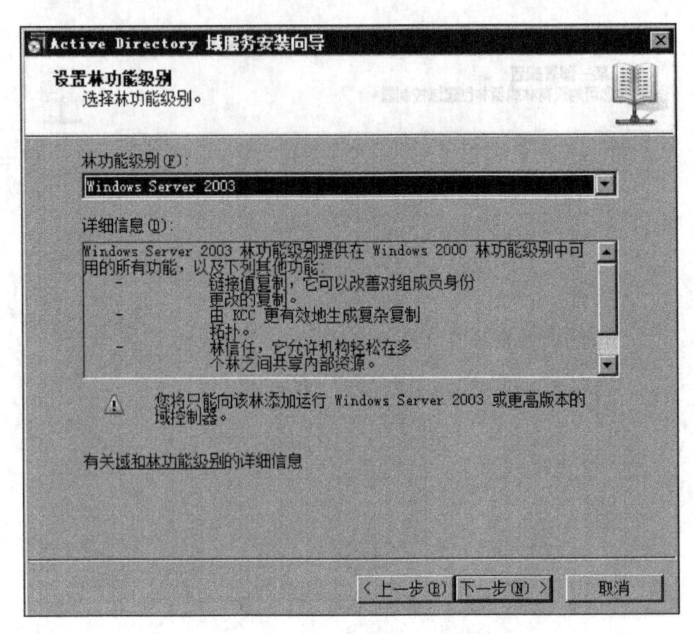

图 20-26 “设置林功能级别”对话框

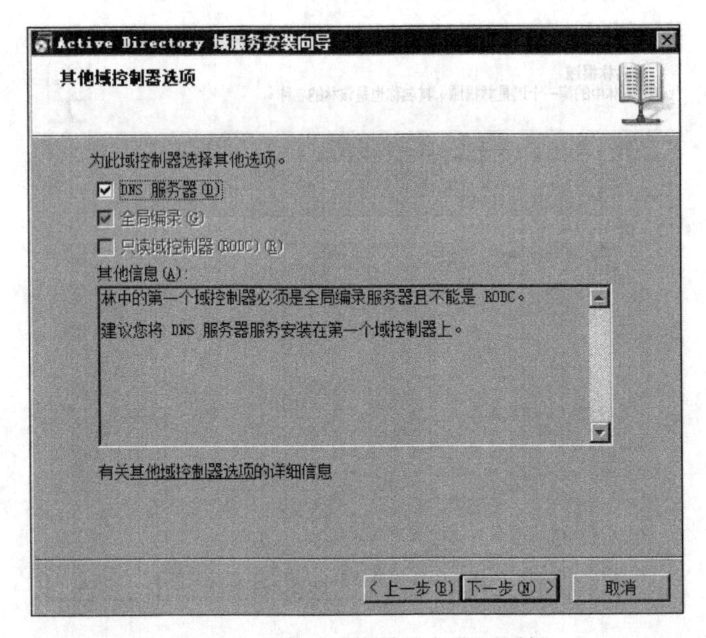

图 20-27 “其他域控制器选项”对话框

【注意】 由于我们默认在林根服务器安装 DNS 服务器，因此在这里使用本主域控制器的 IP 地址为 DNS 地址。

(10) 单击“是”按钮，继续单击“下一步”按钮，显示“数据库、日志文件和 SYSVOL 的位置”对话框，建议将这 3 个文件夹都分开存储在不同的物理磁盘中，这样可以保证数据

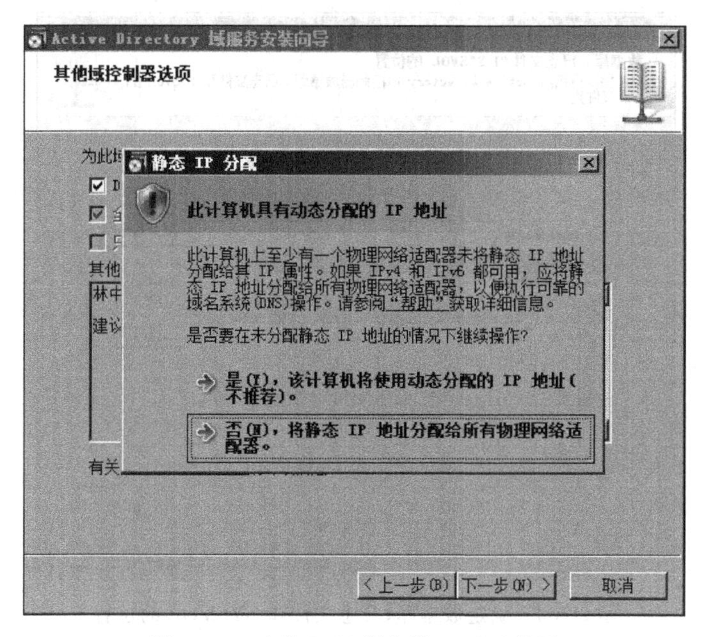

图 20-28　安装 DNS 服务器 IP 地址检测

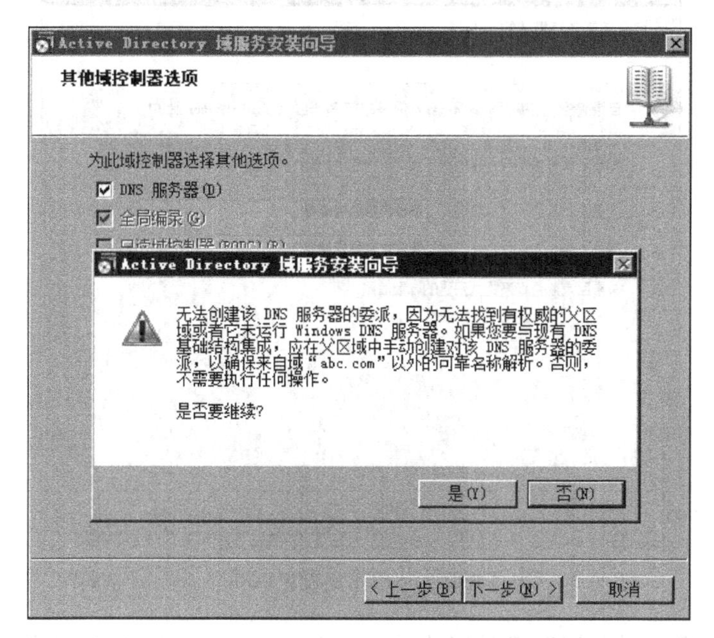

图 20-29　DNS 父区域检测

安全，提高 Active Directory 的性能，如图 20-30 所示。

(11) 单击"下一步"按钮，弹出"目录服务还原模式的 Administrator 密码"对话框，密码建议要符合强密码策略要求，如图 20-31 所示。

(12) 单击"下一步"按钮，弹出"摘要"对话框，显示 Active Directory 设置信息，可以单击"导出设置"按钮导出并保存成文本文件，如图 20-32 所示。

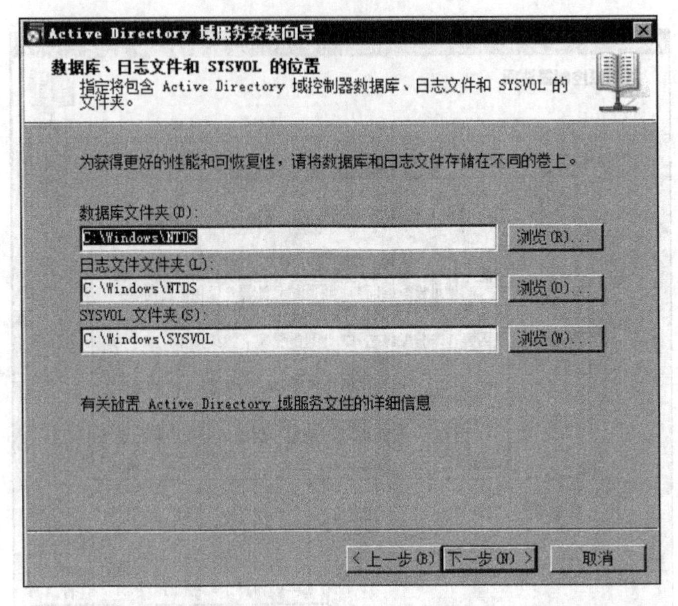

图 20-30　确定数据库、日志文件和 SYSVOL 的位置

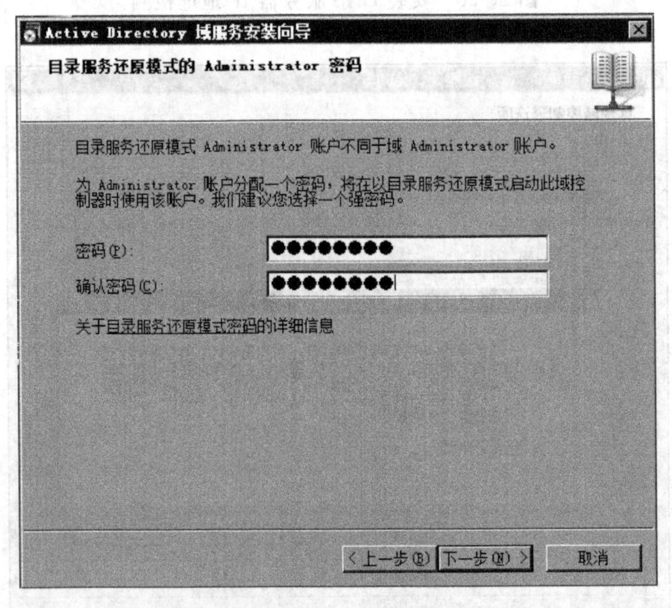

图 20-31　为目录服务还原模式设置 Administrator 密码

(13) 单击"下一步"按钮，开始安装 Active Directory，如果选中"完成后重新启动"复选框，可以在完成安装后自动重新启动计算机，如图 20-33 所示。

(14) 安装完成，弹出"完成 Active Directory 域服务安装向导"对话框。单击"完成"按钮，关闭安装向导，重新启动计算机后，活动目录(Active Directory)安装成功，如图 20-34 所示。

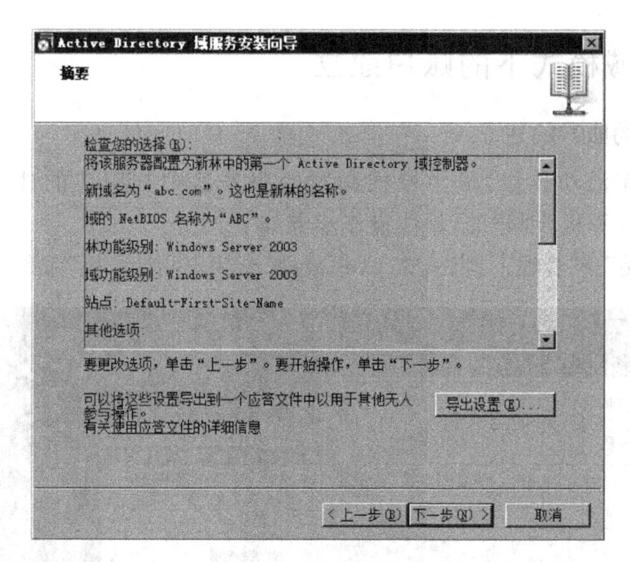

图 20-32　摘要

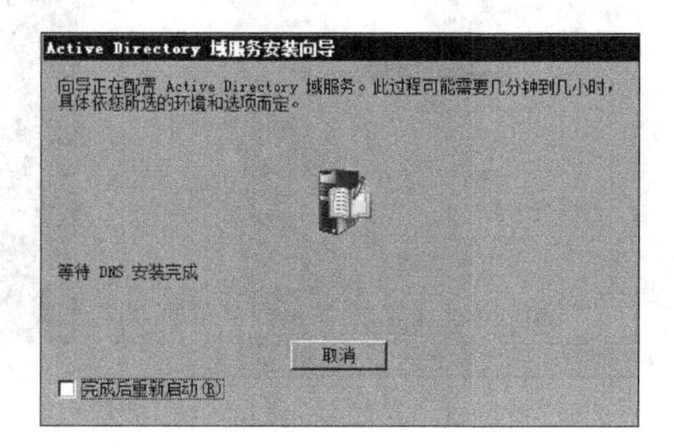

图 20-33　正在配置活动目录

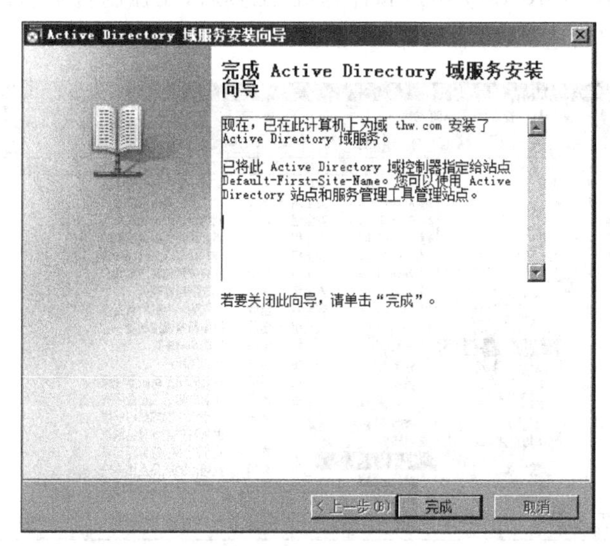

图 20-34　完成活动目录域服务器的安装

试验二　域模式下的账户建立

1. 域模式下的账户的建立

在已经安装完活动目录，成为域控制器的服务器中其用户的建立是通过“Active Directory 用户和计算机”创建的，具体操作步骤如下。

(1) 单击“开始”→“管理工具”→“Active Directory 用户和计算机”命令，如图 20-35 所示。

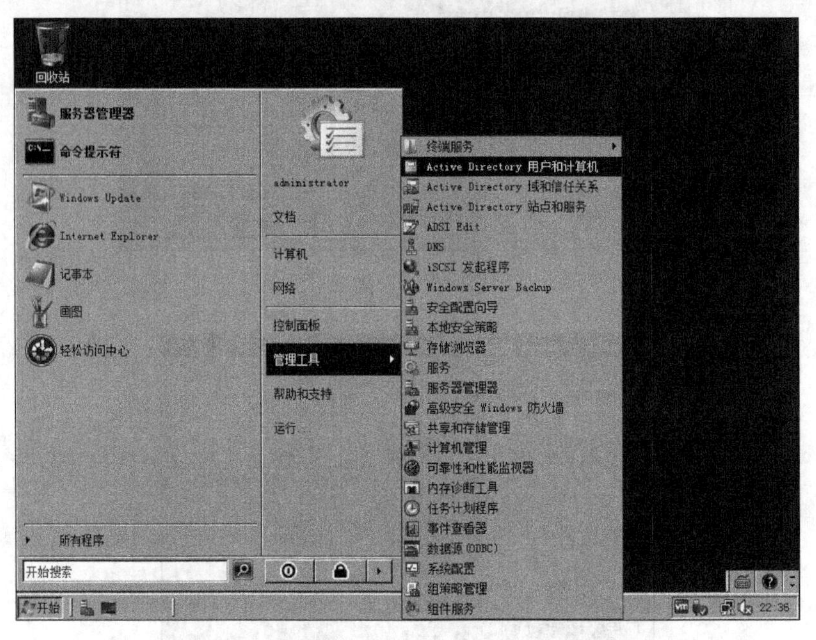

图 20-35　启动“Active Directory 用户和计算机”命令

(2) 启动“Active Directory 用户和计算机”工具后，在控制台下右击 User 容器，依次选择快捷菜单中的“新建”→“用户”命令，如图 20-36 所示。

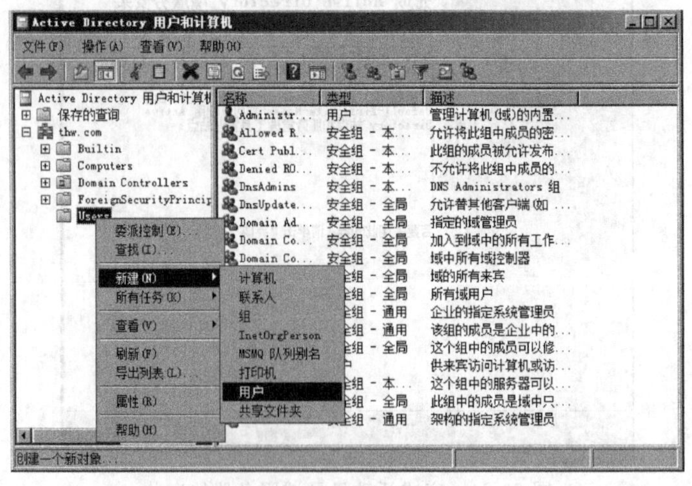

图 20-36　创建用户

（3）在弹出的“新建对象-用户”对话框中输入用户的姓名及用户登录信息，如图 20-37 所示。

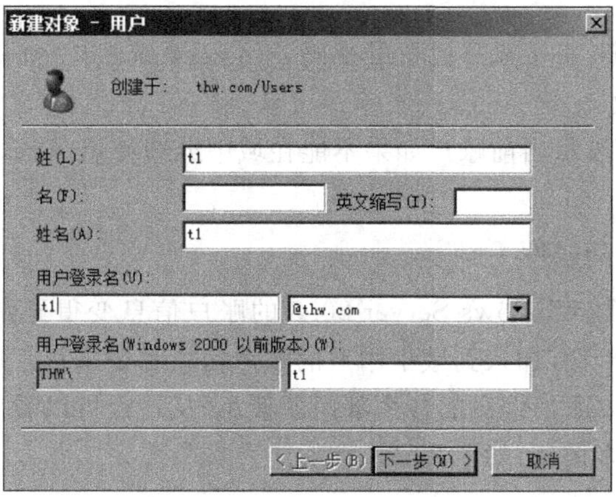

新建对象 - 用户

创建于: thw.com/Users

姓(L): t1

名(F): 英文缩写(I):

姓名(A): t1

用户登录名(U):

t1 @thw.com

用户登录名(Windows 2000 以前版本)(W):

THW\ t1

< 上一步(B) 下一步(N) > 取消

图 20-37 输入账户信息

【注意】 在输入账户信息时，可以输入中文作为用户登录名。“新建对象-用户”对话框中“用户登录名”是该账户登录域时使用的名字，“姓”“名”的输入内容只是作为账户登录信息，与登录域时输入的账号无关。

（4）单击“下一步”按钮为用户设置密码，其操作与前一章建立账户的操作相同，按照中文向导操作提示完成，如图 20-38 所示。

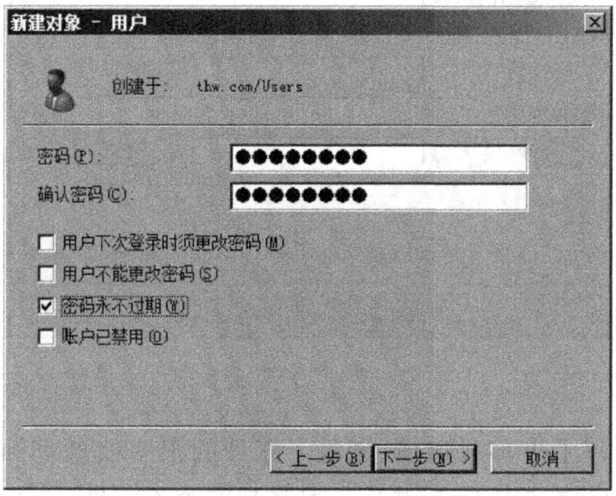

新建对象 - 用户

创建于: thw.com/Users

密码(P): ●●●●●●●●

确认密码(C): ●●●●●●●●

用户下次登录时须更改密码(M)

用户不能更改密码(S)

密码永不过期(W)

账户已禁用(O)

< 上一步(B) 下一步(N) > 取消

图 20-38 输入账户信息

【注意】 建议在设置密码时不要只是有规律的字母，因为这样极易被网络中攻击者猜中，降低了网络的安全防范能力。

在建立密码后对话框中有 4 个选项：分别表示对密码的使用时的设置方式。

①“用户下次登录时须更改密码”表示该账户第一次登录域中的计算机时，系统要求

必须更改密码,这样保证用户自己掌握自身账户的密码。

② "用户不能更改密码"表示账户自己没有权利对自身账户密码进行修改,必须通过域控制器管理员完成。

③ "密码永不过期"表示账户设置的密码,不会因系统默认密码有效期到期而要求用户修改,密码始终有效。

④ "账户已禁用"表示当前账户如果不能在域中继续使用,则选择该项,使账户停用,而不是删除账户信息。

2. 域模式下账户的属性

在基于域模式下的 Windows Server 2008 的账户信息变得异常丰富,域管理员被赋予了极大的权力,对于所有加入到域中用户的账户信息都要进行管理和维护,而账户信息将被域中所有有权需要账户信息的各个部门所使用,从这点可以看出,对域模式下的账户管理涵盖了用户的诸多信息,如图 20-39 所示。

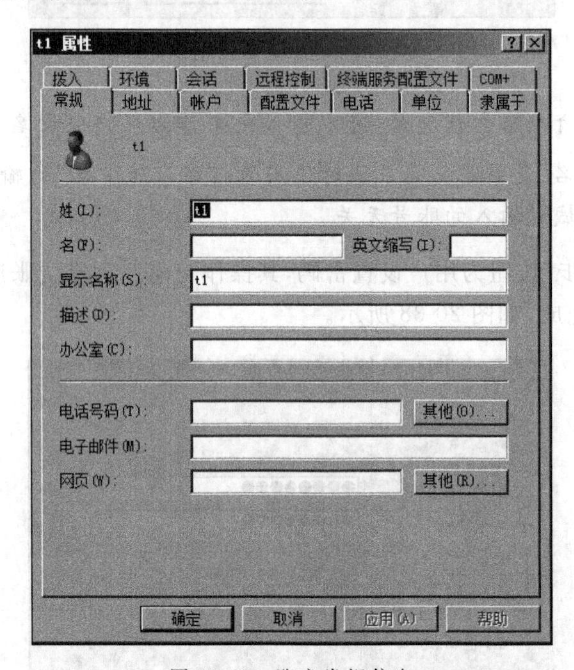

图 20-39 账户常规信息

在图 20-39 中,出现了十多项选项,涵盖了账户的很多信息,下面简单介绍一下。

常规、地址、电话、单位选项卡,这些信息是账户的个人信息,用于拥有权限的账户查询。

账户选项卡的上半部分与本地账户信息没有区别,但下半部分包括了众多的信息,它们主要是有关账户安全方面的设置,如图 20-40 所示。其中账户过期是指账户的存活期,可以选择"永不过期"或"在这之后"过期。"在这之后"是指在此日期之后,该用户不能登录到系统中了。

在域控制器管理的网络系统中,账户可以被限制进入系统和使用系统,这种限制归纳为 5 个指定,即

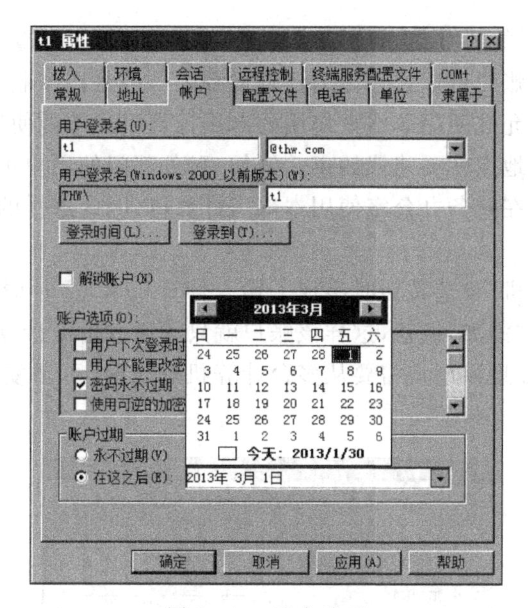

图 20-40 账户选项

① 指定的账户——用户进入计算机的凭证；

② 指定的计算机——用户在指定的计算机进入系统；

③ 指定的时间——用户在规定的时间进入系统；

④ 运行指定的程序——用户只能调用指定的应用软件；

⑤ 访问指定资源——用户只能访问指定的文件夹和对文件夹进行指定的处理。

在这 5 个指定中，“指定的计算机”和“指定的时间”是在账户设置中完成。“指定的计算机”是在单击“登录到”按钮中设置，如图 20-41 所示。

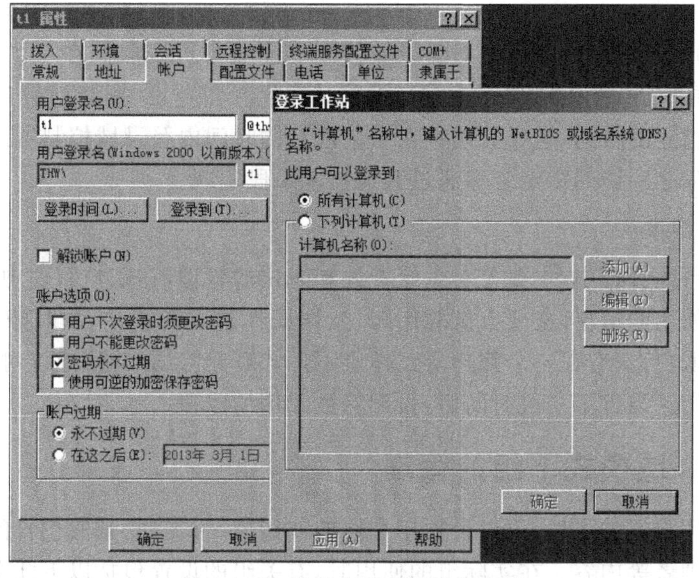

图 20-41 账户在指定计算机登录

用户可以在所有计算机登录,也可被限制在指定的计算机上登录,选中"所有计算机"单选按钮,就是允许该账户可以通过任何计算机登录。但是在企业实际应用中,出于对特殊用户的安全要求,不允许使用非本人使用的专用计算机或不能使用部门之外的计算机,这时,这些用户的登录地点就要建议约束。例如,财务部门的用户不能随意在网络中进行任何计算机操作,只能在财务办公室使用本部门计算机,因此这样的用户就需要在此加以设置。

当单击"下列计算机"单选按钮时出现了输入计算机名,这时请输入该账户要登录的计算机名称,然后单击"添加"按钮,这样该账户就只能通过指定计算机登录到域控制器管理的网络系统中了。如果该用户需要从多台计算机登录时,可重复输入多台计算机的名称,如图 20-42 所示。

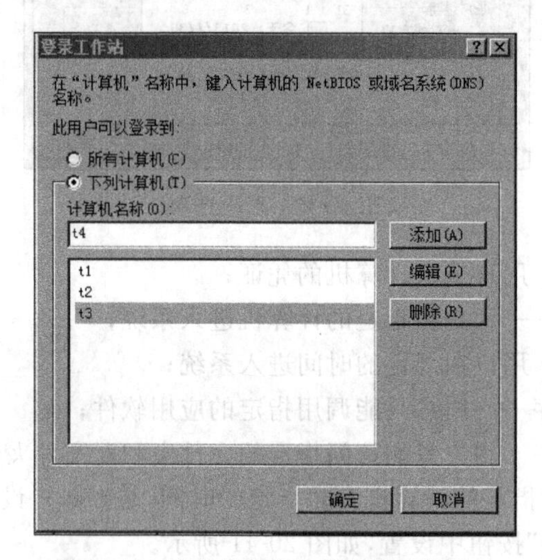

图 20-42　账户从指定计算机登录设置一

在"指定的登录时间"设置中,对登录域控制器的账户可以限制在一个特定的时间范围内,单击"登录时间"按钮出现图 20-43 所示对话框。在登录时间设置窗口中可以设置指定的日期和指定的时间,这样让用户在一个规定的时间内登录域控制器。

运行指定程序和访问指定资源通过其他技术手段实现。

3. 账户的删除

在日常的系统管理中,主要是对系统资源和账户的管理,在账户管理中经常出现原有创建的账户不使用的情况,主要有试验用账户、误操作建立的账户、临时账户和禁用的账户。对于这些账户,只有在一个账户真正作废不用才有删除的必要,建议对暂时不使用的账户可以先禁用。当过了一段时间后,再删除被禁用的账户。

试验三　域模式下组的管理

通过设置用户组的属性,可以设置用户组的作用域、组类型、其所包含的用户、所隶属的用户组及管理者等内容。在实际组的使用时,有关组的设置包括以下几个具体的工作,通过以下工作将组可以进行有效维护。

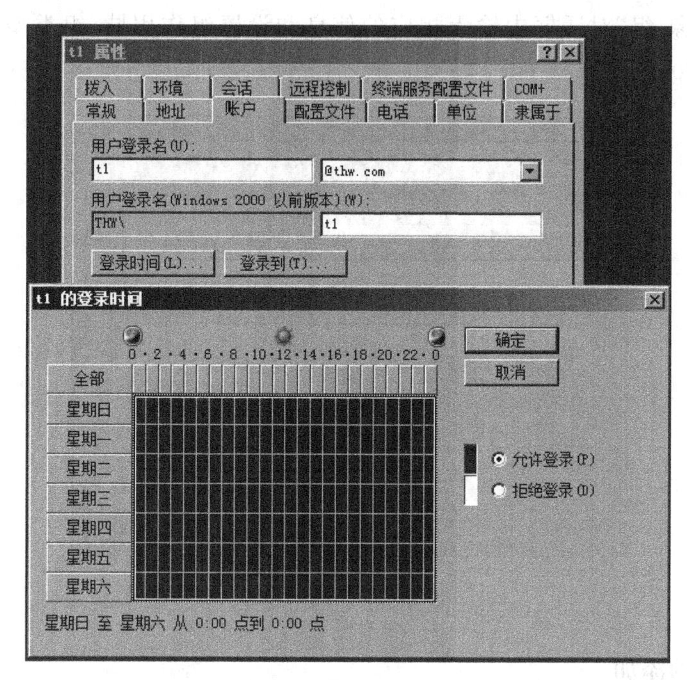

图 20-43 账户从指定计算机登录设置二

1. 组账号建立

域模式下组的建立具体操作如下。

右击"Active Directory 用户和计算机"工具中 Users 文件夹,依次选择快捷菜单中的"新建"→"组"命令,如图 20-44 所示。

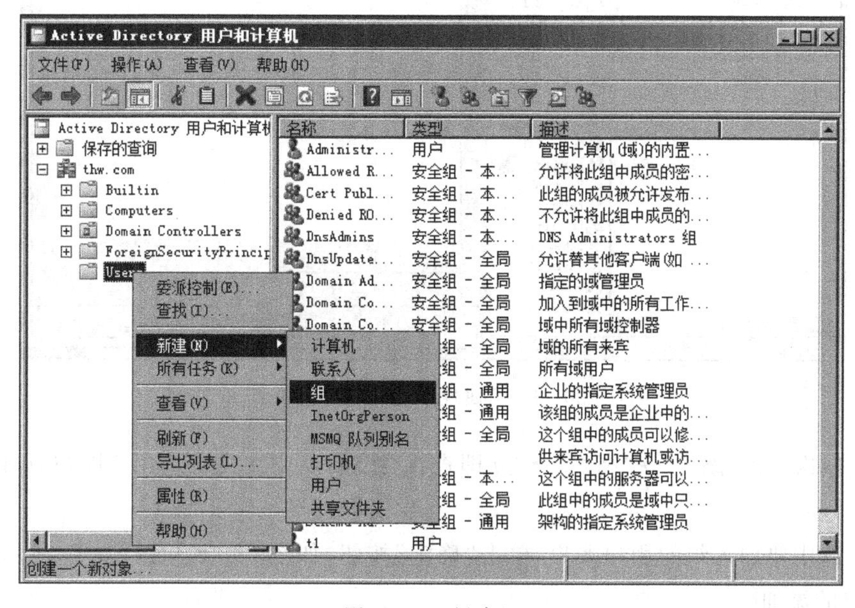

图 20-44 创建组

在“新建对象-组”对话框中输入相应的信息和设置组作用域、组类型，然后单击“确定”按钮，如图 20-45 所示。

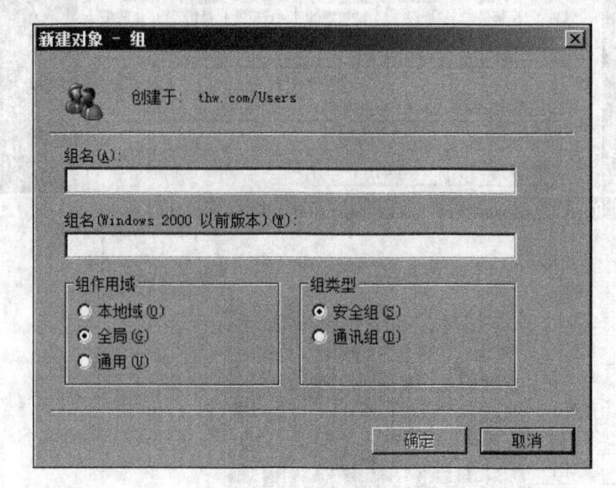

图 20-45 创建组

2. 组成员的添加

(1) 打开选择要加入账户的指定组的属性窗口，并单击成员卡片，如图 20-46 所示。

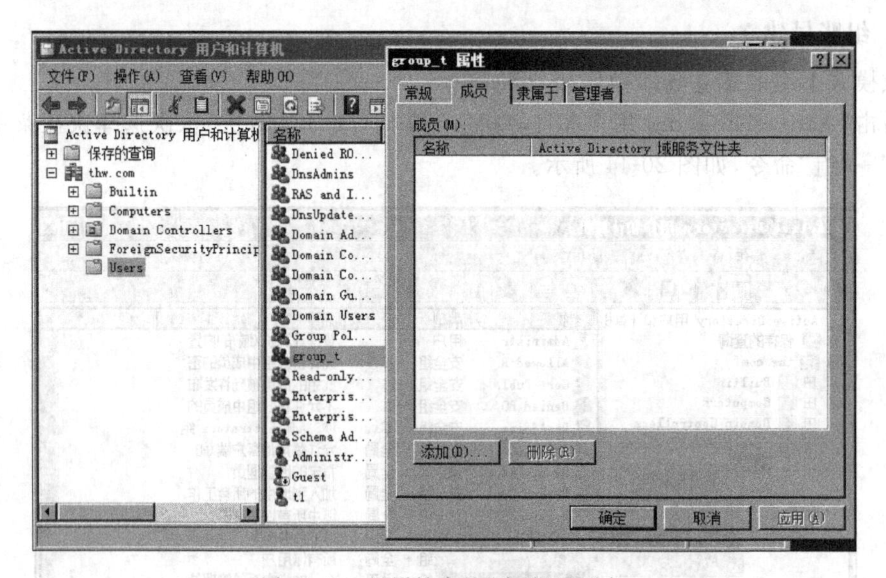

图 20-46 组属性中的“成员”选项卡

(2) 依次单击“添加”→“高级”→“立即查找”按钮，从中出现被选用户账户，如图 20-47 所示。

(3) 选中要加入组的用户账户，单击“确定”按钮，如图 20-48 和图 20-49 所示。就完成了用户的添加。

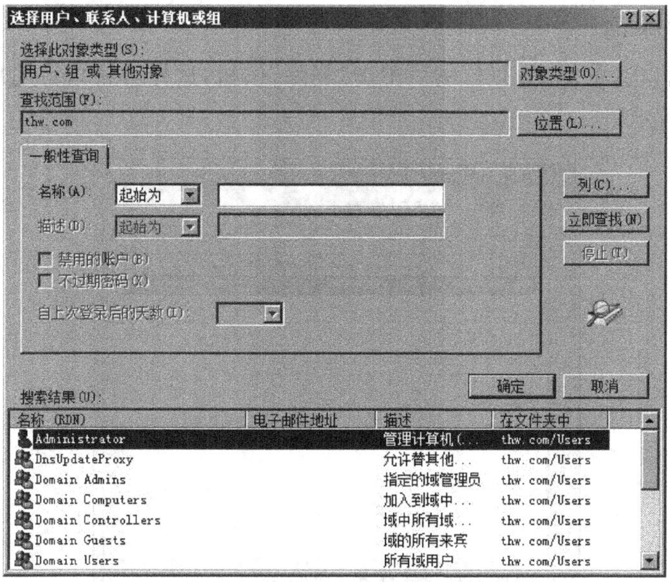

选择用户、联系人、计算机或组

选择此对象类型(S):

用户、组 或 其他对象 对象类型(O)...

查找范围(F):

thw.com 位置(L)...

一般性查询

名称(A): 起始为

描述(D): 起始为

禁用的账户(B)

不过期密码(X)

自上次登录后的天数(I):

列(C)...

立即查找(N)

停止(T)

确定 取消

搜索结果(U):

名称 (RDN)	电子邮件地址	描述	在文件夹中
Administrator		管理计算机(...	thw.com/Users
DnsUpdateProxy		允许替其他...	thw.com/Users
Domain Admins		指定的域管理员	thw.com/Users
Domain Computers		加入到域中...	thw.com/Users
Domain Controllers		域中所有域...	thw.com/Users
Domain Guests		域的所有来宾	thw.com/Users
Domain Users		所有域用户	thw.com/Users

图 20-47 查找账户

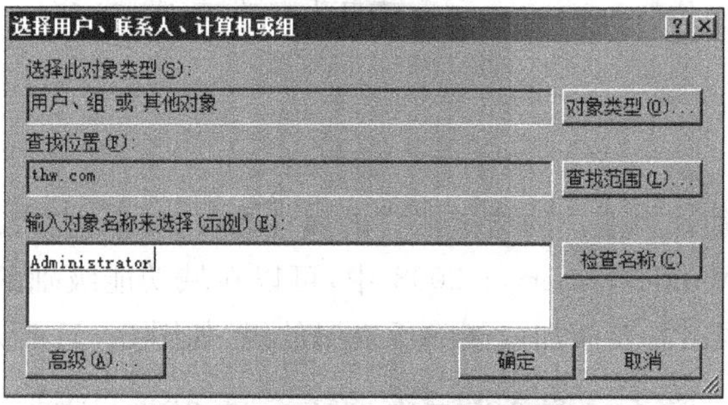

选择用户、联系人、计算机或组

选择此对象类型(S):

用户、组 或 其他对象 对象类型(O)...

查找位置(F):

thw.com 查找范围(L)...

输入对象名称来选择(示例)(E):

Administrator 检查名称(C)

高级(A)... 确定 取消

图 20-48 添加账户

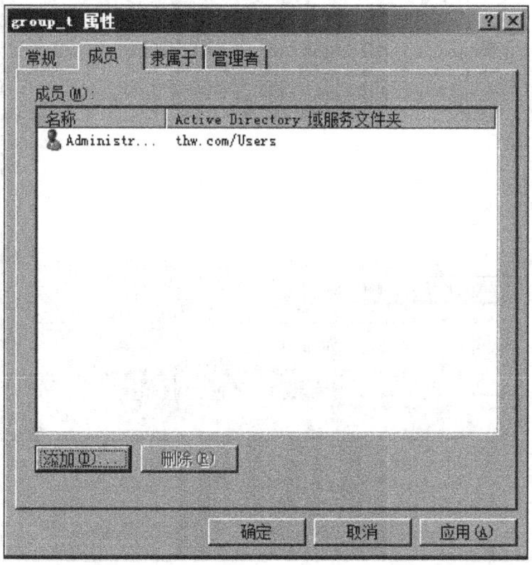

group_t 属性

常规 成员 隶属于 管理者

成员(M):

名称	Active Directory 域服务文件夹
Administr...	thw.com/Users

添加(D)... 删除(R)

确定 取消 应用(A)

图 20-49 确定账户

3. 组成员的删除

在指定组窗口选中指定用户,然后单击“删除”按钮,这样可将指定用户从指定组中删除,如图 20-50 所示。

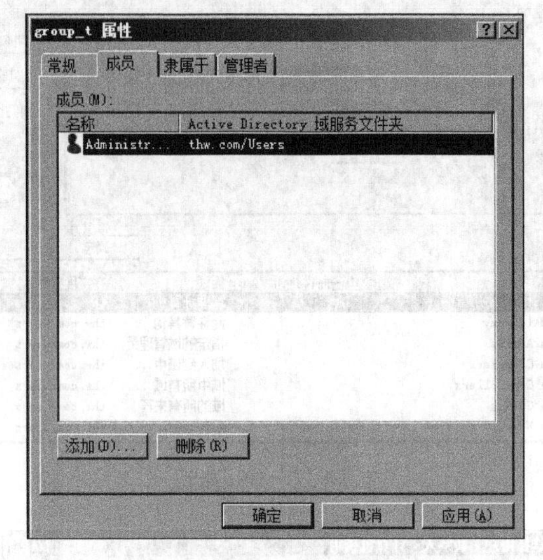

图 20-50 确定账户

4. 用户加入组

(1) 打开选择要加入组账户的指定账户的属性窗口,并单击“隶属于”选项卡,显示已经配置的组嵌套,在 Windows Server 2008 中,可以在域功能级别的基础上进行组嵌套。在该选项卡中,可以根据需要添加或删除所隶属的组,如图 20-51 所示。

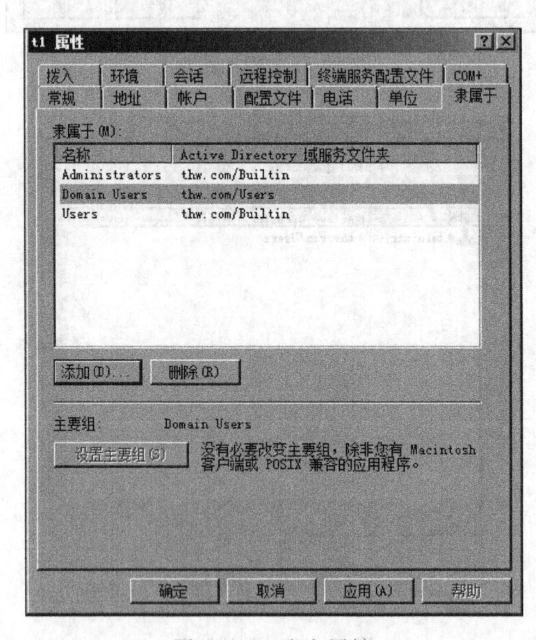

图 20-51 账户属性

(2) 依次单击"添加"→"高级"→"立即查找"按钮，从中出现被选组，如图 20-52 所示。

选择组
选择此对象类型(S):
组或内置安全主体
对象类型(O)...
查找范围(F):
thw.com
位置(L)...
一般性查询
名称(A): 起始为
描述(D): 起始为
列(C)...
立即查找(N)
停止(T)
禁用的账户(B)
不过期密码(X)
自上次登录后的天数(I):
确定 取消
搜索结果(U):

名称(RDN)	描述	在文件夹中
Account Operators		thw.com/Bui...
Administrators		thw.com/Bui...
Allowed RODC Password Replication G...	允许将此组...	thw.com/Users
Backup Operators		thw.com/Bui...
Cert Publishers	此组的成员...	thw.com/Users
Certificate Service DCOM Access		thw.com/Bui...
Cryptographic Operators		thw.com/Bui...
Denied RODC Password Replication Group	不允许将此...	thw.com/Users
Distributed COM Users		thw.com/Bui...
DnsAdmins	DNS Adminis...	thw.com/Users

图 20-52　组账户查找

选定要加入的组，单击"确定"按钮完成用户账户加入组的操作。

5. 组的重命名

在建立好组账号后，往往因为各种原因要修改组名，这时组中的成员不变，其系统对组的权限的设置与管理不会发生任何变化，如图 20-53 所示。

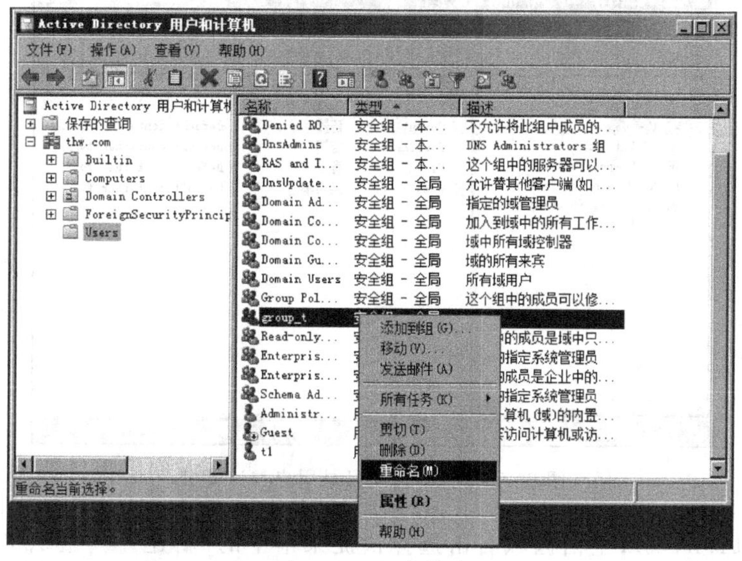

图 20-53　组名修改

6. 组的删除

当一个组需要删除时，可通过在“Active Directory 用户和计算机”工具中右击要删除的组，选择快捷菜单中的“删除”命令实现，如图 20-54 所示。

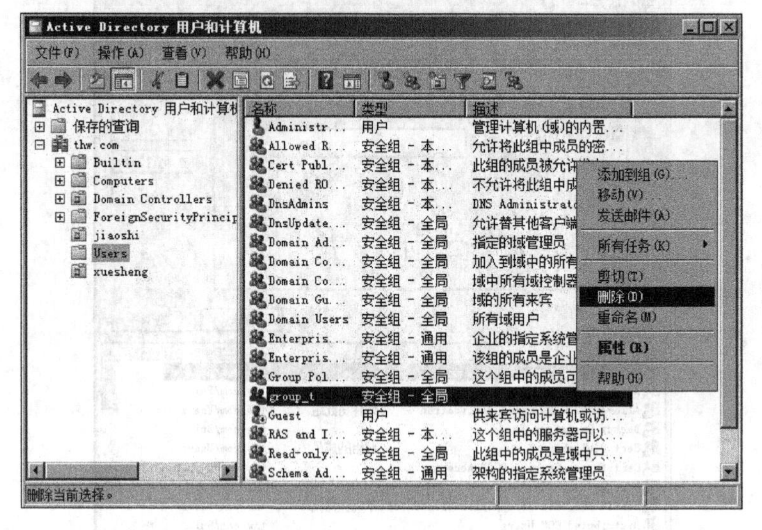

图 20-54 组的删除

试验四 域模式下 OU 的建立

例如，要在 thw. com 域建立组织单元 jiaoshi。

(1) 在安装了活动目录的域控制器计算机上打开，选择“开始”→“程序”→“管理工具”命令，如图 20-55 所示。

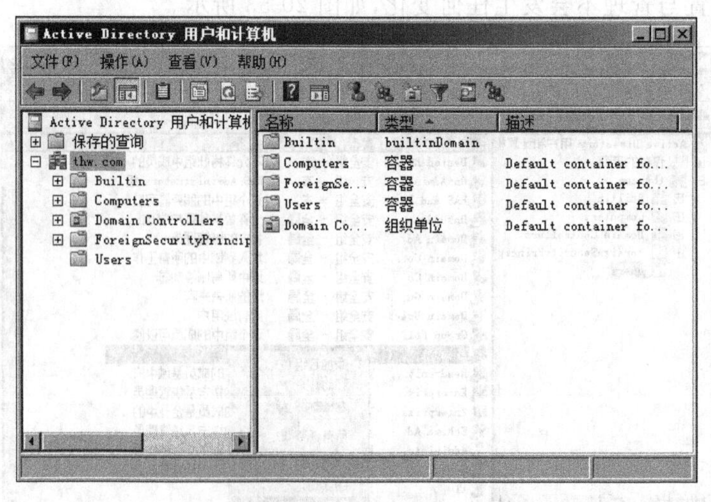

图 20-55 打开活动目录用户与计算机

(2) 在 THW. com 空白区域右击选择快捷菜单中的“新建”→“组织单元”命令，如图 20-56 所示。

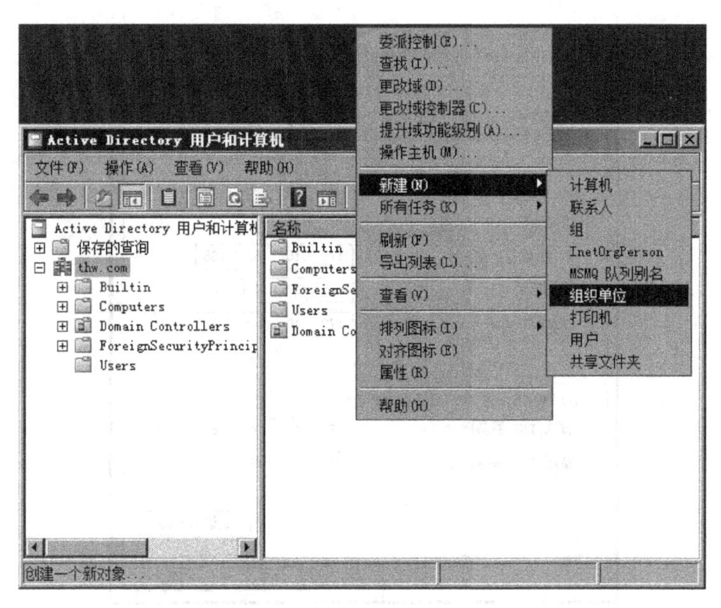

图 20-56　使用“新建”命令

(3) 单击“组织单元”命令，出现图 20-57 所示界面，并在“名称”文本框中输入 jiaoshi，单击“确定”按钮完成建立组织单元操作。

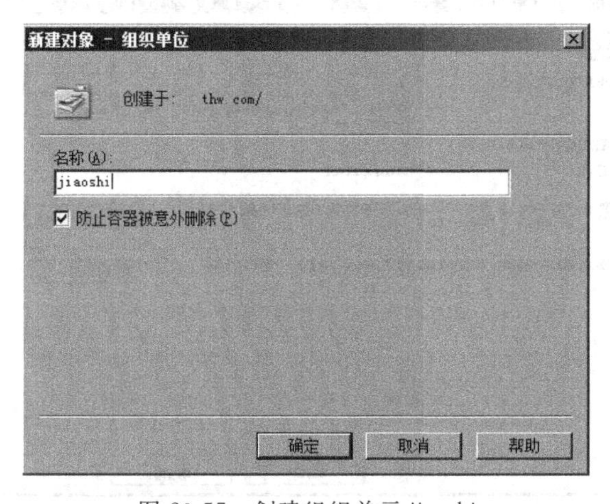

图 20-57　创建组织单元 jiaoshi

【验证方法】

使用一台客户机加入域来测试，具体方法如下。

本单元讲解如何将计算机加入域，依照下述方法可以将任何计算机加入域。例如，要将 b 计算机加入域(前提条件是网络的数据通信没有问题)，将完成以下操作。

(1) 调整 TCP/IP 协议的属性，使 DNS 指向域服务器的 DNS，如图 20-58 所示。

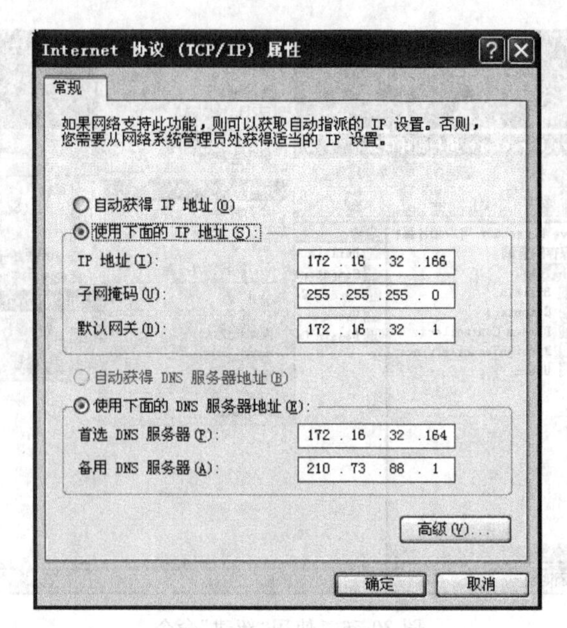

图 20-58　DNS 的调整

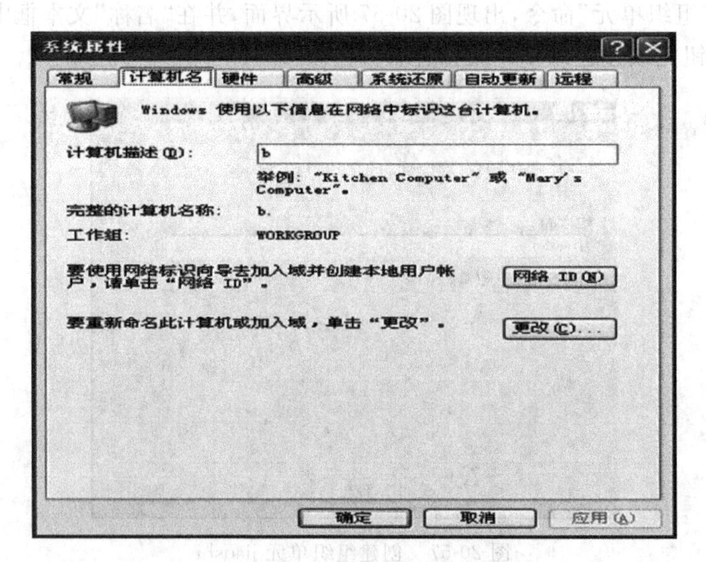

图 20-59　“计算机名”选项卡

(2) 在“我的电脑”上右击，选择快捷菜单中的“计算机名标签”命令，如图 20-59 所示。

(3) 单击“更改”按钮，在弹出的对话框中输入计算机名及加入的域名，如图 20-60 所示。

(4) 单击“确定”按钮，出现图 20-61 所示界面，输入有操作权的用户名及密码。

(5) 单击“确定”按钮，出现图 20-62 所示界面。重新启动计算机，将计算机加入域的工作完成。

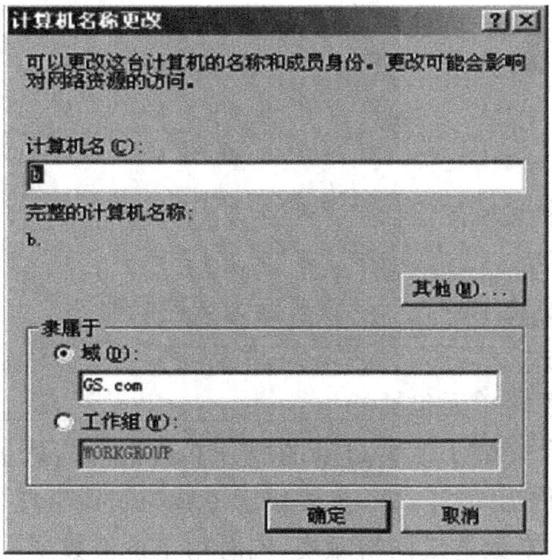

图 20-60 更改操作

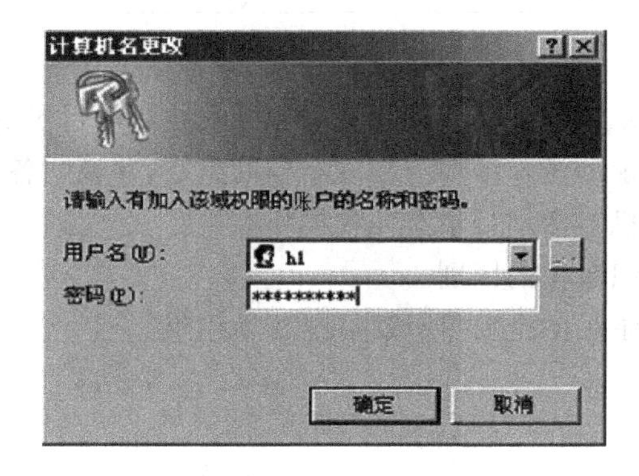

图 20-61 输入用户及密码

图 20-62 加入域

将计算机加入域以后，就可以在域服务器上对加入域的计算机进行有效管理。或在客户机上，通过“网上邻居”的活动目录项目对其他计算机或域服务器进行有效管理。如H1是GS.com的管理员，现在他就可以对域内的计算机包括域服务器进行管理。而这种管理是以管理员的身份登录以后，在域内的任何一台计算机上进行的，不是亲自遍历每一台计算机，充分体现了域工作模式下集中管理的优点。

【思考与练习】

1. 填空题

(1) 域树中的子域和父域的信任关系是________、________。

(2) 活动目录存放在________中。

(3) 独立服务器上安装了________就升级为域控制器。

(4) 域控制器包含了________、________以及________等信息构成的数据库。

(5) 活动目录中的逻辑单元包括________、________、________和组织单元。

(6) 网络中的第一台安装了活动目录的服务器通常会默认被设置为________,其他域控制器(可以有多台)称为________,主要用于主域控制器出现故障时及时接替其工作,继续提供各种网络服务,不致造成网络瘫痪,同时用于备份数据。

(7) 活动目录的物理结构的两个重要概念是________和域________。

(8) 域中的计算机分类:________、________、________、________。

2. 简答题

(1) 什么是活动目录?什么是活动目录对象?安装活动目录的前提条件有哪些?

(2) 请说明活动目录的逻辑结构与物理结构的组成,并说明各自的主要作用。

(3) 什么是操作主机?活动目录有几种操作主机?

(4) 请说明组与组织单位的区别。

(5) 试比较活动目录中的全局组、域本地组、通用组。

参 考 文 献

[1] 王维江，钟小平．网络应用方案与实例精选[M]．北京：人民邮电出版社，2003.
[2] 杨卫东．网络系统集成与工程设计[M]．北京：科学出版社，2005.
[3] 魏大新，李育龙．CISCO 网络技术教程[M]．北京：电子工业出版社，2005.
[4] 肖永生．网络互联技术[M]．北京：高等教育出版社．2006.
[5] 刘建伟．网络安全实验教程[M]．北京：清华大学出版社，2007.
[6] 陈鸣．计算机网络实验教程从原理到实践[M]．北京：机械工业出版社，2007.
[7] 谢晓燕．网络安全与管理实验教程[M]．西安：西安电子科技大学出版社，2008.
[8] 俞黎阳，张卫，强志成．计算机网络工程实验教程[M]．北京：清华大学出版社，2008.
[9] 卢加元．计算机组网技术与配置[M]．北京：清华大学出版社，2008.
[10] 肖德宝、徐慧．网络管理理论与技术[M]．武汉：华中科技大学出版社，2009.
[11] 王达．Cisco/H3C 交换机配置与管理完全手册[M]．北京：中国水利水电出版社，2009.
[12] 石磊，赵慧然．网络安全与管理[M]．北京：清华大学出版社，2009.
[13] 王淑江．精通 Windows Server 2008 活动目录与用户[M]．北京：中国铁道出版社，2009.
[14] 赵立群．计算机网络管理与安全[M]．北京：清华大学出版社，2010.
[15] 王淑江．Windows Server 2008 R2 活动目录内幕[M]．北京：电子工业出版社，2010.
[16] 田庚林，田华，张少芳．计算机网络安全与管理[M]．北京：清华大学出版社，2010.
[17] 乐德广．网络安全实验教程[M]．北京：南京大学出版社，2010.
[18] 石铁峰．计算机网络技术[M]．北京：清华大学出版社 2010.
[19] 深圳市德尔软件技术有限公司[M]．网路岗 8 用户手册．深圳．2011.
[20] 褚建立．交换机/路由器配置与管理项目教程[M]．北京：清华大学出版社 2011.
[21] 王达．路由器配置与管理完全手册[M]．武汉：华中科技大学出版社，2011.
[22] 刘晓晓．网络系统集成[M]．北京：清华大学出版社，2012.
[23] 张宜．网络工程组网技术实用教程[M]．北京：水利水电出版社，2013.
[24] 云红艳．C 计算机网络管理[M]．2 版．北京：人民邮电出版社，2014.
[25] 李娜，孙晓冬．网络安全管理[M]．北京：清华大学出版社，2014.
[26] 马丽梅，马彦华．计算机网络安全与试验教程[M]．北京：清华大学出版社，2014.
[27] 徐务棠．服务器管理与维护[M]．广州：暨南大学出版社，2014.
[28] 许克静．计算机网络试验基础与进阶[M]．北京：清华大学出版社，2014.
[29] 李志球．计算机网络基础[M]．4 版．北京：电子工业出版社，2014.